D1750224

Paul Davies

Mehrfachwelten

Entdeckungen der Quantenphysik

*Übersetzt von
Hermann-Michael Hahn*

Eugen Diederichs Verlag

Titel der englischen Originalausgabe: Other Worlds
(J. M. Dent & Sons Ltd., London)

Mit 18 Zeichnungen im Text

CIP-Kurztitelaufnahme der Deutschen Bibliothek

Davies, Paul:
Mehrfachwelten: Entdeckungen d. Quantenphysik /
Paul Davies. Übers. von Hermann-Michael Hahn.
– 1. Aufl. – Düsseldorf; Köln: Diederichs, 1981.
  Einheitssacht.: Other worlds ⟨dt.⟩
  ISBN 3-424-00714-5

Erste Auflage 1981
© Paul Davies
Alle Rechte der deutschen Ausgabe beim Eugen Diederichs Verlag,
Düsseldorf · Köln
Umschlaggestaltung: Roland Poferl, Niederkassel
Gesamtherstellung: Clausen & Bosse, Leck
ISBN 3-424-00714-5

Inhalt

Vorwort 7

Prolog – Die »stille« Revolution 9

1. Gott würfelt nicht 15
2. Der Schein trügt 37
3. Chaos in der Mikrowelt 61
4. Die seltsame Welt der Quanten 85
5. Der Hyperraum 105
6. Wie wirklich ist die Wirklichkeit? 123
7. Materie, Geist und Mehrfachwelten 147
8. Das anthropische Prinzip 163
9. Das Universum – ein Versehen? 185
10. Zeit und Bewußtsein 209

Die zeitliche Entwicklung der Quantenphysik 229

Register 231

Vorwort

Obwohl der Begriff »Quant« inzwischen Eingang in die Alltagssprache gefunden hat, haben nur wenige Menschen eine Vorstellung davon, welche wissenschaftliche Revolution die Einführung der Quantentheorie in der Physik zu Anfang unseres Jahrhunderts ausgelöst hat – von ihren Auswirkungen auf die Philosophie ganz zu schweigen. Der überwältigende Erfolg dieser Theorie im Hinblick auf die Erklärung der Vorgänge im Bereich der Atome und Moleküle sowie ihrer Bausteine, läßt oft vergessen, daß diese Theorie auf ganz ungewöhnlichen Prinzipien beruht und in ihrer vollen Tragweite nur selten gänzlich verstanden und gewürdigt wird, selbst in Kreisen der Wissenschaftler.

In dem vorliegenden Buch habe ich versucht, den Einfluß der fundamentalen Quantentheorie auf unsere Vorstellungen von der Welt deutlich und umfassend darzustellen. Das Verhalten der Materie im Bereich des Allerkleinsten ist unserem Allgemeinverständnis der Welt so fremd, daß sich die Beschreibung mancher Ereignisse aus der Quantenwelt liest wie »Alice im Wunderland«. Der Sinn dieses Buchs besteht jedoch nicht in einer bloßen Beschreibung eines weithin als schwierig angesehenen Kapitels der Physik – es will vielmehr die dort gewonnenen Erkenntnisse auf unsere Welt anwenden und übertragen. Welche Rolle spielt der Mensch? Was ist Wirklichkeit? Ist das Universum, in dem wir leben, ein Zufallsprodukt oder das Ergebnis eines langwierigen Ausleseprozesses?

Lange Zeit hindurch schien es den Theologen vorbehalten, eine Antwort auf die Frage zu geben, warum die Welt so aufgebaut ist, wie wir sie beobachten. Seit einigen Jahrzehnten haben Entdeckungen im Bereich der Physik und der Kosmologie einen naturwissenschaftlichen Zugang zu dieser Fragestellung ermöglicht und – zumindest für einige Probleme – Antworten in Aussicht gestellt. So hat uns die Quantentheorie gelehrt, daß die Welt auf eine Summe von Wahrscheinlichkeiten zurückgeführt werden muß. Entsprechend hätten auch ganz andere Universen entstehen können, ja vielleicht existieren sie sogar, sei es nun gleichzeitig zu unserem Weltall oder in weit entfernten Regionen der Raumzeit.

Wer dieses Buch liest, braucht keine wissenschaftlichen oder philosophischen Vorkenntnisse. Zwar erfordern einige Abschnitte eine gewisse Vorstellungskraft, doch habe ich immer versucht, neue Begriffe oder Erscheinungen ohne irgendwelche Voraussetzungen und in sehr einfacher Sprache zu beschreiben. Wenn dennoch einige Ideen fast unglaublich scheinen, so ist das eine Folge der neuen Blickrichtung, aus der die Wissenschaftler die Welt aufgrund des großen Fortschritts der letzten Jahrzehnte betrachten.

Ich möchte nicht versäumen, mich bei Dr. N. D. Birrell, Dr. L. H. Ford, Dr. W. G. Unruh und Professor J. A. Wheeler für die sehr fruchtbaren Diskussionen über die meisten der hier behandelten Kapitel zu bedanken und ihnen zu versichern, daß mir die Gespräche mit ihnen viel gegeben haben.

Prolog – Die »stille« Revolution

Wissenschaftliche Umwälzungen lösen nicht selten weitreichende Veränderungen menschlicher Denkweisen aus. Als Kopernikus verkündete, die Erde stünde nicht im Zentrum der Welt, begann eine jahrhundertelange Auseinandersetzung zwischen kirchlicher Dogmatik und naturwissenschaftlicher Erkenntnis; die Evolutionstheorie von Charles Darwin räumte mit der überlieferten Vorstellung einer Vorrangstellung des Menschen auf; die Entdeckung Hubbles schließlich, daß unsere Milchstraße nur eine von vielen Milliarden anderen Spiralgalaxien in einem sich ständig ausdehnenden Universum ist, weitete den Blick für die gewaltigen kosmischen Dimensionen. Aus diesem Zusammenhang heraus erscheint es sehr bemerkenswert, daß die größte wissenschaftliche Revolution aller Zeiten von der Öffentlichkeit kaum beachtet wurde. Die Ursache für diese »Ignoranz« liegt nicht darin, daß die Folgerungen ohne Bedeutung sind. Sie ist eher darin begründet, daß die Konsequenzen der neuen Theorie vielfach unglaublich erscheinen – selbst in den Augen der wissenschaftlichen Bilderstürmer.

Diese »stille« Revolution lief in den ersten drei Jahrzehnten unseres Jahrhunderts ab, doch noch heute streiten sich die Gelehrten darüber, was damals eigentlich genau entdeckt wurde. Die als Quantentheorie allgemein bekannte neue Betrachtungsweise der Welt begann mit dem Versuch, gewisse Aspekte der Physik im subatomaren Bereich zu beschreiben. Inzwischen begegnet man ihr in allen Bereichen der modernen Physik des Allerkleinsten, sei es im Zusammenhang mit Elementarteilchen oder mit Lasern. Kaum jemand zweifelt noch an der Wahrheit dieser Theorie. Das Problem sind lediglich die ungewöhnlichen Konsequenzen, die sich ergeben, wenn man sie zu Ende denkt. Nimmt man die Quantentheorie wörtlich, dann führt sie unter anderem zu der Erkenntnis, daß die Welt, die wir wahrnehmen, nicht das einzige Universum sein kann. Daneben müßte es ungezählte Milliarden weiterer Welten geben, einige der unseren sehr ähnlich, andere völlig anders aufgebaut, bewohnt von beinahe exakten Kopien unserer selbst, existent in einer vielfach gefalteten, in einer vielfältigen Wirklichkeit.

Man kann dieses überraschende Bild einer kosmischen Schizophrenie auflösen, wenn man genauer interpretierend an das Thema herangeht, obwohl die Folgerungen aus der Quantentheorie auch dann noch überwältigend sind. So zweifelte man an der Realität dieser anderen Welten, hielt sie für »Konkurrenten« im Kampf um die Realität, für verhinderte Alternativen. Sie lassen sich jedoch nicht einfach ignorieren, denn es gehört zu den zentralen Punkten der Quantentheorie und läßt sich auch experimentell überprüfen, daß diese Nachbarwelten nicht völlig losgelöst von unserer Wirklichkeit sind: sie überlappen sich mit unserer Welt, rempeln die Atome unserer Realität immer wieder an. Es ist daher gleichgültig, ob wir sie als Geisterwelten oder als ebenso real wie unsere eigene Welt ansehen: unser Universum ist nur wie ein einziges Dia aus einem unendlich großen Diakasten, dem »Hyperraum«. Die nächsten Kapitel werden diesen Hyperraum beschreiben, und sie werden zeigen, wie wir als Bewohner dieses Hyperraums zu sehen sind.

Die Wissenschaft – so die landläufige Meinung – hilft uns bei der Beschreibung der Wirklichkeit. Mit dem Auftauchen der Quantentheorie ist diese Wirklichkeit zerfallen. An ihre Stelle ist etwas getreten, das so bizarr und revolutionär erscheint, daß wir noch immer nicht alle seine Gesichter erkannt haben. Wie wir noch sehen werden, kann man entweder die Vielzahl unterschiedlicher Welten anerkennen oder muß ungeachtet unserer gegenteiligen Erkenntnisse die Existenz unserer eigenen Welt leugnen. Laborexperimente der letzten Jahre haben gezeigt, daß Atome und Elementarteilchen, die wir bislang als Dinge, als Objekte betrachtet haben, im strengen Sinne nicht wirkliche »Dinge« sind, da sie weder eine unabhängige Existenz noch eine eigenständige, »persönliche« Identität aufweisen können. Da wir jedoch alle aus Atomen aufgebaut sind, müßte unsere Welt eigentlich unaufhaltsam auf eine Identitätskrise zusteuern.

In der Mitte der 60er Jahre entdeckte der Physiker John Bell eine interessante mathematische Beziehung. Es zeigte sich, daß jede logische Theorie, die von der unabhängigen Wirklichkeit subatomarer Teilchen ausgeht und der Regel folgt, daß es keine Signalübertragung mit Überlichtgeschwindigkeit gibt, dieser Formel gehorcht – mit Ausnahme der Quantentheorie. Neuere Experimente, bei denen zwei Photonen (Lichtteilchen) gleichzeitig durch zwei zueinander verdrehte Polarisatoren geschickt werden, haben bestätigt, daß die Formel Bells in diesem Bereich nicht mehr gilt.

Diese Untersuchungen haben gezeigt, daß die Wirklichkeit, sofern sie überhaupt einen Sinn hat, nicht aus sich selbst heraus existiert, sondern eng verknüpft ist mit unserer Sicht der Welt, mit unserer Gegenwart als bewußte Beobachter. Damit widerspricht die Quantentheorie allen bisherigen wissenschaftlichen Revolutionen, die den Menschen schrittweise aus dem Mittelpunkt der Schöpfung zu einem bloßen Beobachter gemacht haben: die Quantentheorie versetzt ihn wieder ins Zentrum der Weltbühne. Einige berühmte Wissenschaftler sind sogar so weit gegangen, zu behaupten, die Quantentheorie würde das Geheimnis des Bewußtseins und seiner Beziehung zur materiellen Welt lüften, indem sie davon ausgingen, daß das Bewußtwerden einer Umweltinformation der fundamentale Schritt für die Errichtung der Wirklichkeit ist. Wenn man das ins Extrem führt, muß man annehmen, das Universum erhielte seine konkrete Existenz einzig aus der bewußten Beobachtung seiner Bewohner!

Doch unabhängig davon, ob diese letztgenannten paradoxen Ideen akzeptiert werden oder nicht – die meisten Physiker scheinen von der Erkenntnis auszugehen, daß, zumindest im atomaren Bereich, die Materie so lange in einem Zustand »abwartender« Unwirklichkeit bleibt, bis irgendeine Messung oder Beobachtung gemacht wird. Wir werden diesen unbestimmten Zustand genau untersuchen, in dem die Atome zwischen den verschiedensten Welten hin- und hergerissen werden. Wir werden fragen, ob dieser unwirkliche Zustand auf die Welt des Allerkleinsten beschränkt ist oder ob er sich auf die Wirklichkeit als Ganzes, auf das ganze Universum ausdehnen kann. Wir werden die Paradoxien untersuchen, die sich mit »Schrödingers Katze« und »Wigners Freund« verbinden, einem Menschen, der scheinbar in einen unbestimmbaren Zustand »lebendig-tot« versetzt wird und seine Empfindungen beschreiben soll; wir werden sie untersuchen, um die wahre Natur der Wirklichkeit zu ergründen.

Kernpunkt der Quantentheorie ist die der Materie innewohnende Unbestimmtheit der subatomaren Welt. Damit steht sie in Widerspruch zu dem tief verwurzelten Wunschdenken des Determinismus, nach dem jedem Ereignis eine Ursache vorausgeht. Das Kausalitätsprinzip erlaubt eine strenge Voraussagbarkeit der Abläufe in unserer Welt und ist Grundlage vieler Religionen. Albert Einstein war dem Glauben an das Kausalitätsprinzip so sehr verhaftet, daß er Zeit seines Lebens die Kernaussage der Quantentheorie nicht akzeptieren mochte, die dem Zufall eine entscheidende Bedeutung in der Welt einräumt. Wir alle wissen, daß zufällige Entwicklungen die exakte Vorhersage komplizierter Abläufe wie etwa des Wetters oder einer Volkswirtschaft unmöglich machen, doch führen die meisten Menschen dies auf nicht hinreichend umfassende Informationen zurück;

sie glauben, wenn man nur genügend viele Daten besitze, ließe sich die Zukunft der Welt prinzipiell voraussagen. Auch die Physiker glaubten einmal, daß die Atome diesen exakten Gesetzmäßigkeiten unterliegen. Pierre Simon de Laplace nahm vor 200 Jahren noch an, man könne aus der Kenntnis aller momentanen Bewegungszustände der Atome die Entwicklung der Welt bis an ihr Ende vorherbestimmen. Die Entdeckungen im ersten Viertel unseres Jahrhunderts enthüllten demgegenüber einen völlig anderen Charakter der Natur. Sie entlarvten die vermeintliche Naturgesetzestreue der Materie als Spielfeld des Zufalls, als eine Art submikroskopischer Anarchie; die Welt des Allerkleinsten wurde in den Nebel der Unbestimmtheit getaucht, das Uhrwerk einer völligen Voraussagbarkeit zerschmettert. Einzig die Gesetze der Wahrscheinlichkeit gelten in einem ansonsten chaotisch anmutenden Mikrokosmos. Im Gegensatz zu Einsteins berühmt gewordenem Einwand »Gott würfelt nicht«, scheint das Universum eine Art Zufallsspiel zu sein, und wir sind nicht nur Zuschauer, sondern eifrige Mitspieler. Ob nun Gott oder wir Menschen die Würfel werfen, hängt letztlich davon ab, ob die erwähnte Vielfalt der Universen existiert oder nicht.

Zufall oder Auswahl? Ist das Universum, in dem wir leben, eine Ausnahme, oder haben wir es aus einer verwirrenden Vielzahl von Möglichkeiten ausgewählt? Mit Sicherheit gibt es keine wichtigere und dringendere Aufgabe für die Wissenschaft, als herauszufinden, ob der Aufbau der Welt um uns herum – die Verteilung von Materie und Energie, die Naturgesetze, die Objekte, die aus diesen Elementen entstanden sind – nur eine zufällige Eigenheit ist oder eine sinnvolle Organisation, deren Teil wir selbst sind. Später im Buch werden wir einige grundlegend neue Gedanken zu diesem Themenbereich kennenlernen, die aus den jüngsten Entdeckungen der Astrophysik und Kosmologie entstanden sind. Wir werden sehen, daß viele Eigenschaften des Universums nicht losgelöst von der Tatsache betrachtet werden können, daß wir in diesem Universum leben. Denn das Leben ist das Ergebnis eines sehr empfindlichen Gleichgewichtszustands innerhalb einer Zufallswelt. Wenn die Vorstellung der Mehrfachwelten akzeptiert wird, dann haben wir uns eine sehr entlegene, winzige Ecke des Hyperraums *ausgesucht*, eine Ecke, die völlig untypisch für den Rest des Hyperraums ist, eine Insel des Lebens inmitten einer unbewohnten Einöde. Dann aber erhebt sich die philosophische Frage, warum die Natur soviel Redundanz, soviel Reserven entwickelt hat, soviele verschiedene Universen hat entstehen lassen, wenn doch nur ein winziger Bruchteil davon Beachtung findet. Wenn wir andererseits die übrigen Universen in den Bereich des nicht wirklich Realen verbannen, müssen wir unsere eigene Existenz als ein schier unglaubliches Wunder ansehen. Das Leben wäre dann wirklich nur ein bloßer Zufall, unwahrscheinlicher als vorstellbar.

Die Unbestimmtheit im Wesen der Natur ist nicht auf die Materie allein beschränkt, sondern beeinflußt auch die Struktur von Raum und Zeit. Wir werden sehen, daß Raum und Zeit nicht bloß die Bühne für das kosmische Geschehen sind, sondern mit zum Drama gehören, in gewisser Hinsicht Mitspieler sind. Raum und Zeit können ihr Aussehen und ihre Form verändern – vereinfacht gesagt, sie bewegen sich – und zwar ebenso wie die Materie auf eine zufällig und unkontrolliert erscheinende Weise. Wir werden erkennen, daß im Bereich des Allerkleinsten diese unkontrollierten Veränderungen Raum und Zeit auseinanderzerren können und die Lücken mit einer »schaumartigen« Struktur voller »Wurmlöcher« und »Brücken« erfüllen.

Unser Zeitgefühl ist eng verbunden mit unseren Vorstellungen von der Wirklichkeit, und jeder Versuch, eine »wirkliche Welt« zu entwerfen, muß das Problem der Zeitparadoxien lösen. Das verblüffendste Rätsel bleibt die Tatsache, daß unabhängig von unserer eigenen Erfahrung die Zeit weder abläuft noch solche Bereiche wie Vergangenheit, Gegenwart oder Zukunft existieren. Das sind so unbegreifliche Dinge, daß viele Wissenschaftler eine Art Doppelleben führen: im Labor gehen sie von der Gültigkeit dieser Erkenntnisse aus, während sie im täglichen Leben keine Notiz davon nehmen. Aber selbst im alltäglichen Leben ergibt eine stetig ablaufende Zeit keinen Sinn, auch, wenn unsere Sprache, unser Denken und unser Handeln danach ausgerichtet sind. Hier liegen möglicherweise neue Entwicklungen verborgen, die einmal das Geheimnis der Verknüpfung von Zeit, Bewußtsein und Materie entschleiern werden.

Viele der im Buch behandelten Themen erscheinen fremdartiger als Erdichtetes, doch nicht dies ist bemerkenswert, sondern die Tatsache, daß die Wissenschaftler bislang noch kaum versucht haben, ihre schon seit Jahrzehnten bekannten Neuentdeckungen der Allgemeinheit weiterzuvermitteln. Wahrscheinlich liegt dies an der außergewöhnlich abstrakten Natur der Quantentheorie, die man normalerweise nur mit sehr weit entwickelter Mathematik beschreiben kann. Sicher wird ein Teil der Themen der kommenden Kapitel die Vorstellungskraft des Lesers stark beanspruchen, doch die Folgerungen aus der Quantentheorie sind so grundlegend und wichtig für unsere Auffassung der Welt – im physikalischen wie im philosophischen Sinn –, daß der Versuch einer verständlichen Darstellung genauso unternommen werden sollte wie der des Begreifens.

1. Gott würfelt nicht

Zu Beginn der Zwanziger Jahre unseres Jahrhunderts begann der amerikanische Physiker Clinton Joseph Davisson im Auftrag der Bell-Telephon-Gesellschaft eine Untersuchungsreihe, bei der er Nikkelkristalle mit einem Elektronenstrahl bombardierte, einem Elektronenstrahl, ähnlich wie er heute in der Bildröhre jedes Fernsehapparats Verwendung findet. Der Elektronenstrahl prallte an der Kristalloberfläche ab, und das teilweise auf sehr seltsamen Bahnen, die Davisson zunächst nicht erklären konnte. Als er einige Jahre später, 1927, den gleichen Versuch mit verbesserter Ausrüstung und zusammen mit einem jüngeren Kollegen, Lester Halbert Germer, wiederholte, fanden beide die ungewöhnlichen Bahnen wieder, aber diesmal wußten sie, was sie dort beobachteten. Die unerwartete Streuung der Elektronen an der Kristalloberfläche war inzwischen von einer neuen Theorie der Materie erklärt und sogar als notwendig gefordert worden. Davisson und Germer verfolgten zum ersten Mal ein Phänomen, das unsere Vorstellungen über den Aufbau der Materie umkehrte, das jahrhundertealte wissenschaftliche Ansichten umwarf. Diese neue Theorie, in der Mitte der Zwanziger Jahre entstanden, stellte unser Bild von der Wirklichkeit der Natur der Dinge und unserer Beobachtungsmethoden in Frage. Die damit verbundene wissenschaftliche Revolution war so tiefgreifend, daß selbst Albert Einstein, der vielleicht brillanteste Wissenschaftler aller Zeiten, einige ihrer bizarr anmutenden Konsequenzen ablehnte.
Die neue Theorie ist inzwischen als Quantenmechanik bekannt geworden. Wir wollen versuchen, ihre erstaunlichen Auswirkungen auf unsere Welt und unsere Rolle in dieser Welt zu erkunden. Die Quantenmechanik ist keine spekulative Hypothese in bezug auf die subatomaren Erscheinungen: sie ist vielmehr ein hochentwickeltes mathematisches Gerüst, das fast alle Gebiete der modernen Physik abstützt. Ohne Quantenmechanik hätten wir keine detaillierten und weitreichenden Kenntnisse über Atome und Atomkerne, über Moleküle und Kristalle, über Licht und Elektrizität, über Elementarteilchen, Laser, Transistoren und vieles andere. Kein Wissenschaftler zweifelt heute ernsthaft mehr daran, daß die Grundgedanken der

Quantenmechanik richtig sind. Die philosophischen Konsequenzen der neuen Theorie sind jedoch so verblüffend, daß selbst nach mehr als 50 Jahren noch immer darüber gestritten wird, was sie eigentlich bedeuten. Um die Bedeutung der Quantenrevolution zu verstehen, müssen wir jedoch zunächst einmal die klassische Betrachtungsweise der Materie kennenlernen, die sich seit dem Beginn der modernen Naturwissenschaften im 17. Jahrhundert herauskristallisiert hat.

Als die Menschen in frühester Zeit begannen, sich Gedanken über die Vorgänge um sich herum zu machen, entwickelten sie Vorstellungen, die sich von unserem heutigen Bild sehr unterscheiden. Sie fanden heraus, daß gewisse Abläufe und Ereignisse sich regelmäßig wiederholten, so etwa der Tag-Nacht-Rhythmus und der Wechsel der Jahreszeiten, der Lauf des Mondes und die Bewegungen der Sterne. Andere Vorkommnisse dagegen erschienen ihnen eher zufällig, wie etwa Unwetter, Erdbeben und Vulkanausbrüche. Wie konnten sie wohl all diese Beobachtungen zu einem Bild der Natur zusammenfassen? Sicher, manchmal mochten Zusammenhänge augenscheinlich werden. Es mußte die Wärme der Sonne sein, die den Schnee zum Schmelzen brachte. Doch ein exaktes System »Ursache – Wirkung« ist wohl kaum entwickelt worden. Statt dessen dürfte es naheliegend gewesen sein, die Umwelt als ein menschenähnliches System zu deuten, verstand man sich selbst doch noch am besten. So ist es nicht verwunderlich, daß natürliche Vorgänge als Ausdruck einer »Laune« angesehen wurden und nicht als Folge einer vorangegangenen Ursache. Entsprechend galten die regelmäßig wiederkehrenden Ereignisse als Zeichen einer gutmütigen, verläßlichen Kraft, während plötzliche oder zerstörerische Geschehnisse als Folge eines ungeduldigen, wütenden oder neurotischen Temperaments hingenommen wurden.

Ein Resultat dieses Naturbilds ist die Astrologie, die die scheinbare Ordnung des Himmels als Symbol einer tiefgreifenden Organisation annahm und versuchte, himmlische Vorgänge und menschliche Stimmungen in ein einheitliches Schema zu bringen.

In einigen Kulturgemeinschaften wurden aus den Temperamenten der Natur geistige Wesen. Es gab den Waldgeist, den Flußgeist, den Feuergeist und so weiter. Andere Gruppen entwickelten eine sorgfältig ausgetüftelte, am Menschen orientierte Götter-Hierarchie: Sonne, Mond und Planeten – ja die Erde selbst – wurden als menschenähnliche Wesen angesehen, die natürlich auch wohlvertrauten menschlichen Gefühlen und Wünschen ausgeliefert waren. »Die Götter zürnen« wurde zu einer ausreichenden Erklärung für manche Naturkatastrophe, und entsprechend mußte man ihnen Versöhnungsopfer darbringen. Die Macht der »Übermenschen« wurde so rückhaltlos anerkannt, daß der Glaube an sie zu einer starken soziologischen Kraft wurde.

Etwa gleichzeitig mit diesen Entwicklungen entstand ein neues Gedankensystem, das durch die Gründung fester Siedlungen und das Erwachen eines größeren Zusammengehörigkeitsgefühls geprägt wurde: um Anarchie zu verhindern, wurde von den Bürgern erwartet, daß sie sich gewissen Regeln unterwarfen, Regeln, die ihren Niederschlag in Gesetzen fanden. Entsprechend wurde unterstellt, daß auch die Götter ihre Gesetze hatten. Aufgrund ihres größeren Einflusses würden sie natürlich bemüht sein, ihre Gesetze den Menschen durch ihre Mittelsmänner, die Priester, aufzuzwingen. Im frühen Griechenland war die Vorstellung eines von Gesetzen geprägten Kosmos weitverbreitet und hochentwickelt. Erstmals begann man damals normale Vorgänge wie den Fall eines Steins oder den Flug eines Pfeils als Folge von Naturgesetzen zu beschreiben. Dieses neue Konzept, nach dem Ereignisse ohne direkte Kontrolle der Götter, sondern nach festgeschriebenen Naturgesetzen abliefen, stand im krassen Gegensatz zur lebendigen Deutung, die den Einfluß von Götterlaunen annahm. Natürlich unterlagen die wirklich wichtigen Abläufe wie astronomische Zyklen oder die Erschaffung der Welt und des Menschen auch dann noch dem Einfluß der Götter, aber die irdischen Alltäglichkeiten blieben sich selbst und den Naturgesetzen überlassen. Nachdem dieser Anfang gemacht war, konnte es nur noch eine Frage der Zeit sein, daß durch immer weiterreichende Erkenntnisse die Domäne der Götter mehr und mehr zurückgedrängt wurde, ihr Einfluß auf die Geschehnisse der Welt immer stärker angezweifelt wurde.

Obwohl die Verdrängung theologischer Erklärungen für natürliche Vorgänge bis heute nicht abgeschlossen ist, kann man sagen, daß die entscheidenden Schritte für ein physikalisches Weltbild durch Isaac Newton und Charles Darwin gemacht wurden. Es begann mit Galileo Galilei, der gegen Ende des 16. Jahrhunderts erstmals systematische Experimente durchführte. Der Grundgedanke seiner Arbeit war es, ein winziges Stück der Welt so weit wie eben möglich vor den Umwelteinflüssen abzuschirmen, damit es sich – auf diese Weise befreit – einfach und leicht erklärbar verhalten konnte. Dieser Glaube an einfache Erklärungsmöglichkeiten für kompliziert erscheinende Vorgänge hat die wissenschaftliche Forschung seither beflügelt und vorangetrieben. Er ist auch heute noch nicht gebrochen, obwohl er in letzter Zeit mehrfach erschüttert worden ist.

Eine vielzitierte Untersuchung Galileis war die Beobachtung fallender Körper. Normalerweise ist dies ein sehr komplexer Vorgang, der vom Gewicht, der Form, der Masseverteilung und möglichen inneren Bewegungen des fallenden Körpers genauso abhängt wie von äußeren Einflüssen, etwa der Windgeschwindigkeit oder der Luftdichte. Galileis Glanzleistung lag darin, zu erkennen, daß die meisten dieser Einflüsse nur nebensächliche Komplikationen sind, die ein im Grunde einfaches Gesetz verhüllen. Geschickt schaltete er diese Einflüsse aus oder unterdrückte sie. So nahm er gleichmäßig geformte Körper, um den Einfluß des Luftwiderstands zu verringern, ließ sie nicht einfach fallen, sondern eine schiefe Ebene herunterrollen, womit er den Einfluß der Schwerkraft verminderte, was seine Messungen erleichterte. Damit durchschlug er den gordischen Knoten und konnte schließlich das fundamentale Gesetz der Fallbewegung herausfinden. Was er im Grunde tat, war die Zeit zu messen, die Körper zum Durchfallen vorgegebener Strecken benötigten – heute eine nur allzu vernünftig erscheinende Methode, im 17. Jahrhundert aber eine geniale Leistung.

Die damaligen Vorstellungen von der Zeit unterschieden sich nämlich noch sehr von unseren heutigen: das Konzept einer streng gleichmäßig ablaufenden Zeit hatte sich noch nicht durchgesetzt. Vielmehr orientierte man sich an den alten Vorstellungen einer einheitlichen Welt, richtete sich nach natürlichen Rhythmen wie Tag und Nacht, den Jahreszeiten oder anderen Himmelsperioden. Mit der Entdeckung Amerikas jedoch und der Einrichtung regelmäßiger Transatlantikfahrten begann man unter dem Druck wirtschaftlicher und militärischer Zwänge nach verbesserten Navigationsmöglichkeiten zu suchen. Es zeigte sich bald, daß eine Kombination von Sternbeobachtungen und Zeitmessung eine recht genaue Bestimmung der Schiffsposition ermögliche, und so begann der Bau von Sternwarten, die exakte Himmelskarten erstellen sollten, und die Entwicklung immer besser laufender Uhrwerke.

Galilei erkannte die Bedeutung einer gleichmäßig ablaufenden Zeit für die Beschreibung von Bewegungsabläufen mehr als eine Generation bevor Newton das Konzept einer »absoluten, wahren und mathematischen« Zeit formulierte und zweihundert Jahre bevor Eisenbahnfahrpläne die Notwendigkeit dieses Konzepts schließlich der breiten Öffentlichkeit deutlich machen konnten. Sein Lohn war die Entdeckung eines erstaunlich einfachen Gesetzes: die Zeit, die ein Körper braucht, um aus der Ruhelage eine vorgegebene Strecke im freien Fall zu durchqueren, ist exakt proportional zu der Quadrat-

wurzel aus dieser Strecke. Dies war die Geburtsstunde der exakten Naturwissenschaften. Es war nicht länger ein Gott, der das Verhalten eines physikalischen Systems steuerte, sondern eine mathematische Formel.
Die Auswirkungen dieser Entwicklung können gar nicht überbewertet werden. Ein Naturgesetz in Form einer mathematischen Gleichung ist nicht nur Zeichen für seine Einfachheit und Universalität, es ermöglicht auch die Arbeit mit ihm. Man brauchte nicht länger die Welt zu beobachten, um zu sehen, wie sie sich verhält – man konnte sie mit Papier und Bleistift berechnen. Mit Hilfe mathematischer Formulierungen der Naturgesetze konnte man darangehen, die Zukunft vorauszusagen und die Vergangenheit nachzuvollziehen.
Natürlich gibt es noch andere Dinge in der Welt als fallende Körper, und so ließ der zweite Teil der Revolution des Weltbilds noch etwas auf sich warten. Er blieb Isaac Newton vorbehalten, der in der zweiten Hälfte des 17. Jahrhunderts die Grundlagen für ein mechanistisches Weltbild schuf. Newton machte dort weiter, wo Galilei aufgehört hatte: er entwickelte ein umfassendes System der Mechanik, das auf alle möglichen Bewegungsarten anwendbar sein sollte – und es funktionierte. Allerdings bedurfte es einer verbesserten, höher entwickelten Mathematik. Newton war an der Entwicklung von Differential- und Integralrechnung selbst beteiligt. Wieder spielte die Zeit eine zentrale Rolle. Wie schnell würde ein Körper seine Geschwindigkeit ändern, wenn eine Kraft auf ihn einwirkte? Wie schnell würde sich die Kraft verändern, wenn ihre Quelle sich selbst bewegte? Solche Fragen mußte die neue Mathematik beantworten können. Newtons Mechanik ist eine Beschreibung von *Veränderungen*, von zeitlichen Entwicklungen.
Diese neue Denkweise führte zu neuen Fragen im Hinblick auf das Universum, in dem die Zeit und die Veränderungen so wichtig sind. Während in den frühen Kulturen Gleichgewicht und Regelmäßigkeit die wichtigste Rolle spielten – waren sie doch höchst relevant für das Wohlbefinden biologischer Organismen –, betonte die Newtonsche Mechanik den dynamischen Aspekt der Natur. Es ist vielleicht kein Zufall, daß ungeachtet einer stetigen Bevölkerungszunahme die frühen Kulturen bis hin zur Renaissance-Zeit vornehmlich statisch waren, den jeweiligen Zustand, den status quo, zu erhalten suchten. Demgegenüber führten Galilei, Newton und später Darwin das Prinzip der Entwicklung in die Denkweisen ein. Wie so oft in der Geschichte des Denkens waren es nicht unbedingt neue Informationen, sondern neue Perspektiven, die geistige Umwälzungen auslösten.

Die Menschen der alten Kulturen mußten darauf bedacht sein, den Wettergott nicht zu erzürnen, um eine gute Ernte zu erzielen. Newtons Mathematik dagegen schuf völlig neuartige Fragestellungen: Ausgehend von dem vorgegebenen Zustand eines physikalischen Systems konnte man seine zukünftige Entwicklung *berechnen*. Es ging also darum, herauszufinden, welcher Endzustand sich aus bestimmten Anfangsbedingungen ergeben würde.

Hand in Hand mit dieser geistigen Entwicklung liefen soziale Prozesse ab: die industrielle Revolution, die systematische Suche nach mehr Wissen und besserer Technik, und über allem das Konzept, das bis heute seine Bedeutung nicht verloren hat – die gesellschaftliche Entwicklung hin zu einem immer besseren Lebensstandard und einer wachsenden Kontrolle über die Umwelt. Dieser Übergang von einer statischen Gesellschaft, die den Unbilden der Natur ausgeliefert war, hin zu einer Gesellschaft, die sich um eine Steuerung der Umweltprozesse bemüht, hat seinen Ursprung in dem neuen, mechanistischen System und dem Konzept der zeitlichen Entwicklung.

Ein weiterer wichtiger Gedanke ist durch Newtons Mechanik klar und deutlich formuliert worden – die Tatsache alternativer Zukunftsmöglichkeiten, ein Thema, das ein zentraler Bestandteil dieses Buchs ist. Um dies zu verstehen, müssen wir genau betrachten, was ein mathematisch formuliertes Naturgesetz überhaupt ist. Wie wir gesehen haben, konnten Galilei und Newton zeigen, daß die Bewegung eines materiellen Körpers nicht zufällig und unberechenbar ist, sondern von einfachen mathematischen Gleichungen bestimmt wird. Damit wird es prinzipiell möglich, aus einem vorgegebenen momentanen Zustand eines Körpers und seiner Umgebung sein zukünftiges und vergangenes Verhalten zu berechnen. Sorgfältige Experimente haben gezeigt, daß diese Berechnungen zu richtigen Ergebnissen führen. Wenn man dieses Konzept aber zu Ende denkt, dann kann sich die Welt nicht beliebig ändern, sondern nur auf Entwicklungswegen, die den Naturgesetzen angepaßt sind. Aber wie einschränkend ist diese Bedingung? Eine derartig berechenbare Welt in der Zwangsjacke der Naturgesetze steht zumindest scheinbar im Gegensatz zu unserer alltäglichen Erfahrung einer Welt voller Abwechslung und schier unbegrenzt erscheinender Aktivität.

Dieser augenscheinliche Widerspruch zwischen Komplexität und Naturgesetzestreue wird aufgehoben, wenn man sich ansieht, wieviele Informationen man über einen vorgegebenen Anfangszustand braucht, um seine Entwicklung berechnen zu können. Wir wollen dies am Beispiel eines geworfenen Balls etwas genauer analysieren.

Newton hat uns gelehrt, daß die Flugbahn eines Wurfgeschosses nicht zufällig sein kann, sondern eine genau bestimmbare Form hat, die mit seinem mathematischen Gesetz in Einklang stehen muß. Es wäre allerdings eine ziemlich langweilige Welt, etwa für Sportler, wenn jeder geworfene Ball der gleichen Kurve folgte, doch wir wissen alle, daß dies nicht der Fall ist. Das Naturgesetz schreibt aber auch nicht nur eine einzige Bahn vor, sondern lediglich eine einzige Kategorie von Flugbahnen. In unserem speziellen Fall wird jeder geworfene Ball zwar entlang einer parabolischen Bahn fliegen, doch die Zahl möglicher Parabeln ist unbegrenzt. Es gibt hohe, schlanke Parabeln, wenn man den Ball nahezu senkrecht nach oben wirft, weite, flache Parabeln wie etwa bei einem Steilpaß im Fußballspiel, und so weiter. Die Erfahrung zeigt uns, das wir die Form der Wurfparabel mit zwei Größen prägen können: Die Größe der Parabel hängt von der Wurfgeschwindigkeit ab, und mit dem Abwurfwinkel beeinflussen wir die Gestalt der Parabel. So besagt das physikalische Gesetz zwar, daß alle geworfenen Bälle sich längs Parabelbahnen bewegen müssen, doch welche Parabel letzten Endes dabei herauskommt, hängt von den Anfangsbedingungen ab, der Geschwindigkeit und dem Abwurfwinkel.

Mit dieser Rückführung des Problems auf einfache Ballistik soll gezeigt werden, daß die Naturgesetze das Verhalten der Natur nicht allein beschreiben. Ebenso wichtig sind die Anfangsbedingungen. Jetzt können wir die Frage beantworten, welche Informationen für die Beschreibung eines Ereignisses notwendig sind, das nach den Gesetzmäßigkeiten der Newtonschen Mechanik abläuft. Zunächst müssen wir die Größe und die Richtung aller Kräfte kennen, die auf den Körper einwirken, und wie sie sich mit der Zeit verändern. Zusätzlich brauchen wir eine genaue Kenntnis von Ort und Geschwindigkeit des Körpers zu einem beliebig wählbaren Zeitpunkt. Wenn all diese Daten vorliegen, ist nur noch Mathematik erforderlich, um Ort, Bewegungsrichtung und -geschwindigkeit des Körpers zu jedem beliebigen Zeitpunkt zu berechnen.

Einer der ersten Erfolge von Newtons Mechanik war die Erklärung der Planetenbahnen, ihrer Größe, ihrer Form und der Umlaufzeiten. Die Planeten – und die Erde mit ihnen – werden durch die Schwerkraft der Sonne in Bahnen um diesen Zentralkörper gezwungen. Um die Bewegung der Planeten im Sonnensystem berechnen zu können, mußte Newton die Größe der Gravitationskraft an jeder Stelle im Raum kennen und die Positionen und Geschwindigkeiten der einzelnen Planeten zu einem beliebig vorgegebenen Zeitpunkt. Letztere

Information konnten die Astronomen beschaffen, doch die Bestimmung der Stärke der Schwerkraft war ein ganz anderes Problem. Newton verallgemeinerte die Erkenntnisse Galileis über die Anziehungskraft der Erde und übertrug sie auf die Sonne; er nahm – zu Recht – an, daß alle Himmelskörper eine anziehende Kraft ausüben, die entsprechend dem ebenfalls einfachen Gesetz der umgekehrten Proportionalität mit zunehmender Entfernung abnimmt. Nachdem Newton die Bewegungsgleichungen aufgestellt hatte, leitete er nun auch eine Formel für die Schwerkraft ab, und die Kombination beider führte zu exakten Voraussagen über die Bewegungen der Planeten.

Seit Newtons Zeiten ist seine Mechanik mit immer größerer Genauigkeit auf das Sonnensystem angewandt worden. Inzwischen kann man die – wenn auch sehr geringen – Effekte berücksichtigen, die durch die gegenseitige Anziehung der Planeten untereinander hervorgerufen werden, durch ihre Rotation und durch ihre abgeplattete Form, ja selbst durch eine ungleichmäßige Verteilung der Masse in ihrem Innern. So ist die exakte Berechnung der Mondbahn inzwischen eine Standardberechnung geworden, die es ermöglicht, zum Beispiel Sonnen- und Mondfinsternisse auf Sekundenbruchteile vorauszusagen, aber auch die Zeiten für vergangene Finsternisse zu berechnen und sie mit historischen Aufzeichnungen zu vergleichen.

Die Anwendung der Newtonschen Mechanik auf das Sonnensystem war aber mehr als eine bloße Übung. Sie sprengte gleichzeitig ein jahrtausendealtes Weltbild, nach dem die Bewegung der Planeten einzig auf himmlische Kräfte zurückzuführen seien: die Götter erlagen Newtons Mathematik. Eine deutlichere Demonstration der Macht der Wissenschaft, die sich auf mathematische Gesetze stützt, hätte es nie gegeben. Damit war klargeworden, daß die Naturgesetze nicht nur die Abläufe auf der Erde steuern, wie etwa die Flugbahn eines Geschosses, sondern auch die Struktur des Himmels bestimmen. Durch diese Einbeziehung des Himmels in den Gültigkeitsbereich irdischer Gesetze konnte sich unsere Vorstellung von der Welt und unserer eigenen Position in ihr grundlegend wandeln.

Die weitreichenden philosophischen Konsequenzen der Newtonschen Revolution lassen sich am besten am Beispiel der Kosmologie aufzeigen: man vermochte nun die Welt als Gesamtheit aller Dinge zu betrachten. Nach Newton ist die Bewegung jedes einzelnen Materiestücks, jedes Atoms, im Prinzip vollständig bestimmbar aus der Kenntnis aller beteiligten Kräfte und der Anfangsbedingungen. Umgekehrt sind jedoch die Kräfte abhängig von der Verteilung der Ma-

terie und ihrem Zustand. So ist zum Beispiel die Gravitationskraft der Sonne festgelegt, wenn wir – neben der Masse – die Position der Sonne kennen. Entsprechend könnten wir die Geschichte des gesamten Universums berechnen (wie Pierre Simon de Laplace gesagt hat), wenn wir nur die Positionen und Bewegungen eines jeden einzelnen Teilchens im Universum kennen würden und alle Gesetze, denen die wechselwirkenden Kräfte gehorchen. Aber natürlich ist es so, daß wir die Kenntnis all dieser Informationen gar nicht erlangen können. Selbst, wenn wir sie hätten, würde kein Computer ausreichen, die dann notwendigen Berechnungen durchzuführen. So lassen sich immer nur sehr begrenzte, mehr oder minder aus der Umgebung herausgelöste Systeme rechnerisch beschreiben, wie zum Beispiel das Sonnensystem. Dessen ungeachtet ist jedoch die prinzipielle Möglichkeit gegeben. Damit ist die alte Vorstellung von einem Kosmos als einer Gemeinschaft von lebendigen Göttern, die in harmonischem Einvernehmen leben, dem Bild eines unbeseelten, sterilen Uhrwerk-Universums gewichen. Newtons Entdeckungen scheinen das Universum unausweichlich in einen mechanistischen Zustand zu verweisen, in dem es unerbittlich und systematisch einem vorbestimmten Schicksal entgegengeht, wo jedes Atom auf einem gewundenen, aber gesetzmäßig festgelegten Weg auf sein nicht änderbares Ziel zujagt. Diese veränderte Perspektive hat auch an den religiösen Vorstellungen nicht halt gemacht. Der christliche Gott konnte nicht länger in jedem einzelnen Vorgang verborgen sein, nicht länger alle Abläufe von der Zeugung eines Kindes bis hin zum Phasenwechsel des Mondes überwachen – dieses Bild wich vielmehr einer Gottesidee, die den Schöpfer zum passiven Beobachter seines Werks machte, wobei allerdings seine mathematischen Gesetze wirksam wurden. Gott war vom Architekten zum Mathematiker geworden. Dieser Wandel kommt in dem Gedicht »Pippa geht vorbei« von Robert Browning zum Ausdruck: »Gott ist in seinem Himmel. Mit der Welt ist alles in Ordnung.« Das mechanistische Weltbild, in dem alles nach einem Plan ablief, war da. Der Einfluß Newtons war dabei so groß, daß Alexander Pope schreiben sollte: »Gott sagte ›Es werde Newton!‹, und es wurde Licht.«
Doch so reizvoll es für den wissenschaftlichen Intellekt auch sein mag, die unüberschaubare Welt in Gesetze fassen zu können, so deprimierend ist andererseits die Erkenntnis, daß das Universum streng nach eben diesen Gesetzen ablaufen soll. Die Vorstellung, daß auch das letzte Atom im hintersten Winkel der Welt sich einreihen muß in den kosmischen Ablauf, nimmt der Welt etwas von ihrem lebendigen

Wesen. Ein Uhrwerk kann zwar sehr schön und effektiv sein, aber die Vorstellung eines Universums, das stumpfsinnig wie eine grotesk verkomplizierte Spieluhr unaufhaltsam einem vorbestimmten Ende zusteuert, ist nicht gerade beruhigend, zumal wir selbst Teil davon sind. Offensichtliches Opfer dieses Uhrwerks wird unser freier Wille: Wenn der Zustand aller Materie für alle Vergangenheit und Zukunft durch ihren Zustand in einem bestimmten Augenblick unveränderbar festgelegt ist, dann muß augenscheinlich auch unsere Zukunft bis ins letzte Detail hinein festgelegt sein. Jede Entscheidung, die wir treffen, jeder zufällige Einfall müßte tatsächlich seit Milliarden Jahren vorherbestimmt sein als notwendiges Resultat eines undenkbar verwirrenden, aber völlig determinierten Netzwerks von Kräften und Einflüssen. Heute haben die Wissenschaftler einige Irrtümer in der Beweiskette für ein vollständig vorherbestimmtes, uhrwerkähnliches Universum gefunden. Aber selbst wenn man die grundlegende Idee akzeptiert, so lassen auch die Newtonschen Gesetze nicht nur ein Universum zu. Da sind ja auch noch die Anfangsbedingungen. So wie ein geworfener Ball einer von unendlich vielen Flugbahnen folgen wird, so standen und stehen auch dem Universum unendlich viele Wege in die Zukunft offen. Welcher Weg schließlich eingeschlagen wird, hängt einzig von den Anfangsbedingungen ab. Was aber ist mit diesem »Anfang« gemeint? Wir werden später noch sehen, daß die Kosmologen heute glauben, daß das Universum nicht immer existiert hat, so daß es irgendeine Art von Erschaffung gegeben haben muß, die etwa 15 Milliarden Jahre zurückliegen dürfte. Entsprechend sind für uns heute Fragen von entscheidender Bedeutung wie: Welche Anfangsbedingungen haben zu dem Universum geführt, in dem wir uns wiederfinden? Waren diese Bedingungen sehr speziell oder waren sie typisch für eine ganze Fülle von Möglichkeiten? Und welches Universum wäre entstanden, wenn die Startbedingungen andere gewesen wären?

Dahinter verbirgt sich der Grundgedanke, daß unser Universum nur eins aus einer unbegrenzten Menge möglicher Universen ist – lediglich einer der ungezählten Wege in die Zukunft. Wir können die anderen möglich gewesenen Welten mit Hilfe der Mathematik auskundschaften, wir können sie untersuchen und uns fragen: warum gerade unsere? In den späteren Kapiteln werden wir sehen, wie eng unsere eigene Existenz mit dieser Frage verbunden ist. Wir werden erfahren, daß diese »Geisterwelten« keine bloße wissenschaftliche Spielerei sind, sondern daß sie sich in unserer konkreten Erfahrungswelt bemerkbar machen.

Eine der Ungereimtheiten im mechanistischen Weltbild Newtons ist sein scheinbarer Widerspruch mit der täglichen Erfahrung. Vieles in unserer Umgebung scheint eher zufällig zu geschehen als nach einem erkennbaren oder gar vorhersagbaren Plan. Vergleichen wir einen geworfenen Ball und eine geworfene Münze. Beide bewegen sich nach den Gesetzen der Newtonschen Mechanik. Wenn wir den Ball immer wieder mit der gleichen Geschwindigkeit in die gleiche Richtung werfen, wird er jedes Mal exakt der gleichen Bahn folgen; die hochgeschleuderte Münze dagegen wird einmal die Zahlseite zeigen, einmal die Kopfseite. Wie sind solche Unregelmäßigkeiten wie im zweiten Fall mit einer völlig nach Plan ablaufenden Welt zu vereinen?

Verdeutlichen wir uns dazu noch einmal, was ein Naturgesetz eigentlich ist. Im klassischen Altertum und später auch bei Newtons Mechanik erwartete man von einem Naturgesetz die Beschreibung eines bestimmten physikalischen Systems, das sich unter bestimmten Umständen auf bestimmte Art verhält. Da Naturgesetze definitionsgemäß an jedem Ort und zu allen Zeiten gleichermaßen gültig sein müssen, setzen sie eine beliebige Wiederholbarkeit des zu beschreibenden Vorgangs voraus: die Gültigkeit eines Naturgesetzes wird daran geprüft, daß es bei beliebig vielen Wiederholungen eines Experiments zu immer exakt gleichen Ergebnissen führt. Wenn also ein geworfener Ball den Newtonschen Bewegungsgesetzen unterliegt und unter gleichen Ausgangsbedingungen mehrfach geworfen wird, dann muß er jedesmal die gleiche Bahn fliegen.

Wir können dieses Problem ziemlich einfach analysieren, wenn wir uns das weiter oben vorgestellte Konzept einer ganzen Sammlung möglicher Welten zunutze machen; wir sprechen in diesem Zusammenhang von einem Ensemble. Stellen Sie sich ein Ensemble möglicher Welten vor – unendlich, wenn Sie wollen – in dem sich eine Welt von der anderen nur durch die Bahn des geworfenen Balls voneinander unterscheidet. In jeder Welt dieses Ensembles wird der Ball mit einer geringfügig anderen Geschwindigkeit oder unter einem leicht veränderten Winkel geworfen. Entsprechend stoßen wir auf eine ganze Serie unterschiedlicher Flugbahnen – eine für jede Welt; sie sind zwar alle parabolisch, unterliegen also den Newtonschen Gesetzen, doch keine zwei Bahnen sind identisch. Zur besseren Unterscheidung wollen wir die einzelnen Welten kennzeichnen. Eine Möglichkeit dazu besteht darin, in einem Diagramm die beiden Ausgangsbedingungen, Geschwindigkeit und Winkel, gegeneinander aufzutragen *(Abbildung 1)*. Jedes Zahlenpaar, bestehend aus einer

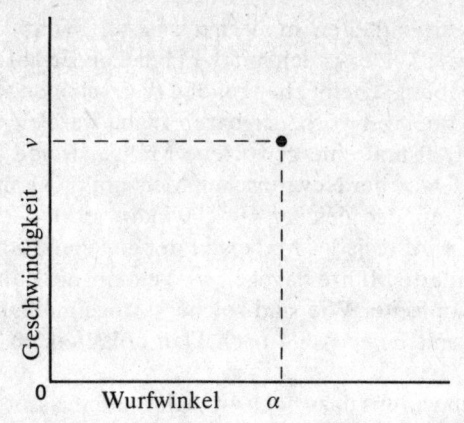

Abbildung 1: Der Punkt im Diagramm kennzeichnet ein bestimmtes Wertepaar: Geschwindigkeit (*v*) und Wurfwinkel (*α*); diese Anfangsbedingungen legen aufgrund der Newtonschen Bewegungsgleichungen die Flugbahn eines Balls eindeutig fest.

Geschwindigkeit und einem Winkel, definiert einen Punkt in diesem Diagramm; dieser kennzeichnet dann eine bestimmte Flugbahn und damit – entsprechend unserer Voraussetzung, daß die verschiedenen Welten sich nur durch die Flugbahn unterscheiden sollen – eine ganz bestimmte Welt unseres Weltensembles. Wir haben jetzt also diese möglichen Welten durch ein Zahlenpaar voneinander unterscheidbar markiert.

Wenn wir uns mehrere Punkte vorstellen, die diesen ersten umgeben, so repräsentieren sie Welten, die in gewisser Hinsicht Nachbarwelten zu unserer Ausgangswelt darstellen *(Abbildung 2)*. Es sind jene Welten, in denen die Anfangsbedingungen gegenüber dem Original geringfügig verändert sind. Wenn wir uns die Flugbahnen in ihnen ansehen, so stellen wir fest, daß sie sich kaum von der Flugbahn in der Originalwelt unterscheiden. Das heißt, eine geringe Veränderung der Anfangsbedingungen bewirkt eine entsprechend geringe Veränderung des folgenden Verhaltens.

Als nächstes wollen wir eine ganze Gruppe von Bällen oder Kugeln betrachten, zum Beispiel beim Lochbillard. Dieses Spiel beginnt damit, daß einer der Mitspieler die Startkugel auf einen Haufen von 10 anderen Kugeln schießt, die zuvor in Form eines Dreiecks eng aneinandergelegt wurden. Nach dem Zusammenstoß setzen sich alle Kugeln in Bewegung, die einen schneller, andere langsamer, sie prallen gegen die Banden und rollen zurück, bis sie schließlich – bedingt durch die Reibung – irgendwo liegen bleiben. Doch ganz gleich, wie oft wir dieses Spiel wiederholen, ganz gleich, wie exakt wir den ersten Stoß zu wiederholen versuchen, es hat den Anschein, als könnten wir die Endkonfiguration der Kugeln nicht ein zweites Mal erzielen. Das Ergebnis scheint weder vorhersagbar noch wiederholbar. Wie ist dies mit den Grundzügen der Newtonschen Mechanik vereinbar, die ja eine Vorausberechnung der Bewegungen zuläßt?

Wenn wir wieder zu unseren Abbildungen 1 und 2 zurückkehren, so können wir auch in diesem Fall die einzelnen Mitglieder unseres Weltenensembles durch Punkte in dem Diagramm beschreiben, weil je-

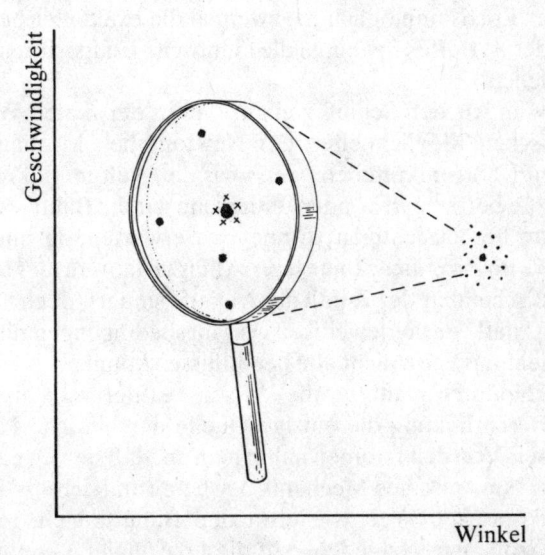

Abbildung 2: Die Anhäufung zwanzig nah aneinandergelegener Punkte kann zwanzig Welten bezeichnen, die sich nur durch die kleinen Abweichungen in den parabolischen Wurfbahnen eines Balls unterscheiden. Die Punkte können auch Welten darstellen, in denen die Endpositionen von Billardkugeln deutlich voneinander abweichen; erst die »Lupe« zeigt uns, daß auch die Positionen der Billardkugeln nicht völlig zufällig sind, sondern sehr empfindlich auf winzige Änderungen der Anfangsbedingungen reagieren. Auch für sie gibt es einander »benachbarte« Welten (Kreuze) mit nur geringfügig voneinander abweichenden Endpositionen.

der Punkt dort, das heißt, jede Kombination einer Anfangsgeschwindigkeit und einer Anfangsrichtung der Startkugel, die Endposition aller Kugeln durch die Naturgesetze festlegt. Der wesentliche Unterschied zu unserem vorherigen Beispiel liegt jedoch darin, daß sich die Eigenschaften der einzelnen Welten stärker voneinander unterscheiden, denn jetzt bewirken zusätzlich die Abweichungen von der Anfangslage der zehn Zielkugeln stark voneinander abweichende Endpositionen. Im ersten Beispiel hatten wir eine gute Kenntnis und Kontrollmöglichkeit der Anfangsbedingungen, im zweiten Fall dagegen nicht: die Konstellation der Kugeln ist so empfindlich gegenüber kleinsten Veränderungen, daß die Endposition fast zufällig wird.

Könnten wir in diesem Fall das Diagramm 2 mit einer Lupe betrachten, so würden wir zwar in der Umgebung eines jeden Punkts wieder eine Gruppe benachbarter Punkte und damit »ähnlicher Welten« finden, doch sind die Entfernungen so extrem zusammengeschrumpft, daß es in der Praxis unmöglich ist, zweimal die exakt gleichen zehn Punkte wieder zu treffen, zweimal die identische Endposition im Billard zu erreichen.

Daraus können wir den Schluß ziehen, daß in der realen Welt die deterministischen Möglichkeiten der Newtonschen Mechanik nur dann voll zum Tragen kommen, wenn wir die Welt im mikroskopischen Maßstab betrachten können. Nur wenn wir die Bahn jedes einzelnen Atoms berücksichtigen, können wir erwarten, das mechanische Uhrwerk zu erkennen. In unserer Alltagserfahrung dagegen sehen wir, daß scheinbar der Zufall die Abläufe steuert, doch liegt das einzig daran, daß wir die jeweiligen Anfangsbedingungen nicht alle kennen beziehungsweise nicht alle beeinflussen können.

Lange Zeit hindurch glaubten die Wissenschaftler, daß diese rein praktische Beschränkung die einzige Quelle der Unsicherheit und des Zufalls sei. Von den Atomen nahm man an, daß sie sich nach den Gesetzen der Newtonschen Mechanik bewegten und sich von Dingen der makroskopischen Welt wie etwa den Billardkugeln lediglich durch ihre Größe unterschieden. Mit dieser Annahme konnten die Physiker in der Tat eine Vielzahl von Eigenschaften und Erscheinungen in Gasen und festen Körpern beschreiben. Natürlich mußte man dazu mit Mittelwerten rechnen, denn es ist unmöglich, die Bahnen aller Atome in einem Gastank zu erfassen. Doch dessen ungeachtet konnten die »mittleren« Verhaltensweisen dieser riesigen Atomansammlungen richtig vorausgesagt werden.

Um die Jahrhundertwende zeigte sich dann, daß Atome nicht feste, unteilbare Körper sein konnten, sondern eine innere Struktur haben mußten; das Atom wurde mit dem Sonnensystem verglichen: ein schwerer Kern im Zentrum, der von einer »Wolke« leichter und beweglicher Elektronen umgeben ist. Das Ganze wird durch die elektromagnetische Kraft zusammengehalten, die die elektrisch negativ geladenen Elektronen an den elektrisch positiv geladenen Kern bindet. Natürlich versuchten die Physiker, die Gesetze der Newtonschen Mechanik für den Entwurf eines mathematischen Atommodells zu nutzen, so wie Newton sie erfolgreich im Sonnensystem »erprobt« hatte. Leider schien dieses mathematische Modell eine grundlegende Schwäche zu haben.

Im 19. Jahrhundert hatte man herausgefunden, daß eine beschleunigte elektrische Ladung elektromagnetische Strahlung aussenden muß wie etwa Licht, Wärme oder Radiowellen. Bei einem Radiosender macht man sich diese Eigenschaft zunutze, indem man Elektronen in einer Antenne hin- und herjagt. In einem Atom werden die Elektronen durch das elektrische Feld des Atomkerns auf Kreisbahnen gezwungen, und auch das ist eine beschleunigte Bewegung. Entsprechend müßten sie ständig Strahlung aussenden und dabei Energie verlieren – die Folge wäre ein allmähliches Schrumpfen der Atome. Dadurch kämen die Elektronen immer näher an den Kern heran und müßten ihn immer schneller umkreisen, um seiner elektromagnetischen Anziehung zu entgehen. Dann aber müßten sie noch stärker strahlen und um so schneller müßte der Schrumpfungsprozeß werden. Ein solches Atom wäre nicht stabil – es würde binnen kürzester Zeit in sich zusammenbrechen. Aber wo steckte der Fehler?

Die Antwort auf dieses Rätsel wurde erst in den 20er Jahren gefunden, wiewohl erste vage Schritte dorthin bereits im Jahre 1913 gelangen. Wir werden später die Lösung noch genauer kennenlernen; hier soll nur soviel vorweggeschickt werden, daß nicht nur die Newtonsche Mechanik versagte, sondern auch jedes andere bis dahin bekannte Naturgesetz. Die neue Theorie ließ nicht nur die Ergebnisse von zwei Jahrhunderten wissenschaftlicher Arbeit in sich zusammenstürzen, sondern machte grundlegenden Fragen nach der Bedeutung der Materie und unserer Beobachtung von ihr notwendig. Diese Quantentheorie, wie sie heute genannt wird, wurde in einzelnen Etappen zwischen 1900 und 1930 entwickelt. Sie hat ganz entscheidende Konsequenzen für unsere Vorstellungen vom Universum und unserem Platz in ihm.

Die Experimente von Davisson, die zu Beginn dieses Kapitels erwähnt wurden, waren die erste direkte Beobachtung der erstaunlichen neuen Prinzipien in der Praxis. Betrachten wir zur Einführung in die neue Theorie noch einmal das Konzept eines Bewegungsgesetzes. Nehmen wir an, daß sich eine Kugel von A nach B bewegt. Wenn wir diesen Vorgang unter identischen Anfangsbedingungen wiederholen, können wir erwarten, daß die Kugel jedesmal den gleichen Weg nimmt. Entsprechendes hatten wir den Atomen und ihren Bestandteilen, den Elektronen und Atomkernen, unterstellt. Die entscheidende Entdeckung der Quantentheorie war nun, daß diese Annahme falsch ist: wenn wir tausend verschiedene Elektronen von A nach B schicken, so werden sie tausend verschiedene Wege nehmen. Damit ist, so scheint es, die Herrschaft der Mathematik über das Verhalten der Materie gebrochen, und es zeigt sich das Bild einer subatomaren Anarchie. Man kann die Bedeutung dieser Entdeckung kaum zu hoch einschätzen. Seit Newton hatte man angenommen, jedes mathematische Naturgesetz sei in jedem Maßstab gültig, vom Atom bis zum gesamten Kosmos. Nun aber schien es, als würde das »disziplinierte« Verhalten der Materie des makroskopischen Bereichs unserer Alltagserfahrung im atomaren Bereich zum Chaos.

Wir werden zwar sehen, daß dieses Chaos im Bereich des Allerkleinsten nicht zu vermeiden ist, doch trotzdem kann dieses Chaos aus sich selbst heraus eine gewisse Art der Ordnung entwickeln. Um diesen scheinbaren Widerspruch zu klären, betrachten wir einen Park, der von einem Zaun mit zwei einander gegenüberliegenden Toren umgeben ist; die beiden Tore bezeichnen wir mit A und B. Nehmen wir weiter an, daß der Weg durch den Park häufig als Abkürzung benutzt wird, so daß die Leute den Park bei A betreten, ihn durchqueren und bei B wieder verlassen. Wenn wir die Spuren der einzelnen Fußgänger vielleicht eine Stunde lang verfolgen und aufzeichnen würden, erhielten wir ein Bild ähnlich der *Abbildung 3*. Aus ihr erkennt man sofort, daß die meisten Menschen sich ziemlich geradlinig durch den Park bewegen. Wer mehr Zeit oder Bewegungsdrang hat, macht kleinere Umwege, und ein Mann, der seinen Hund ausführt, kommt vielleicht bis in die Ecken. Eine überhaupt nicht zielstrebige Linie ergibt sich, wenn etwa ein Kind durch den Park tollt.

Diese unterschiedlichen Spuren durch den Park erwecken den Eindruck, daß die Menschen keinen festgelegten Bewegungsgesetzen folgen, daß sie sich selbst für irgendeinen Weg durch den Park entscheiden können. Natürlich kann auch jeder beliebig vom kürzesten Weg abweichen. Trotzdem wird bei einer hinreichend großen Zahl von Fußgängern eine Konzentration der Spuren auf diesen kürzesten Weg hin zu beobachten sein. Wenn nur genügend viele Personen den Park durchqueren, wird also trotz der persönlichen Freiheit jedes

Einzelnen eine gewisse Ordnung entstehen, auch, wenn hin und wieder manche Fußgänger die scheinbare Regel, geradeaus zu gehen, nicht einhalten. Dies liegt daran, daß sich die Launen und die damit verbundenen Umwege der einzelnen Menschen in etwa ausgleichen, so daß für die Gesamtheit der Fußgänger eine gewisse Einheitlichkeit des Weges herauskommt.

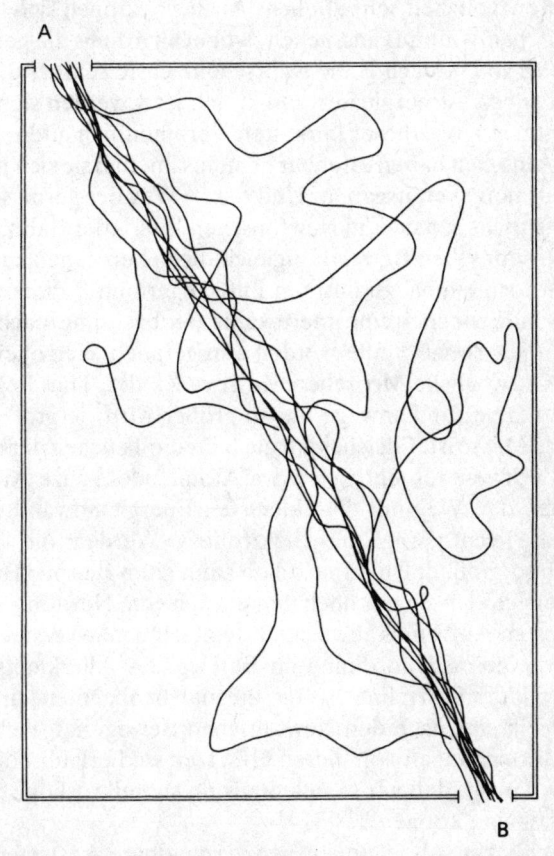

Abbildung 3: Wege durch einen Park. Die meisten Menschen sind bestrebt, den Park mit möglichst wenig Aufwand zu durchqueren – sie wählen den kürzesten Weg, und so häufen sich die Spuren längs der geraden Verbindung zwischen Eingang und Ausgang. Ausdauernde Spaziergänger machen dagegen auch ausführliche Umwege. Ähnlich verhalten sich Elementarteilchen, die ebenfalls viele Wege »gehen« können, aber im allgemeinen die kurzen vorziehen.

Die Beschränkung auf einen im wesentlichen geradlinigen Weg durch den Park liegt an dem Bestreben der meisten Menschen, sich möglichst wenig anzustrengen. Der gerade Weg von A nach B ist mit der geringsten Anstrengung verbunden, er wird daher am ehesten von einem Fußgänger gewählt werden. Dies *muß* aber nicht so sein, es bleibt einzig eine Frage der Wahrscheinlichkeit.
Das Beispiel mit den Fußspuren im Park ist dem der Bewegung von subatomaren Teilchen sehr ähnlich. Auch sie können sich beliebige Wege zwischen A und B aussuchen, wobei allerdings die geradlinige Verbindung von A nach B die wahrscheinlichste sein wird, also die mit dem kleinsten Energieaufwand. Auch jetzt werden sich die einzelnen Bahnen längs dieser kürzesten Verbindung häufen. Elektronen und Menschen haben offenbar gemeinsam, daß sie sich nicht gerne mehr als nötig verausgaben. Und dieser Weg des geringsten Aufwands entspricht genau dem Newtonschen Weg – der Bahn, die man aus den Newtonschen Bewegungsgleichungen berechnen kann.
Wenn wir noch einmal zu unseren Fußgängern im Park zurückkehren, so können wir noch eine interessante Beobachtung machen: Dikke, schwergewichtige Leute werden den geraden Weg eher wählen als kleine, bewegliche Menschen wie etwa Kinder. Dies liegt daran, daß die Energie für Umwege um so größer wird, je größer die zu bewegende Masse ist. Gleiches gilt auch für die Teilchen der unbelebten Welt: Schwere Objekte wie etwa Atome oder ganze Atomgruppen werden den Weg mit dem kleinsten Energieaufwand viel eher wählen als leichtbewegliche Elektronen. Werden die Teilchen schließlich so groß, daß man sie sehen kann (zum Beispiel Billardkugeln), dann werden sie nur noch unmerklich vom Newtonschen Weg des geringsten Aufwands abweichen. Jetzt kann man verstehen, warum die scheinbare Unordnung im Bereich des Allerkleinsten sich durchaus mit der Disziplin verträgt, die man beobachten kann, wenn Billardkugeln sich nach den Newtonschen Bewegungsgesetzen verhalten. Abweichungen von diesen Gesetzen sind erlaubt, doch bleiben sie so winzig, daß wir sie allenfalls im submikroskopischen Bereich beobachten können.
Der menschlichen Abneigung gegen vermeidbare Anstrengung entspricht ein mathematisches Prinzip, mit dessen Hilfe die Quantentheorie die relativen Wahrscheinlichkeiten aller Wege zu berechnen vermag, die ein Elektron oder ein Atom einschlagen könnte. Dazu wird der Aufwand ermittelt, den ein Teilchen für den einen oder anderen Weg leisten muß (das erfordert natürlich eine genauere Definition des Begriffs »Aufwand«), und dieser dann in eine mathemati-

sche Formel eingesetzt, aus der man die Wahrscheinlichkeit für den einen oder anderen Weg bestimmen kann. Normalerweise sind alle denkbaren Wege möglich, aber nicht alle sind gleich wahrscheinlich.
Wir wissen immer noch nicht, warum diese neue Theorie die Atome vor dem Zusammenbruch bewahrt. Dazu müssen wir noch eine weitere erstaunliche Entdeckung im Bereich der subatomaren Welt kennenlernen, die wir zwar erst im Kapitel 3 genauer darstellen werden, hier aber schon kurz beschreiben können. Nach der alten Theorie sollte ein Elektron, das einen Atomkern umkreist, auf einer Spiralbahn auf den Atomkern zustürzen, weil es seine Energie durch Abstrahlung elektromagnetischer Wellen verliert. Das wäre die klassische Bahn. Die Quantentheorie erlaubt jedoch eine Fülle anderer Bahnen. Wenn das Atom genügend innere Energie besitzt, wird sich das Elektron weit entfernt vom Atomkern aufhalten, und seine Bewegung wird sich kaum von der klassischen Vorhersage unterscheiden. Wenn jedoch eine bestimmte Energiemenge durch Strahlung verlorengeht und das Elektron näher an den Kern herankommt, tritt ein neues Phänomen auf. Es ist in diesem Zusammenhang wichtig, sich daran zu erinnern, daß das Elektron sich nicht einfach von A nach B bewegt, sondern ständig um den Atomkern kreist. Dadurch kreuzen sich die möglichen Wege immer und immer wieder und ergeben insgesamt eine sehr komplizierte Struktur, die man berücksichtigen muß, wenn man das wahrscheinlichste Verhalten des Elektrons berechnen will. Es zeigt sich, daß es eine Mindestenergie im Atom gibt, jenseits derer das Elektron sich nicht weiter an den Kern annähern kann. Zwar kann das Elektron gelegentliche »Ausflüge« zum Atomkern unternehmen, doch darf es sich dort nicht aufhalten – es ist »verbotenes« Gebiet. Die mittlere Position eines Elektrons liegt etwa ein Zehnmilliardstel Zentimeter vom Atomkern entfernt. Sie entspricht dem Atomdurchmesser im Zustand der geringsten Energie.
Es gibt eine ganze Reihe solcher Energie-Etagen im Atom, und jedesmal, wenn sich das Elektron von einer Etage »abwärts« auf den Atomkern zu bewegt, sendet es Strahlung in Form von Licht aus. Weil nun die Etagen ganz bestimmten Energieniveaus entsprechen, strahlt das Elektron auch nicht beliebige Energiemengen ab, sondern Strahlungsblitze, die genau dem Energieunterschied zwischen den beiden Etagen entsprechen. Diese Strahlungsblitze werden Energiequanten oder auch Photonen genannt und sind für jeden Atomtyp verschieden. Die Existenz der Photonen war schon lange vor der endgültigen Ausarbeitung der hier beschriebenen Atomtheorie bekannt.

Die Arbeiten Plancks haben zusammen mit der Einsteinschen Erklärung des lichtelektrischen Effekts gezeigt, daß Licht oder Strahlung allgemein nur in bestimmten Energiepaketen vorkommt. Die Energie jedes dieser Photonen ist proportional zur Frequenz der Strahlung, so daß die Farbe des Lichts, seine Wellenlänge, ein Maß für seine Energie ist. Blaues Licht hat aufgrund seiner höheren Frequenz energiereichere Photonen als niederfrequenteres, rotes Licht. Weil darüberhinaus eine bestimmte Atomsorte (z. B. Wasserstoff) nur bestimmte Photonen abgeben kann (aufgrund seiner ihm eigenen »Etagen-Struktur«), kann man das von Atomen abgegebene Licht als Unterscheidungsmerkmal für Atome nutzen. Das charakteristische Wasserstoffleuchten sieht beispielsweise völlig anders aus als das Licht des Kohlenstoffs. Natürlich kann jedes Atom eine ganze Reihe unterschiedlicher Farben aussenden, ein ganzes Spektrum entsprechend den einzelnen Etagenhöhen, die nicht alle untereinander gleich sind. Daher kann man die Quantentheorie verwenden, wenn es darum geht, die unterschiedlichen, charakteristischen Spektren der verschiedenen chemischen Elemente zu erklären. Solche Rechnungen können nicht nur die exakten Wellenlängen der einzelnen Spektrallinien bestimmen, sondern auch ihre relativen Stärken, ihre Helligkeiten; dies wird möglich, weil man die relativen Wahrscheinlichkeiten der einzelnen Elektronensprünge ermitteln kann.

Schon diese Erfolge der Quantentheorie sind eindrucksvoll, und doch sind sie nur der Anfang. Wir werden später noch sehen, daß die Quantentheorie viel mehr als nur den Aufbau der Atome und die Eigenarten der Spektren erklären kann. Ein Punkt ist jedoch noch nicht befriedigend beschrieben worden, wieso nämlich die ständigen Kreuzungen der Bahnen zu solch drastischen Verhaltensänderungen bei den Elektronen führen. Woher *weiß* das Elektron, daß es seine eigene Bahn überquert? Wir werden in Kapitel 3 noch sehen, daß das Elektron nicht nur seine eigene Bahn kennt, sondern auch von allen anderen Bahnen wissen muß, denen es niemals folgen wird.

Wenn wir die entscheidenden Grundlagen der Quantenrevolution zusammenfassen, so finden wir, daß die starren Bewegungsgesetze in Wahrheit in das Reich der Fabel verwiesen werden müssen. Die Materieteilchen dürfen sich mehr oder weniger zufällig bewegen, wobei sie lediglich gewissen »inneren Zwängen« unterliegen wie etwa dem, möglichst wenig Energie zu verbrauchen. Das völlige Chaos wird letzten Endes dadurch vermieden, daß die Materie zwar undiszipliniert, gleichzeitig aber auch faul ist. Es ist also – etwas überspitzt formuliert – die Trägheit der Materie, die das Universum vor dem

Zusammenbruch bewahrt. Während man keine definitive Aussage über eine bestimmte Einzelbewegung machen kann, gibt es Verhaltensweisen der Materie, die wahrscheinlicher sind als andere, so daß wir statistisch genau voraussagen können, wie sich eine hinreichend große Ansammlung gleicher Objekte verhalten wird. Obwohl diese Erkenntnis nur für den atomaren Maßstab gilt, ist klar geworden, daß das Universum kein Uhrwerk sein kann, dessen Zukunft eindeutig vorherbestimmbar ist. Die Welt wird weniger von strengen Gesetzen bestimmt als vielmehr vom Zufall. Die Unwägbarkeiten sind nicht auf unsere unzureichende Kenntnis der Anfangsbedingungen zurückzuführen, wie man lange Zeit glaubte, sie müssen vielmehr als innere Eigenschaft der Materie akzeptiert werden.

Für Albert Einstein war die Vorstellung eines natürlichen Zufalls so abwegig, daß er sich Zeit seines Lebens nicht mit ihr anfreunden konnte und sie statt dessen mit der berühmten Bemerkung abtat »Gott würfelt nicht«. Dessen ungeachtet hat die überwältigende Mehrheit der Physiker die Quantentheorie inzwischen angenommen. Die folgenden Kapitel werden die erstaunlichen Eigenschaften und Konsequenzen eines Universums mit grundsätzlich ungewisser Zukunft zeigen.

2. Der Schein trügt

Im vergangenen Kapitel haben wir die zentrale Rolle der Zeit im Gedankengebäude Isaak Newtons kennengelernt, einer exakten, gleichmäßig ablaufenden Zeit, einer mathematisch erfaßbaren Zeit, die Vergangenheit und Zukunft miteinander verknüpft. Wir sehen die Welt nicht statisch, sondern in einer ständigen Entwicklung begriffen, einer immerwährenden Veränderung von einem Augenblick zum nächsten. Früher glaubte man, die Zukunft des Universums sei eindeutig aus seinem gegenwärtigen Zustand abzuleiten, vorauszuberechnen. Die Quantentheorie hat diese Ansicht wie eine Seifenblase zerplatzen lassen. Seither wissen wir, daß die Zukunft grundsätzlich unsicher ist. Die Quantentheorie ließ die Mechanik Newtons wie ein Kartenhaus in sich zusammenstürzen, aber wie steht es um seine Konzeption von Raum und Zeit? Auch sie brach in sich zusammen, fiel einer ähnlich grundlegenden Revolution zum Opfer, einer Revolution, die einige Jahre vor der Quantentheorie begann.
Im Jahre 1905 veröffentlichte Albert Einstein eine neue Theorie von Raum, Zeit und Bewegung, die er »Spezielle Relativitätstheorie« nannte. Sie stellte einige der am sorgfältigsten gehüteten Annahmen über Raum und Zeit in Frage. Seit ihrer Veröffentlichung ist diese Theorie immer wieder in Laborexperimenten überprüft und bestätigt worden, so daß ihre Gültigkeit heute von keinem Physiker mehr angezweifelt wird.
Zu den aufsehenerregenden Voraussagen der Speziellen Relativitätstheorie gehören die Existenz von Antimaterie und die Möglichkeit von Zeitreisen, die »Elastizität« von Raum und Zeit, die Äquivalenz von Masse und Energie und die Schöpfung und gegenseitige Vernichtung von Materie. 10 Jahre später folgte eine Ausweitung seiner Arbeit, die sogenannte »Allgemeine Relativitätstheorie«. Zwar sind ihre Aussagen noch nicht so eindeutig durch Laborexperimente bestätigt worden, aber sie sind genauso bizarr wie die der Speziellen Relativitätstheorie: die Krümmung von Raum und Zeit, die Existenz Schwarzer Löcher, die Möglichkeit eines endlichen und doch unbegrenzten Weltalls und schließlich die apokalyptische Vorstellung, daß Raum und Zeit sich selbst vernichten können.

Die Relativitätstheorie kommt zu diesen außergewöhnlichen Erkenntnissen, weil sie die Welt auf eine völlig neue Weise betrachtet: sie nimmt die Dinge, wie sie *sind*. Entsprechend der Newtonschen Vorstellung, die zur allgemeinen Auffassung in unserer alltäglichen Erfahrungswelt geworden ist, ändert sich die Welt von Augenblick zu Augenblick. Dabei ist »die Welt« verstanden als ein wohldefinierter (wenn auch nicht völlig bekannter) Zustand des gesamten Universums. Die anderen Menschen, die Planeten und Sterne, die anderen Galaxien, kurz, das gesamte Weltall: wir betrachten alles zusammen so, wie es zu einem bestimmten Zeitpunkt ist, zum Beispiel in diesem Augenblick. Wir sehen die Welt und all ihre Objekte immer »gleichzeitig«. Kaum einer zweifelt an der Existenz einer solchen universalen Gleichzeitigkeit. (Auch Newton tat es nicht.)

Die Abkehr von dieser vertrauten Vorstellung und ihre Konsequenzen lassen sich an einem vor einiger Zeit entdeckten astronomischen Effekt recht eindrucksvoll beschreiben. Zwischen den beiden Sternbildern Adler und Pfeil befindet sich ein seltsames astronomisches Objekt, ein sogenannter Doppelpulsar. Er besteht anscheinend aus zwei kollabierten Sternen, die sich in sehr geringem Abstand gegenseitig umlaufen. Man nimmt an, daß die Sterne so kompakt sind, daß selbst die Atome unter der Last der Schwerkraft zusammengebrochen und in Neutronen umgewandelt worden sind. Weil diese »Neutronensterne« so dicht gepackte Materie enthalten – ihr Durchmesser beträgt allenfalls einige zehn Kilometer –, können sie sich ungeheuer schnell um ihre eigene Achse drehen, einige Male in der Sekunde. Einer der beiden Sterne besitzt offenbar ein Magnetfeld, denn bei jeder Rotation sendet er einen Radioimpuls aus (daher der Name »Pulsar«). Die Astronomen haben diese Impulse seit einigen Jahren mit Hilfe des 300-Meter-Radioteleskops bei Arecibo auf Puerto Rico aufgezeichnet. Die Regelmäßigkeit der Rotation des Pulsars spiegelt sich in der enorm genauen Regelmäßigkeit der Radioimpulse, die man daher als extrem präzise Sternenuhr benutzen kann. Gleichzeitig kann man aus der Impulsfolge aber auch auf die Bewegung des Pulsars schließen.

Anhand der Regelmäßigkeit der Pulsare wird deutlich, wie unzutreffend unsere landläufige Vorstellung von der Zeit ist. Die beiden kompakten Sterne umkreisen sich gegenseitig mit einer unvorstellbaren Geschwindigkeit. Für einen Umlauf brauchen sie nur etwa acht Stunden – sie haben also ein »Acht-Stunden-Jahr«! Das heißt, der Pulsar bewegt sich mit einer Geschwindigkeit, die einen beachtlichen Anteil der Lichtgeschwindigkeit ausmacht, jener Geschwindigkeit also, mit der die von ihm ausgesandten Signale sich bis zu uns ausbreiten. (Alle elektromagnetischen Wellen, sei es nun Licht oder Radiostrahlung, Infrarotstrahlung oder Ultraviolettes Licht, Röntgen- oder Gammastrahlung, breiten sich mit Lichtgeschwindigkeit aus.) Wenn der Pulsar sich nun um seinen Partnerstern herumbewegt, nähert er sich auf einem Teilstück seiner Bahn der Erde und entfernt sich auf der gegenüberliegenden Seite wieder von uns. Normalerweise würde man annehmen, daß die Impulse zusätzlich beschleunigt werden, wenn sich der Pulsar auf die Erde zubewegt, weil sie ja, bedingt durch die Geschwindigkeit des Pulsars, einen »Extra-Schub« bekommen, wie von einem Katapult. Auf die gleiche Weise würden dann die Impulse verzögert, wenn sich der Pulsar von uns entfernt. Wäre dies so, dann müßten die Impulse aus der ersten Phase uns viel früher erreichen als die vom zweiten Bahnteilstück, weil sie die gewaltige Entfernung bis zur Erde mit einer größeren Geschwindigkeit überbrücken würden. Entsprechend sollten die Ankunftszeiten der Impulse aus einem Umlauf über einen langen Zeitraum von mehreren Jahren »verschmiert« sein, so daß bei uns ein großes Durcheinander ankäme: Impulse von vielen aufeinanderfolgenden Umläufen gegenseitig überlagert. Die Beobachtungen zeigen jedoch ein ganz anderes Bild. Die Impulse kommen in völlig regelmäßiger Folge bei uns an, jeder entsprechend dem Bahnpunkt, an dem er ausgesandt wurde, unabhängig von der Geschwindigkeit des Pulsars.

Die Schlußfolgerung daraus gibt Rätsel auf: offenbar gibt es keine schnelleren Impulse, die langsamere Impulse überholen können. Sie alle kommen mit der gleichen Geschwindigkeit und mit gleichem Abstand bei uns an. Dies scheint in einem direkten Widerspruch mit der Tatsache zu stehen, daß sich der Pulsar bewegt, und die Verwirrung wird noch größer, wenn wir erfahren, daß die mit unveränderter Geschwindigkeit herannahenden Impulse trotzdem einen sehr deutlichen Hinweis auf die schnelle Bewegung des Pulsars enthalten. Diese Botschaft ist in den Impulsen selbst verschlüsselt: Ihre Wellenlänge wächst, wenn sich der Pulsar von uns entfernt, und nimmt ab, wenn er sich auf die Erde zubewegt. Diese Verschiebung der Wellenlänge ist eine ähnliche Erscheinung wie die Veränderung der Tonhöhe eines rasch vorbeifahrenden Autos und wird von der Polizei bei Geschwindigkeitskontrollen genutzt. Aus ihr kann man herauslesen, daß sich der Pulsar mit großer Geschwindigkeit bewegt, obwohl seine Impulse die Erde mit unveränderter Geschwindigkeit erreichen.

Vor einem Jahrhundert hätten solche Beobachtungen unter den Wissenschaftlern Ratlosigkeit ausgelöst – heute werden sie erwartet. Bereits 1905 sagte Einstein solche Effekte auf der Grundlage seiner Relativitätstheorie voraus. Eine Verknüpfung von mathematischer Theorie und Experiment führte ihn zu der erstaunlichen und kaum begreifbaren Schlußfolgerung, daß die Geschwindigkeit des Lichts überall und für jeden gleich groß sein müsse, ganz gleich, wie schnell sich ein Beobachter oder die Lichtquelle selbst bewegen.

Die Ausgangsprobleme, die Einstein damals zu dieser Behauptung führten, hingen zusammen mit sich bewegenden elektrischen Ladungen sowie mit der Tatsache, daß die Physiker die Geschwindigkeit der Erde nicht durch Messung von Lichtsignalen bestimmen konnten. Wir müssen uns hier nicht in die technischen Einzelheiten dieser Probleme vertiefen, sondern wollen nur festhalten, daß *die* Geschwindigkeit der Erde völlig bedeutungslos ist, da man nur relative Geschwindigkeiten bestimmen kann (daher auch der Name »Relativitätstheorie«). Konzentrieren wir uns lieber auf die Bedeutung und die Folgen dieser schwerwiegenden Erkenntnis von Albert Einstein.

Wenn sich ein Objekt von einem Beobachter entfernt, und er beginnt es zu verfolgen, so will er damit erreichen, daß sich der Abstand weniger schnell vergrößert. Mit genügend Anstrengung kann er sogar die Geschwindigkeit des Fluchtobjekts erreichen und überschreiten, so daß er es nach einiger Zeit ein- und überholt. Die relative Geschwindigkeit zwischen Objekt und Verfolger hängt also eindeutig von der Geschwindigkeit des Verfolgers ab. Wenn das Objekt aber ein Lichtimpuls ist, liegen die Verhältnisse anders: so schnell er sich auch fortbewegen mag, er wird die relative »Fluchtgeschwindigkeit« des Lichtstrahls um keinen Kilometer pro Stunde verringern können. Zugegeben, das Licht bewegt sich mit einer sehr großen Geschwindigkeit (ca. 300 000 Kilometer pro Sekunde), aber selbst, wenn der Verfolger mit einem Raumschiff 99,9 Prozent dieser Lichtgeschwindigkeit erreichen würde – man würde die Relativgeschwindigkeit des Lichts immer noch mit 300 000 Kilometer pro Sekunde bestimmen.

Zunächst erscheint diese Behauptung vielleicht als schierer Unsinn. Wenn man nämlich dieses Wettrennen zwischen Lichtstrahl und fast lichtschneller Rakete von der Erde aus verfolgt, dann sieht man doch, daß sich der Abstand zwischen beiden nur langsam vergrößert, obwohl auch wir auf der Erde die Lichtgeschwindigkeit mit 300 000 Kilometer pro Sekunde messen.

Wenn also Einsteins Behauptungen stimmen (und Experimente haben gezeigt, daß er Recht hatte), dann bleibt nur die Schlußfolgerung, daß der Astronaut des Raumschiffs die Welt ganz anders sieht und erlebt als der Beobachter auf der Erde – einzig die Lichtgeschwindigkeit ist für ihn genau so groß wie für uns.

Man kann diesen Unterschied eindrucksvoll demonstrieren, wenn man annimmt, daß der Raumfahrer innerhalb seiner Kapsel ein Experiment mit Lichtblitzen durchführt, und zwar genau in dem Moment, da er an der Erde vorbeirast *(Abbildung 4)*. In diesem Augenblick läßt er zwei Lichtimpulse von der Mitte des Raumschiffs in entgegengesetzte Richtungen laufen, einen nach vorwärts, einen nach rückwärts. Natürlich wird er sehen, daß beide Lichtstrahlen genau gleichzeitig die einander gegenüberliegenden Wände erreichen; die noch so große Relativgeschwindigkeit des Raumschiffs zur Erde hat auf die vom Raumschiff aus beobachtete Geschwindigkeit des Lichts keinen Einfluß. Von der Erde aus betrachtet sieht der Vorgang jedoch anders aus. Während der kurzen Zeit, die die Lichtstrahlen bis zum Erreichen der Raumschiffwände benötigen, hat sich die Kapsel ein beachtliches Stück voranbewegt. Zwar sieht auch der Beobachter auf der Erde, daß sich beide Lichtstrahlen mit gleicher Geschwindigkeit bewegen – relativ zu ihm –, aber er sieht gleichzeitig auch die Bewegung der Rakete. Die Folge davon ist, daß sich – für ihn – die Spitze der Rakete von dem Lichtstrahl zu entfernen scheint, während sich das Heck ihm entgegenbewegt. Entsprechend muß für ihn das Licht am Heck früher ankommen als an der Spitze des Raumschiffs. Was der Raumfahrer als gleichzeitig erlebt, erkennt der Beobachter auf der Erde als zeitlich nacheinander. Wer von beiden hat Recht?

Die Antwort ist einfach und doch schwer begreiflich: beide haben Recht. Der Begriff der »Gleichzeitigkeit«, des gleichen Augenblicks an zwei verschiedenen Stellen, hat keine universelle Bedeutung. Was wir als »Jetzt« empfinden, kann für andere Beobachter als Vergangenheit oder Zukunft erscheinen. Auf den ersten Blick erscheint diese Schlußfolgerung beunruhigend. Wenn die Gegenwart des einen Beobachters für einen zweiten bereits Vergangenheit und für einen dritten noch Zukunft ist – könnten sich die drei dann nicht untereinander verständigen und den dritten über seine bevorstehende Zukunft informieren? Was würde passieren, wenn der Vorgewarnte sich nun anders verhielte und damit die schon beobachtete Zukunft abzuändern versuchte? Es sieht allerdings so aus, als könne diese Situation nicht eintreten – zum Glück für die innere Ordnung der Physik! Im Fall des Lichtexperiments in der Rakete können z. B. die Beobachter erst dann wissen, daß die Lichtimpulse irgendwo angekommen sind, wenn sie irgendeine Nachricht darüber empfangen haben.

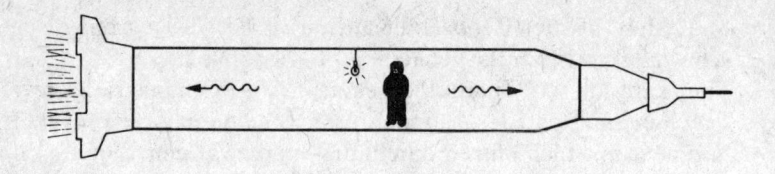

Abbildung 4: Es gibt keine universelle Gegenwart. Diese verblüffende Erkenntnis leitet sich aus dem Verhalten der Lichtstrahlen ab. Für den Raumfahrer bewegen sich die beiden Lichtimpulse mit gleicher Geschwindigkeit in entgegengesetzte Richtung, und sie erreichen die Spitze und das Ende der Rakete gleichzeitig (wenn sie gleichzeitig von der Mitte des Raumschiffs ausgesandt wurden). Auch der Beobachter auf der Erde sieht, daß sich die Lichtstrahlen mit gleicher Geschwindigkeit nach vorn und hinten bewegen, und doch kommt für ihn der rückwärtige Lichtstrahl früher am Heck der Rakete an, als der nach vorne gerichtete Strahl an der Spitze. Der irdische Beobachter sieht gleichzeitig, wie sich das Heck des Raumschiffs dem Lichtstrahl entgegenbewegt, während die Spitze vor ihm zu fliehen scheint.

Diese Nachricht selbst braucht jedoch eine bestimmte Zeit, ehe sie bei den Beobachtern ankommt. Wollte man das Prinzip der Kausalität durchbrechen und die Zukunft zur Vergangenheit werden lassen oder umgekehrt, dann müßten sich solche Nachrichten schneller bewegen als das Licht, das in dem Experiment verwendet wurde. Es scheint jedoch in unserer Welt nichts zu geben, das sich schneller als Licht ausbreiten kann. Andernfalls wäre die Kausalstruktur von Ursache und Wirkung in der Tat durchbrochen und es gäbe keine eindeutige zeitliche Abfolge mehr. Hier zeigt sich also, daß »Vergangenheit« und »Zukunft« keine universelle Gültigkeit besitzen, sondern nur auf Ereignisse angewandt werden dürfen, die durch Lichtsignale verbunden werden können.

Wir können uns fragen, warum eine Rakete nicht immer weiter beschleunigt werden kann, bis sie schließlich schneller als das Licht wird. Einstein hat gezeigt, daß dies unmöglich ist. Je mehr sich die Geschwindigkeit der des Lichts nähert, desto schwerer werden Rakete und Besatzung. Entsprechend muß immer mehr Energie aufgewendet werden, um das Raumschiff noch ein bißchen mehr zu beschleunigen. Der Geschwindigkeitszuwachs wird immer kleiner, und die Lichtgeschwindigkeit wird nie erreicht, ganz gleich, wie lange man beschleunigt. Natürlich merkt der Astronaut nichts von dieser Gewichtszunahme. Für ihn verändert sich die Welt um ihn herum auf seltsame Weise: ihm erscheinen die Entfernungen in Bewegungsrichtung geschrumpft. Von der Rakete aus gesehen wird der Astronaut mit seinem Raumschiff also immer schneller und schneller, weil er scheinbar immer größere Distanzen in einem gleichen Zeitraum zurücklegt.

Für einen Astronauten an Bord eines Raumschiffs, das sich mit 99,9 Prozent der Lichtgeschwindigkeit bewegt, erschiene die Sonne lediglich etwa 6,5 Millionen Kilometer von der Erde entfernt, eine Strecke, die er in 22 Sekunden zurücklegen kann. Der Beobachter auf der Erde mißt jedoch die Entfernung zur Sonne mit 150 Millionen Kilometer und dafür braucht der Astronaut mehr als 8 Minuten. Daraus könnte man den Schluß ziehen, daß die Zeit vom Raumschiff aus beobachtet rund 22 mal langsamer abläuft als von der Erde aus gemessen. Wenn aber die Ereignisse an Bord des Raumschiffs wirklich 22 mal langsamer ablaufen würden als auf der Erde, dann müßte der Astronaut, wenn er die Erde mit einem großen Fernrohr betrachten könnte, sehen, wie bei uns alles 22 mal so schnell abläuft. Stattdessen beobachtet er genau das Gegenteil – eine Zeitlupen-Erde: *Beiden Beobachtern erscheint die Zeit des anderen verlangsamt.* Diese symmetrische Beziehung zwischen sich voneinander fort bewegenden Beobachtern ist einer der Kernpunkte der Relativitätstheorie, die Bewegungen immer in Relation zu anderen Beobachtern stellt. Es ist daher unmöglich zu sagen, das Raumschiff bewege sich, während die Erde stillstehe (oder umgekehrt), da jede Erscheinung, die sich aus der gegenseitigen Relativgeschwindigkeit ergibt, von beiden Beobachtern gleichermaßen wahrgenommen werden muß. Die Tatsache, daß jeder Beobachter die Zeit des anderen verlangsamt ablaufen sieht, führt keineswegs zu einem Widerspruch; wir brauchen uns nur daran zu erinnern, daß der Begriff der Gegenwart für beide Beobachter verschieden ist. Sie können Zeitpunkte nur durch den langwierigen Prozeß der Signalübertragung markieren, und das dauert mindestens so lange wie die Lichtlaufzeit zwischen beiden.

Die Realität dieser Zeitverzögerung, dieser Zeitdilatation, wird deutlich, wenn das Raumschiff zur Erde zurückkehrt und die Uhren des Raumschiffs mit denen auf der Erde verglichen werden können. Dann nämlich wird man die erstaunliche Entdeckung machen, daß die Uhren der beiden Systeme deutlich aus dem Gleichschritt gekommen sind. Während nach Raumschiffzeit nur ein paar Stunden vergangen sind, zeigen die Uhren auf der Erde längst ein um Tage späteres Datum an. Dies ist nicht etwa ein merkwürdiger physiologischer Effekt, sondern entspricht der Realität: für die Besatzung des Raumschiffs sind tatsächlich nur wenige Stunden vergangen, auf der Erde Tage.

Die Vorstellung einer elastischen Zeit, die 1905 von Einstein propagiert wurde, war zunächst sehr befremdlich. Inzwischen haben jedoch zahlreiche Experimente gezeigt, daß Einstein auch in dieser Hinsicht richtig gedacht hatte. Das genaueste dieser Experimente arbeitet mit subatomaren Teilchen, denn diese sind am ehesten bis dicht an die Lichtgeschwindigkeit zu beschleunigen und besitzen darüberhinaus oft eine Art eingebauter Uhr. My-Mesonen beispielsweise, auch kurz »Myonen« genannt, entstehen bei Zusammenstößen von Elementarteilchen und haben eine Lebensdauer von etwa zwei Millionstel Sekunden, ehe sie in bekanntere Teilchen wie Elektronen zerfallen. Wenn sich Myonen dagegen der Lichtgeschwindigkeit nähern, führt die Zeitdilatation nach unserer Messung zu einer mehrfach größeren Lebensdauer. Die Myonen haben davon nicht viel, denn in ihrem Bezugssystem bleibt ihre Lebensdauer unverändert bei 2 Millionstel Sekunden. 1977 wurde im Teilchenbeschleuniger des europäischen Forschungszentrums CERN bei Genf ein Experiment durchgeführt, bei dem man einen Strahl extrem schneller Myonen erzeugte und im Magnetspeicherring konservierte, so daß man die Lebensdauer der Myonen messen konnte. Dabei zeigte sich, daß die beobachtete Zeitdilatation bis auf einen Fehler von 0,2 Prozent den vorhergesagten Werten entsprach.

Eine verlockende Möglichkeit, die sich durch den Effekt der Zeitdilatation ergibt, sind »Zeitreisen«. Je schneller sich ein Raumschiff bewegt, desto mehr verändert sich der Zeitmaßstab des Astronauten relativ zur Umgebung. Wenn er beispielsweise bis auf 50 Meter pro Sekunde an die Lichtgeschwindigkeit herankäme, so würde er für die Reise zum nächsten Stern, der mehr als vier Lichtjahre entfernt ist, nicht einmal einen Tag benötigen, obwohl er nach unserer Messung mehr als 4 Jahre unterwegs wäre. Die »Bordzeit« liefe dann für uns rund 1750 mal langsamer ab. Wäre das Raumschiff nur noch 50 Zentimeter pro Sekunde langsamer als das Licht, dann wäre die Zeitdilatation noch zehnmal größer, d. h., die Reise zum nächsten Stern würde gerade so lange dauern wie eine Zugfahrt von Köln nach Mainz – wenig mehr als 2 Stunden. Und immer noch erschiene uns von der Erde aus die Flugzeit »normal«: etwas mehr als 4 Jahre. Mit dieser unvorstellbaren Geschwindigkeit würde es nur einige Jahre dauern, ehe das Raumschiff die ganze Milchstraße umrundet hätte (natürlich bezogen auf Raumschiff-Zeit). Wenn aber der Astronaut zur Erde zurückkehrte, wären hier inzwischen 400000 Jahre vergangen! Obwohl solche Zeitreisen wohl immer im Bereich der Science-Fiction bleiben werden (die Energie, die dazu erforderlich wäre, würde ausreichen, unsere gegenwärtige Technik über Jahrmillionen zu versorgen), ist die Erscheinung der Zeitdilatation eine wissenschaftliche Tatsache.

Wir haben diese bizarr erscheinenden Effekte beschrieben, weil sie deutlich machen, daß unsere landläufigen Vorstellungen von Raum und Zeit nicht universell gültig sind. Der neue wesentliche Aspekt der Relativitätstheorie ist die Subjektivität der Eindrücke. So grundlegende Begriffe wie Dauer, Länge, Vergangenheit, Gegenwart und Zukunft können nicht länger als zuverlässiger Rahmen unseres Lebens angesehen werden. Es sind vielmehr bewegliche, elastische Größen, die durch denjenigen bestimmt werden, der sie mißt. Von diesem Standpunkt aus betrachtet gewinnt der Beobachter eine beinahe zentrale Rolle in der Natur der Dinge. Fragen, wie die nach einer »richtig« gehenden Uhr, nach der »wirklichen« Entfernung zwischen zwei Punkten, nach dem, was »jetzt« auf dem Mars geschieht, verlieren ihren Sinn. Es gibt keine allgemeingültige Zeit, keine allgemeingültige Ausdehnung, keine gemeinsame Gegenwart.

Zu Beginn dieses Kapitels wurde gesagt, die Relativitätstheorie betrachte die Welt unter einem neuen Blickwinkel, nämlich so wie sie »wirklich« ist. Im alten, Newtonschen Sinn war die Welt eine Ansammlung von *Dingen*, die in der jeweiligen Gegenwart bestimmte Plätze einnahmen. Die Relativitätstheorie dagegen hat gezeigt, daß diese »Dinge« oft anders sind als sie aussehen, während Raum- und Zeitvorstellungen vom jeweiligen Beobachter abhängen. Das relativistische Bild der Wirklichkeit zeigt uns eine Welt von *Ereignissen*. Ereignisse sind Punkte in Raum und Zeit, die keine räumliche oder zeitliche Ausdehnung haben: Fünf Uhr vor dem Kölner Dom ist ein Ereignis (wenn auch möglicherweise ein uninteressantes). Daß ein Ereignis stattfindet, wird von allen, die es beobachten, wahrgenommen, wenn sie auch in der Regel unterschiedlicher Auffassung darüber sein mögen, wo und wann dieses Ereignis stattgefunden hat.
Ungeachtet dieser Relativität dessen, was früher als starr und allgemeingültig galt, bleibt eine gewisse »vernünftige« Ordnung von Raum und Zeit erhalten. So kann beispielsweise die Diskrepanz zwischen der unterschiedlichen Deutung des Begriffs »Gegenwart« durch einzelne Beobachter einerseits und der Elastizität des Zeitbegriffs andererseits nicht so groß werden, daß sich für einen bestimmten Beobachter Vergangenheit und Zukunft vertauschen. Zwei ursächlich verbundene Ereignisse werden jedem einzelnen Beobachter in der richtigen zeitlichen Reihenfolge erscheinen, ganz gleichgültig, ob sie sich für ihn gerade abspielen und einem anderen als Vergangenheit oder Zukunft vorkommen. Wenn eine Gewehrkugel eine Zielscheibe trifft, so wird kein Beobachter das Loch in der Scheibe sehen bevor sich der Schuß gelöst hat; hier spielt seine eigene Bewegung keine Rolle. Diese Kausalitätskette bleibt aber eben nur gewahrt, weil kein Beobachter die Geschwindigkeit des Lichts übertreffen kann. Wäre dies möglich, dann erschienen Ursache und Wirkung vertauscht, und ein Astronaut könnte sowohl in die Vergangenheit als auch in die Zukunft reisen. Das Chaos, das sich aus Besuchen in der eigenen Vergangenheit ergäbe, bleibt uns jedoch erspart.
In einer Welt, in der sich Raum- und Zeit-Perspektiven verschieben können, braucht man eine neue Geometrie und eine neue Sprache, die die besondere Rolle des Beobachters berücksichtigen. Newtons Vorstellungen von Raum und Zeit waren lediglich eine Verallgemeinerung der Alltagserfahrung – er kam daher auch mit der Alltagssprache aus. Die Relativitätstheorie hingegen erfordert eine abstraktere Darstellungsweise, die jedoch nach Ansicht derer, die sie verste-

hen, auf ihre Art elegant und griffig ist. 1908 konnte Hermann Minkowski zeigen, daß Effekte wie die Längenkontraktion oder die Zeitdilatation nicht ganz so »störend« wirken, wenn wir nicht länger von Raum und Zeit, sondern von einer Raumzeit sprechen. Dabei handelt es sich keineswegs nur um eine monströse, vierdimensionale Erfindung der Mathematiker, die den Laien verwirrt, sondern um ein viel genaueres und tatsächlich einfacheres Modell der wirklichen Welt im Vergleich zu Newtons Konzepten.

Die Brillanz dieses Gedankens läßt sich an einem einfachen Beispiel erläutern, der Raumzeit-Ausdehnung des menschlichen Körpers. In unserer Alltagssprache hat ein Mensch die Größe von beispielsweise 1,80 Meter und eine Lebensdauer von 70 Jahren. Im System der Raumzeit sind diese beiden Größen miteinander verknüpft, sie sind nicht länger voneinander unabhängig. Nicht, daß größere Menschen länger leben würden. Aber wenn man einen Erdenmenschen von einer Rakete aus betrachtet, mag er vielleicht nur 90 cm groß erscheinen, aber 140 Jahre lang leben. Man kann sich das verdeutlichen, wenn man annimmt, daß die räumliche und zeitliche Ausdehnung eines Menschen lediglich Projektionen der Raumzeit auf die beiden »Unterräume« Raum und Zeit sind. Und wie das bei Projektionen normalerweise ist, hängt die Größe des entstehenden Bilds vom Betrachtungswinkel ab; das gilt für die Raumzeit genauso wie für den »herkömmlichen« Raum. Eine Geschwindigkeitsänderung bewirkt so etwas wie eine Drehung in der Raumzeit: wenn man seine Geschwindigkeit ändert, dreht man seinen vierdimensionalen Körper mehr oder minder weit von der Raumdimension in die Zeitdimension oder umgekehrt. Daher bleibt die Raumzeit-Ausdehnung des Menschen auf der Erde unverändert, auch für den Beobachter der vorbeifliegenden Rakete – dessen Geschwindigkeit bewirkt lediglich, daß für ihn 90 Zentimeter Größenausdehnung in 70 Jahre Lebensdauer »umgewandelt« erscheinen!

Setzt man einige Zahlenwerte in die dazugehörigen Gleichungen ein, so zeigt sich, daß einer kleinen Zeiteinheit bereits eine sehr große Entfernung entspricht. Dies ist nicht weiter verwunderlich, weil der Umrechnungsfaktor die Lichtgeschwindigkeit ist. Ein Zeitjahr entspricht daher einer Entfernung von einem Lichtjahr oder 9,46 Billionen Kilometer; ein Meter wird durch 3 Milliardstel Sekunden »aufgewogen«.

Die Raumzeit ist mehr als nur eine geeignete Methode zur Erklärung von Längenkontraktion und Zeitdilatation. Nach den Vorstellungen der Relativitätstheorie *ist* die Welt die Raumzeit; Dinge bewegen sich

nicht länger zusammen mit der Zeit, sondern sind in der Raumzeit ausgedehnt. *Abbildung 5* soll das verdeutlichen. Sie zeigt einen typischen Ausschnitt der Raumzeit. Da vier Dimensionen nicht auf einem Blatt Papier dargestellt werden können, sind nur zwei der drei Raumdimensionen angedeutet. Die Zeit verläuft senkrecht nach oben, der Raum dehnt sich waagerecht in der Ebene aus. Die gekrümmte Linie zeigt den Weg eines sich bewegenden Körpers, seine »Weltlinie«. Zur Vereinfachung ist die Ausdehnung des Körpers hier sehr klein gehalten, so daß sein Weg durch eine Linie und nicht durch eine Röhre darstellbar ist. Wenn sich der Körper nicht von der Stelle rührte, wäre seine Weltlinie eine senkrechte Gerade. Wird er beschleunigt, so krümmt sich die Linie. Abbildung 5 zeigt die Weltlinie eines Teilchens, das sich zunächst ein wenig nach rechts bewegt, dann wieder zurück, dann wieder weiter nach rechts, bis es schließlich erneut umkehrt, langsamer wird und schließlich an einem Punkt verharrt. Solche Weltlinien beschreiben die gesamte Geschichte eines Objekts. Würde man dieses Diagramm so weit vergrößern, daß es die gesamte Raumzeit erfassen könnte, das ganze Universum also von seinem Anfang bis zum Ende, dann wäre dieses Diagramm eine Darstellung aller Ereignisse, es würde alles enthalten, was man vom physikalischen Standpunkt her über die Welt aussagen könnte. Wenn wir uns an die umstrittene Frage nach der Natur der Welt erinnern, so sehen wir, daß die Welt in den Augen eines »Relativisten« identisch mit der Raumzeit und den in ihr enthaltenen Weltlinien ist. Nach diesem Modell sind Vergangenheit und Zukunft ebenso real wie die Gegenwart, eine universelle Trennung von Vergangenheit, Gegenwart und Zukunft ist nicht möglich. Das heißt, Dinge ereignen sich nicht in der Raumzeit, sondern sie *sind*.
Wie aber sollen wir den statischen Charakter dieser relativistischen Welt, in der alles unveränderlich existiert, mit unserer Erfahrungswelt in Einklang bringen, dieser Welt voller Ereignisse, Veränderungen und Entwicklungen? Wir erleben die Welt nicht als eine (Raumzeit-)Tafel, die mit Weltlinien vollgezeichnet ist. Was also fehlt noch an diesem Bild?
Unsere Zeiterfahrung weicht scheinbar in zwei wesentlichen Zügen von dem Zeitmodell der Relativitätstheorie ab: zum einen empfinden wir die Bedeutung des Begriffs »Jetzt«, und zum anderen »erleben« wir den Zeitfluß von der Vergangenheit in die Zukunft. Untersuchen wir zunächst, was wir mit »Jetzt« meinen. Die Gegenwart spielt zwei Rollen. Sie trennt die Vergangenheit von der Zukunft und sie ist gewissermaßen die Spitze unseres Bewußtseins im »Meer der Zeit«.

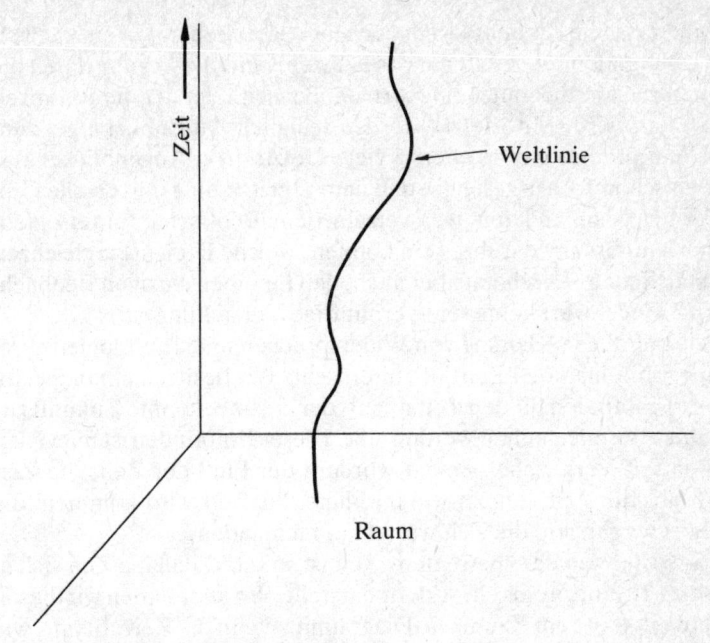

Abbildung 5: Raumzeit-Diagramm. Die Geschichte eines Körpers wird durch eine sogenannte Weltlinie dargestellt.

Ähnlich wie der Bug eines Schiffes durchpflügt die Gegenwart dieses Meer der Zeit, und während die Zukunft wie ein unberührtes Gewässer vor uns liegt, ist die Wasseroberfläche hinter uns aufgewühlt durch die Fülle der erlebten Ereignisse und Erinnerungen. Diese Vorstellung erscheint so natürlich, daß sie über jeden Zweifel erhaben sein sollte, und doch enthüllt eine genauere Betrachtung einige Irrtümer. So kann es »die« Gegenwart nicht geben, denn jeder Augenblick der Zeit wird in dem Moment, da er »passiert«, Gegenwart. Mit anderen Worten, es gibt vergangene »Jetzts«, zukünftige »Jetzts« und ein jetziges »Jetzt«. Ohne objektiven, zeitlosen Maßstab kann man nichts über die »Gegenwärtigkeit« sagen.

Eine gern benutzte Analogie beschreibt, wie der Beobachter, mit einer kleinen Lampe ausgerüstet, »seine« Weltlinie in der Raumzeit entlangmarschiert. Das Licht bewegt sich allmählich die Linie entlang und der Beobachter erlebt immer neue, aufeinanderfolgende

Momente seines Lebens. Aber auch diese Vorstellung ist eine Selbsttäuschung, denn sie greift auf das Konzept einer Bewegung *durch* die Zeit zurück und benutzt eine Art »Außenzeit«, an der die Raumzeit gemessen wird. Mit »Jetzt« werden lediglich Augenblicke gekennzeichnet, und so gibt es ebenso viele »Jetzts« wie Augenblicke. Wir haben schon früher gesehen, daß dem »Jetzt« keine universelle Gültigkeit zukommen kann, weil verschiedene Beobachter unterschiedlicher Auffassung darüber sein können, welche Ereignisse gleichzeitig stattfinden. Es scheint aber auch, daß für einen einzigen Beobachter *die* Gegenwart keine sehr vernünftige Vorstellung ist.
In eine ähnliche Klemme von Widersprüchen und Tautologien gerät man, wenn man den Zeitfluß untersucht. Wir besitzen ein tiefes, inneres Empfinden für den Zeitablauf, der die unbekannte Zukunft zur erlebten Vergangenheit werden läßt. Dieses Empfinden ist mit vielen bildhaften Vergleichen belegt worden: der Fluß der Zeit, die Zeit läuft ab, die Zeit vergeht wie im Fluge, die Zeit wird kommen, die Zeit ist vergangen, die Zeit wartet auf niemanden.
Dieses Bild von der »bewegten« Zeit ist so stark, daß die Zeit sich in unserer Erfahrung als ein Akteur darstellt. Wo aber finden wir diesen »Fluß« in unserem Raumzeit-Diagramm. Wenn die Zeit abläuft, wie schnell läuft sie? Eine Sekunde pro Sekunde – einen Tag pro Tag? Die Frage danach ist ohne Sinn. Wenn sich ein Objekt durch den Raum bewegt, dann können wir die Zeit als »Maßstab« benutzen, können wir die Geschwindigkeit bestimmen als zurückgelegte Entfernung pro Zeiteinheit. Aber können wir den Ablauf der Zeit, die Geschwindigkeit der Zeit, mit der Zeit selbst messen? Wir sollten vielleicht besser fragen, ob die Zeit überhaupt vergeht. Bislang haben wir nichts gefunden, mit dessen Hilfe wir den Ablauf der Zeit messen könnten, nichts gefunden, das uns diesen Ablauf der Zeit beweist. Es gibt kein Instrument, mit dessen Hilfe wir den Zeitablauf registrieren könnten oder ihre Geschwindigkeit messen. Es ist ein großer Irrtum, anzunehmen, dies genau sei die Aufgabe einer Uhr. Eine Uhr mißt lediglich Zeitintervalle, nicht aber die Geschwindigkeit der Zeit; der Unterschied ist wie der zwischen einem Lineal und einem Tachometer. Die objektive Welt *ist* die Raumzeit, sie enthält alle Ereignisse aller Zeiten. In ihr gibt es keine Gegenwart, Vergangenheit oder Zukunft.
Dieser Unterschied zwischen dem, was uns als bewußtem Beobachter die Zeit bedeutet und dem, was sie im physikalischen Sinn ist, gehört zu den interessantesten Rätseln der Zeit. Wir kommen nicht an der Erkenntnis vorbei, daß jene Eigenschaften, die wir als wesent-

liche Momente der Zeit ansehen – nämlich die Einteilung in Vergangenheit, Gegenwart und Zukunft, und die Vorwärtsbewegung dieser Bereiche –, einzig und allein subjektive Erscheinungen sind. Unsere eigene Existenz stattet die Zeit mit Leben und Bewegung aus. In einer Welt ohne bewußt erkennende Beobachter würde der Fluß der Zeit zum Stillstand kommen. Gelegentlich wird der Strom der Zeit lediglich als eine Illusion angesehen, die durch ein tiefverwurzeltes Durcheinander in der zeitlichen Struktur unserer Sprache hervorgerufen wird. Vielleicht würde ein Wesen einer anderen Welt unseren Zeitbegriff überhaupt nicht nachvollziehen können. Auf der anderen Seite kann dieses sprachliche Durcheinander, das zweifellos existiert, ebenso eine Folge des zuvor erwähnten Widerspruchs zwischen subjektiver und objektiver Zeit sein. Könnte es nicht sein, daß unsere Vorstellung von einer fließenden Zeit nicht Folge einer verworrenen Sprache und eines verwirrten Denkens ist, sondern umgekehrt der Versuch, einen Wortschatz für die Beschreibung der objektiven physikalischen Welt zu nutzen, der aus unserer fundamentalen psychologischen Erfahrung der Zeit stammt? Vielleicht gibt es »wirklich« zwei Zeiten – eine psychologische und eine objektive. In dem Fall sollten wir auch zwei unterschiedliche Begriffsgruppen für ihre Beschreibung verwenden.
Ich habe »wirklich« in Anführungszeichen gesetzt, weil die Frage nach der Wirklichkeit in diesem Zusammenhang sehr wichtig ist. Viele Menschen werden sagen, die wahre Realität müsse vom Beobachter unabhängig sein, so daß eine subjektive oder psychologische Zeit aufgrund ihrer sehr persönlichen Natur den Anforderungen der »Wirklichkeit« nicht genügt. Doch scheint diese persönliche Erfahrung von allen bewußten Beobachtern geteilt zu werden, so daß sie zumindest ähnlich »real« sein muß wie etwa Hunger, Lust oder Neid.
Wir dürfen nun aber nicht glauben, daß Vergangenheit und Zukunft in der Raumzeit völlig ihren Sinn verlieren. Man wird sicher sagen können, daß bestimmte Ereignisse von anderen Raumzeitpunkten aus gesehen in der Vergangenheit oder Zukunft liegen; man kann dies sogar im Labor überprüfen und bestätigen. Unser Raumzeit-Diagramm hat ein wohldefiniertes »Oben« (Zukunft) und »Unten« (Vergangenheit); beide sind nicht symmetrisch zueinander, wie man an einem einfachen Beispiel erkennen kann. Die *Abbildung 6* zeigt eine Bombe, die in einzelne Bruchstücke explodiert. Dies ist eine typische, zeitlich asymmetrische Veränderung, weil sie nicht umkehrbar ist. Ließe man einen Film mit dieser Bombenexplosion rück-

wärts laufen, so würde jeder das als falsch erkennen, weil es die wunderbare Selbstorganisation von ungeordneten Einzelteilen vorgaukeln würde. Stellt man diesen Vorgang im Raumzeit-Diagramm dar, so ergibt sich für die Explosion das obere Bild (a); auch hier kann man erkennen, daß die Umkehrung (b) nicht vorkommen kann. Die Welt steckt voller Unordnung schaffender Prozesse wie diesem, die eine objektive, physikalische Unterscheidung von Vergangenheit und Zukunft ermöglichen. Diese Prozesse definieren nicht *die* Vergangenheit oder *die* Zukunft. Die Unterscheidungsmöglichkeit ist ähnlich wie bei rechtshändig und linkshändig: vom Nordpol aus gesehen dreht sich die Erde gegen den Uhrzeigersinn, also links herum; damit ist eine definitive Unterscheidungsmöglichkeit zwischen rechts und links gegeben. Trotzdem ist es unsinnig zu fragen, welcher Teil der Erde am weitesten links liegt oder welches Land sich in der Mitte zwischen rechts und links befindet. Links und rechts definieren Richtungen, keine Plätze. Genauso geben Vergangenheit und Zukunft nur zeitliche Richtungen an, legen aber keine zeitlichen Momente fest. Richtungen innerhalb der Zeit sind objektiv sinnvoll, aber die Einordnung von Ereignissen in die Vergangenheit oder die Zukunft nicht. In Kapitel 10 werden wir die Natur der Zeit und unsere Beobachtung von ihr noch genauer untersuchen.

Der Gegensatz zwischen der physikalischen Zeit und unserem eigenen Empfinden macht die entscheidende Position deutlich, die ein bewußt erlebender Beobachter im Hinblick auf die Ordnung der Eindrücke einnimmt, die wir von der Welt haben. In der alten, Newtonschen Welt war dem Beobachter keine sehr bedeutende Rolle zugedacht: das Uhrwerk lief und lief, ganz gleich, ob und von wem es beobachtet wurde. Das relativistische Bild sieht anders aus. Beziehungen zwischen Ereignissen wie Zukunft und Vergangenheit, Gleichzeitigkeit, Länge und Zeiteinheit, werden abhängig von dem, der sie wahrnimmt; und liebgewordene Begriffe wie Gegenwart oder der Strom der Zeit verblassen angesichts der »äußeren« Welt, sind sie doch nur in unserem Bewußtsein verankert. Die Trennung zwischen der Realität und dem subjektiven Empfinden wird unscharf, und Zweifel beginnen sich zu regen, ob die Vorstellung einer »realen Welt da draußen« überhaupt einen Sinn hat. Die späteren Kapitel werden uns zeigen, daß die Quantentheorie zu einer noch engeren Einbeziehung des Beobachters in die physikalische Welt führt.

Die Spezielle Relativitätstheorie Albert Einsteins aus dem Jahre 1905 räumte mit vielen vorgefaßten Urteilen über Raum, Zeit und Bewegung auf, doch dies war nur der Anfang. In der 10 Jahre später

Vorher   Nachher

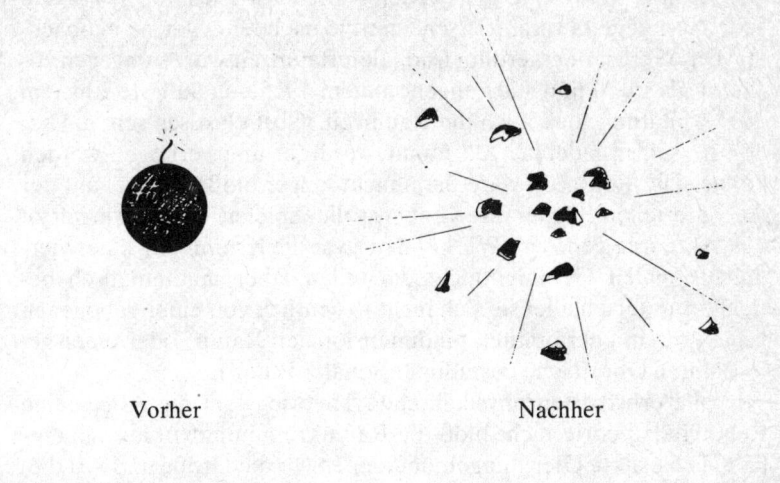

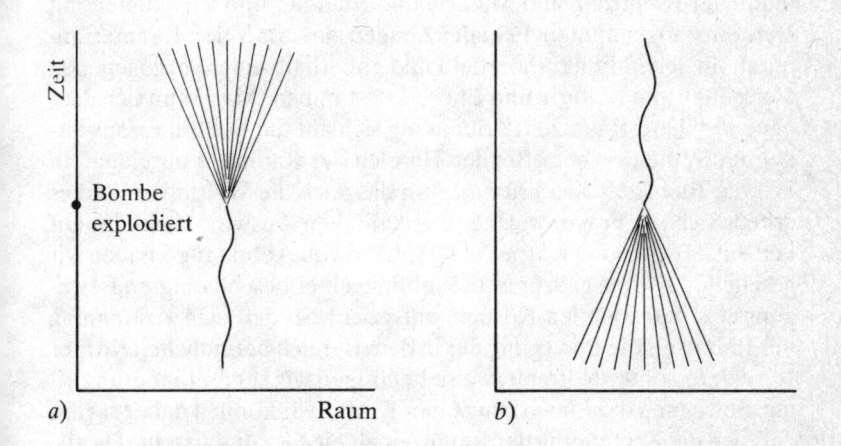

Zeit

Bombe
explodiert

a)   Raum   b)

Abbildung 6: Worin unterscheiden sich Vergangenheit und Zukunft? Die Zerstörung einer Ordnung bestimmt eine Zeitrichtung, wie das Beispiel der Bombenexplosion zeigt. Im Raumzeit-Diagramm erscheint dieses Ereignis als fächerförmige Aufspaltung der vorher einzelnen Weltlinie (a); der umgekehrte Prozeß, die spontane Vereinigung der Bombensplitter (b), würde uns als Wunder erscheinen.

veröffentlichten Allgemeinen Relativitätstheorie beschrieb er noch ungewöhnlichere Phänomene. Wir haben gesehen, daß Raum und Zeit nicht fest, sondern in gewisser Weise elastisch sind; sie können gedehnt und geschrumpft erscheinen, je nachdem, wer sie beobachtet. Das Gerüst der vierdimensionalen Raumzeit wurde dagegen zunächst als stabil und starr angenommen. 1915 nun äußerte Einstein die Vermutung, daß auch die Raumzeit selbst elastisch sein müsse, daß sie selbst gedehnt, gekrümmt, verdreht und verbogen werden könne. Die Raumzeit wäre dann nicht länger bloße Bühne, auf der die materiellen Körper ihre »Lebensrolle« spielen – sie würde mit zu den Akteuren gehören. Wir können zwar die Krümmung eines vierdimensionalen Gebildes nicht darstellen, aber mathematisch betrachtet unterscheidet sie sich nicht wesentlich von einer gebogenen Linie (einem gekrümmten eindimensionalen Raum) oder einer gekrümmten Oberfläche (zweidimensionaler Raum).

Wie alle ernsthaften physikalischen Theorien sagt die Allgemeine Relativitätstheorie nicht bloß die Raumkrümmung voraus, sie enthält auch exakte Gleichungen, mit denen wir die Größe und Art dieser Unregelmäßigkeiten berechnen können. Ursachen für die Krümmung der Raumzeit sind Materie und Energie, und wir können mit Einsteins sogenannten Feldgleichungen das Maß der Raumkrümmung für jeden Punkt innerhalb und außerhalb einer vorgegebenen Verteilung von Materie und Energie bestimmen. Man kann sich denken, daß diese Raumzeit-Krümmung sich auf die Weltlinien auswirken muß, die den betreffenden Bereich der Raumzeit durchlaufen. Wo die Raumzeit sich krümmt, tun das auch die Weltlinien, und es erhebt sich die Frage, welche physikalischen Auswirkungen das auf den entsprechenden Körper hat. Anhand von Abbildung 5 haben wir gesehen, daß eine gekrümmte Weltlinie einer beschleunigten Bewegung des betreffenden Körpers entspricht, so daß eine Krümmung der Raumzeit die Bewegung der in dem Bereich befindlichen Körper verändern sollte. Normalerweise benötigen wir zur Veränderung einer Bewegung die Einwirkung einer Kraft – wir können daher sagen, daß sich die Krümmung der Raumzeit als eine Kraft darstellt. Da alle Körper unabhängig von ihrer Masse oder ihrer inneren Struktur dieser Störung unterliegen, zeichnet sich diese Kraft dadurch aus, daß sie alle Objekte ungeachtet ihrer Natur gleichermaßen erfassen muß. Wir alle kennen eine solche Kraft mit genau dieser Eigenschaft: die Gravitation. Schon Galilei fand heraus, daß alle Körper unabhängig von ihrer Beschaffenheit durch die Schwerkraft gleich stark beschleunigt werden. Dies legt die Vermutung nahe, daß die Schwerkraft eher

eine Eigenschaft des umgebenden Raums ist, als der Körper, die sich durch ihn bewegen. John Wheeler, ein amerikanischer Physiker, der sich sehr intensiv mit den Anwendungsbereichen und Konsequenzen der Relativitätstheorie befaßt hat, formulierte es einmal so: »Die Materie erhält ihre Bewegungsvorschriften direkt vom eigentlichen Raum. Gravitation ist daher keine Kraft im üblichen Sinn, sondern kann vielmehr als eine Geometrie angesehen werden. Der Raum »sagt« der Materie, wie sie sich zu bewegen hat, und die Materie gibt ihrerseits dem Raum seine Krümmung vor.« Die Allgemeine Relativitätstheorie ist daher eine Erklärung der Gravitation als eine Störung der Raumzeit-Geometrie.
Die Krümmung der Raumzeit im Sonnensystem ist mit einigen berühmten Experimenten gemessen worden. So kannte man schon lange die Tatsache, daß Merkur, der sonnennächste Planet, sich anders bewegt als man es aus den Newtonschen Gleichungen erwarten würde. Vereinfacht gesagt, wird die Lage seiner elliptischen Bahn im Raum pro Jahrhundert um 43 Bogensekunden verdreht. Dies ist zwar ein sehr kleiner Effekt (eine Bogensekunde ist der 1800ste Teil des scheinbaren Vollmonddurchmessers am Himmel), aber er kann dennoch gemessen werden. Newtons Gravitationstheorie erklärt ihn jedoch nicht. Als Einstein seine Arbeit veröffentlichte, sagte er als Folge der Raumzeit-Krümmung auch kleine Korrekturen der Newtonschen Theorie voraus. Ihre Auswirkungen auf die Merkurbahn entsprachen genau jenen 43 Bogensekunden pro Jahrhundert. Dies allein war schon ein großer Erfolg, aber es sollten noch mehr folgen. 1919 überprüfte der britische Astronom Sir Arthur Eddington die Theorie der gekrümmten Raumzeit während einer totalen Sonnenfinsternis. Er bestimmte dazu die genaue Position der Sterne unmittelbar »neben« der Sonne (man kann sie nur während der kurzen Dunkelheit bei einer totalen Sonnenfinsternis erkennen), und fand die vorausgesagte, geringfügige Abweichung von ihren »normalen« Positionen. Die Sonne wirkt durch ihre Masse also wie eine Art Gravitationslinse: sie krümmt die Raumzeit in ihrer Umgebung und läßt damit das Bild des Hintergrunds verändert erscheinen.
Ein entscheidender Test der Allgemeinen Relativitätstheorie wurde auf sehr elegante Weise im Schwerefeld der Erde durchgeführt. Gemäß der Theorie wird die Zeit im Schwerefeld genauso gedehnt oder gestaucht wie durch eine schnelle Bewegung. Entsprechend sollten Uhren an der Erdoberfläche langsamer laufen als in großen Höhen, in denen die Anziehungskraft der Erde geringfügig kleiner ist. Der Effekt ist in der Tat äußerst winzig – er macht höchstens eine Ver-

langsamung von einem Hundertmilliardstel Prozent pro Kilometer Höhengewinn aus, aber die Präzision der modernen Technologie ermöglicht selbst solche Messungen. Das Experiment wurde 1959 an der amerikanischen Harvard-Universität durchgeführt. Man benutzte als »Uhr« die natürlichen inneren Schwingungen von radioaktiven Eisenatomkernen. Eine ganz bestimmte Eisensorte (ein sogenanntes Eisen-Isotop) zerfällt unter Abgabe eines energiereichen Gammaphotons; seine Energie ist so groß, daß die Frequenz des Photons bei drei Trillionen Hertz (Schwingungen pro Sekunde) liegt. Die Gammastrahlen wurden in einem 22,5 Meter hohen Turm nach oben geschossen und trafen an der Spitze des Gebäudes auf andere Eisenatomkerne. Normalerweise hätten diese Eisenkerne die Gammastrahlung wieder absorbiert, doch weil die Zeit dort oben »schneller ablief« als am Boden des Turms, stimmte die Frequenz der Eisenkerne dort nicht mehr mit der der Gamma-Photonen überein, wie noch am Boden des Turms. Dadurch wurde die Absorption der Gammastrahlung verhindert. Auf diese Weise konnte die Zeitdilatation im Schwerefeld der Erde gemessen werden.
Mittlerweile hat man diesen Effekt mit einer anderen Meßmethode noch genauer untersucht. Dazu wurde ein Wasserstoff-Maser mit einer Rakete gestartet und in große Höhen gebracht. »Maser« ist eine Abkürzung für die englische Bezeichnung des Begriffs »Mikrowellen-Verstärkung durch erzwungene Strahlungsabgabe«; er ist verwandt mit dem Laser, produziert aber eben Mikrowellen mit extremer Frequenzreinheit und -konstanz. Mit dieser Mikrowellen-Frequenz als »Uhr« konnten die Wissenschaftler den Ablauf der Zeit an Bord der Rakete im Verhältnis zur Erdzeit verfolgen, indem sie die Signale mit den Schwingungen von Vergleichsmasern am Erdboden überlagerten. Sie fanden, daß die Zeit in 10000 Kilometer Höhe im Vergleich zu einem Punkt auf der Erdoberfläche um ein fünfhundertmillionstelmal schneller abläuft, ein Wert, der mit den Voraussagen der Relativitätstheorie übereinstimmt: die Zeit »läuft« draußen im Weltall wirklich schneller ab als auf der Erdoberfläche.
Dieser Effekt wächst, wenn die beteiligte Schwerkraft zunimmt. Der Unterschied im zeitlichen Ablauf zwischen einem Punkt auf der Oberfläche eines Neutronensterns (s. S. 38) und einem weit entfernten Punkt liegt in der Größenordnung von 1 Prozent. Sterne, die etwas mehr Masse als ein Neutronenstern besitzen, müssen unter ihrer eigenen Massenanziehung noch stärker schrumpfen, so daß ihre Anziehungskraft noch weiter wächst. Würde ein Stern wie unsere Sonne auf einen Durchmesser von einigen Kilometern schrumpfen,

dann wäre die Störung der Raumzeit-Geometrie gewaltig. Der Stern selbst könnte der geballten Gravitationskraft seiner eigenen Masse nicht widerstehen und müßte schlagartig in sich zusammenfallen, zu einem Nichts werden. Seine Gravitation würde so anwachsen, daß in einem bestimmten Abstand um dieses »Nichts«, auf einer imaginären Oberfläche um es herum, die Zeit im Vergleich zu entfernten Orten buchstäblich angehalten würde. Ein Beobachter in hinreichend sicherer Entfernung müßte den Eindruck gewinnen, die Uhren an dieser Oberfläche stünden still, der Strom der Zeit dort sei festgefroren und erstarrt. Er könnte die Uhren allerdings gar nicht sehen, weil auch das Licht, das von ihnen ausginge, »bewegungslos« verharren müßte. Das Loch, das von so einem kollabierten Stern zurückbleibt, ist also schwarz – es ist ein Schwarzes Loch. Schwarze Löcher sind nach Ansicht vieler Astronomen das übliche Endstadium von Sternen, die mehr als fünfmal soviel Masse enthalten wie unsere Sonne.

Ein Beobachter, der in das Schwarze Loch hineinstürzt, wird beim Überqueren dieser »eingefrorenen Oberfläche« keine ungewöhnliche Veränderung seines Zeitempfindens registrieren. In seinem Bezugssystem laufen die Ereignisse mit der ihnen sonst eigenen Regelmäßigkeit weiter ab, so daß sein Zeitmaßstab allmählich immer stärker von dem des übrigen Universums abweicht. In dem Zeitpunkt, da er die »Frostgrenze« zum Schwarzen Loch erreicht, werden im übrigen Universum alle Ewigkeiten vorübersein, das Universum ist ausgebrannt. Die Entrückung in der Zeit wächst grenzenlos weiter, bis er schließlich am »Eingang« zum Schwarzen Loch selbst jenseits aller Zeitvorstellungen des äußeren Universums angelangt ist. Dies hat zur Folge, daß ihm jeder Rückweg in unser Universum unmöglich wird, denn dazu müßte er in der Zeit rückwärts reisen können, damit er zu einem früheren Zeitpunkt aus dem Schwarzen Loch herauskäme, als er hineinstürzte.

Doch trotz dieser enormen zeitlichen Verschiebung ist das Innere eines Schwarzen Lochs ein durchaus normaler Teilbereich der Raumzeit, zumindest was seine lokalen Eigenschaften angeht. Zugegeben, das extrem starke Gravitationsfeld führt dazu, daß der fallende Beobachter sich etwas unwohl fühlen wird, werden doch seine vorausfliegenden Körperteile immer stärker angezogen als der Rest; aber der zeitliche Ablauf ist für sein Empfinden durchaus normal. Die Frage nach seinem Schicksal ist schwer zu beantworten. Es ist denkbar, daß er direkt durch das Zentrum des Schwarzen Lochs stürzt und in einem völlig anderen Universum wieder auftaucht, obwohl das Wenige, das wir in diesem Zusammenhang wissen, darauf hindeutet, daß dies nicht geschehen wird. Aber wenn er nicht in unser Weltall zurückkehren kann, wenn er kein anderes Universum erreichen kann, und wenn er sich auch nicht gegen das beständige Weiterstürzen wehren kann, was dann? Wo bleibt er? In Kapitel 5 werden wir sehen, daß er notgedrungen völlig aus der Raumzeit herausfällt und aufhört, in der bekannten physikalischen Welt zu existieren. Die Schwarzen Löcher spielen auch noch in anderen Kapiteln eine wichtige Rolle, wenn es darum geht, die Frage zu beantworten, wie typisch unser Universum ist.

Die Einbeziehung der Gravitation in die Allgemeine Relativitätstheorie untergräbt auch die Beständigkeit der Welt. Die Raumzeit ist nicht länger bloße Arena, sie entwickelt eine Eigendynamik, kann sich bewegen, verändern, verdrehen und krümmen. Wir können nicht länger mit Newton versuchen, die Entwicklung der Welt in der Zeit zu verstehen, wir müssen jetzt auch Veränderungen in der Struktur der Raumzeit selbst berücksichtigen. Der Preis, den wir für eine »bewegliche« Raumzeit zahlen müssen, ist die Tatsache, daß sie sich selbst in ein Nichts verwandeln kann. Aus den Einsteinschen Gleichungen kann man ableiten, daß es Regionen gibt (wie etwa im Innern eines Schwarzen Lochs), in denen die Krümmung der Raumzeit grenzenlos wächst. Im Bereich dieser stärker wachsenden Gravitation werden auch die Störungen der Raumzeitstruktur immer größer, bis diese schließlich zerbricht. Einige Astronomen schließen nicht aus, daß so das Universum als Ganzes enden könnte: ein unvorstellbarer Kamikaze-Sturz aus der Realität der Raumzeit heraus.

Die Gravitation ist eine sogenannte kumulative Kraft: es gibt – anders als bei der Elektrizität – keine negative Gravitationsladung, keine Antigravitation, die ihre Wirkung aufheben oder neutralisieren könnte. Es ist daher nicht verwunderlich, daß die Gravitation von kosmischer Bedeutung ist.

Die Elastizität der Raumzeit könnte auf zwei verschiedene Weisen bedeutsam sein. Die eine Möglichkeit, die von Einstein selbst vorgeschlagen wurde, würde bedeuten, daß der Raum zwar grenzenlos, aber endlich ist. Er müßte dazu, ähnlich wie die Erdoberfläche, gekrümmt sein und in sich selbst zurückführen. Eine solche, in der vierten Dimension gekrümmte »Oberfläche« bezeichnet man als »Hyperkugelfläche«. Wir können uns eine derartige Hyperkugelfläche nicht vorstellen, wohl aber ihre Eigenschaften mathematisch erschließen. Dazu gehört zum Beispiel die Tatsache, daß man das Universum »umrunden« könnte, wenn man nur ausreichend lange immer in die gleiche Richtung fliegt – wie auf der Erdoberfläche käme man schließlich aus der entgegengesetzten Richtung zum Ausgangspunkt zurück. Weiter gibt es in diesem Raum keine Grenzen, keine Mitte und keine Ränder, obwohl der Raum selbst durchaus begrenzt ist. Bisher weiß man allerdings noch nicht, ob die im Universum enthaltene Materie ausreicht, um den Raum in eine geschlossene Form zu krümmen.

Die Elastizität der Raumzeit kann sich noch auf eine zweite Weise bemerkbar machen: Im kosmologischen Maßstab, das heißt, über Entfernungen, die im Vergleich zu Galaxien groß sind, muß der Raum nicht unbedingt statisch sein, sondern könnte sich auch ausdehnen oder zusammenziehen. Gegen Ende der 20er Jahre fand der amerikanische Astronom Edwin Hubble, daß sich das Universum tatsächlich ausdehnt, und zwar auf recht gleichförmig erscheinende Weise – ein bedeutsamer Umstand, auf den wir noch einmal zurückkommen werden. Hubble bemerkte, daß die entfernten Milchstraßen sich scheinbar von uns und untereinander entfernen, indem sie durch den sich ausweitenden Raum auseinandergezogen werden. Er schloß dies aus der Verschiebung der Lichtwellenlängen, einem Effekt, den wir schon in Zusammenhang mit dem Doppelpulsar erklärt haben. Im Bereich des sichtbaren Lichts führt die Dehnung der Wellenlängen zu einer »Rötung« im Vergleich zum Laborspektrum. Die kosmologische »Rotverschiebung« wächst in direkter Abhängigkeit zur Entfernung zwischen einer Milchstraße und uns. Genau dies mußte man erwarten, wenn man annahm, daß sich das Universum gleichmäßig ausdehnt. Die Tatsache, daß sich alle Galaxien von uns zu entfernen scheinen, bedeutet keineswegs, daß wir im Zentrum des Universums stehen. Der gleiche Anblick bietet sich nämlich von überall: die Galaxien fliehen nicht in ein bestimmtes Zentrum, sondern entfernen sich untereinander. Das heißt, es gibt keinen Mittelpunkt des Universums, ebenso wie es keinen Rand gibt.

Wenn die Galaxien sich voneinander entfernen, dann müssen sie in der Vergangenheit näher beieinander gewesen sein. Jedesmal, wenn die Astronomen tief in das Universum hineinblicken, schauen sie gleichzeitig weit in die Vergangenheit zurück; das Licht, das wir heute von weit entfernten Milchstraßen empfangen, war ja auch sehr lange unterwegs und zeigt uns daher den Anblick eines Objekts oder eines Raumbereichs von vor vielen Millionen oder gar Milliarden Jahren. Mit den großen Teleskopen können wir daher das Universum so sehen, wie es vor mehreren Milliarden Jahren gewesen ist. Mit Hilfe der Radioteleskope kann man diese »Rückschau« sogar bis auf etwa 15 Milliarden Jahre ausweiten. Und da stößt man auf etwas Ungewöhnliches: die Galaxien hören auf zu existieren, und tatsächlich kann alles, was wir heute beobachten – Sonnen, Planeten, selbst einfache Atome – damals noch nicht existiert haben.

Diese frühe Epoche spielt im Zusammenhang mit dem Thema dieses Buchs eine zentrale Rolle, so daß wir uns in einem gesonderten Kapitel ausführlich mit ihr beschäftigen werden. Für den Augenblick soll nur soviel gesagt sein, daß die Expansionsgeschwindigkeit des Universums damals viel größer war als heute und die in ihm enthaltene Materie erheblich dichter gedrängt und viel heißer war. Man hat diese heiße, dichte und explodierende Phase des Universums »Urknall« genannt. Einige Astronomen glauben, daß damit nicht nur das Weltall, das wir heute kennen, ins »Leben« gerufen wurde, sondern daß damals auch die Zeit selbst begann. Soweit wir heute sagen können, war dieser Urknall nicht die Explosion eines Materiehaufens in einen noch leeren Raum hinein, weil es dann einen Ausgangspunkt, einen Mittelpunkt und einen Rand des Universums geben müßte. Der Urknall war vielmehr der Anfang aller Existenz, eine Vorstellung, die auf den kommenden Seiten noch deutlicher wird.

3. Chaos in der Mikrowelt

Soweit wir zurückblicken können, sahen die Menschen die Beziehung zu ihrer Welt zweifach: sie waren Beobachter und Teilnehmer. Wir werden uns der physikalischen Vorgänge um uns herum bewußt, und ersinnen mit unserem Geist Modelle zur Erklärung dieser äußeren Aktivitäten. Daneben sind wir versucht, die Umwelt zu beeinflussen, an ihrer Gestaltung mitzuwirken; dies geschieht im kleinen Maßstab, wenn wir unser »tägliches Leben« führen, und in großem Umfang mit Hilfe der umweltverändernden Technologie. Trotz der im Vergleich zu kosmischen Kräften geringen Wirkung dieser Technologie ist unverkennbar, daß die Existenz der biologischen Spezies Mensch in der Gestaltung des Universums eine Rolle spielt, wenn auch bisher eine kleine. Die Newtonsche Revolution ließ diese Rolle des Menschen ziemlich nebensächlich werden. Sie machte den Menschen zwar nicht überflüssig, aber in einem mechanistischen Weltbild kann ein mechanisch funktionierender Mensch nicht von den Maschinen seiner Technologie unterschieden werden, erschiene doch jede Anstrengung, sei es nun die Veränderung der Umwelt oder die Bewegung des kleinen Fingers, ebenso starr vorausbestimmt und geistlos wie die Bewegungen der Planeten.
Wie aber sah Newton den Menschen als Beobachter? Was ist eigentlich mit Beobachtung gemeint, was tut sich dabei? Die Mechanik Newtons entwirft das Bild eines Universums, das von einem Netz ungezählter Einflüsse durchzogen ist, in dem jedes Atom auf jedes andere Atom einen kleinen, aber bedeutsamen Einfluß ausübt. Alle Kräfte, die wir kennen, haben gemeinsam, daß ihre Stärke mit wachsendem Abstand geringer wird. Deshalb brauchen wir uns bei der Berechnung von Ebbe und Flut nicht um den Einfluß des Jupiterschwerefelds zu kümmern oder brauchen die Anziehungskraft des Andromedanebels auf ein Flugzeug nicht zu berücksichtigen. Würden die Kräfte in ihrer Wirkung nicht mit wachsendem Abstand nachlassen, dann unterlägen alle Prozesse auf der Erde den Einflüssen der am weitesten entfernten Materie, denn es gibt weit entfernt viel mehr Milchstraßen als in unserer näheren Umgebung. Dennoch bleibt im Newtonschen Kräftebild ein – wenn auch noch so kleiner – Restein-

fluß zurück, selbst bei extrem weit voneinander entfernten Teilchen.
Wenn man vor dem Hintergrund eines derart durch unsichtbare Kräfte verwobenen Universums die Naturgesetze durch Isolierung eines Systems von seiner Umgebung entschleiern will (wie dies im ersten Kapitel beschrieben wurde), so muß sich aus diesem Widerspruch ein philosophisches Problem ergeben. Wie können wir ein System isolieren, wenn wir es gar nicht aus dem Netz gegenseitiger Einflüsse herauszulösen vermögen? Sind die mathematischen Gesetze, die wir aus solchen Beobachtungen ableiten, letztlich nicht nur idealisierte Modelle der realen Welt? Bleibt nicht auch die Forderung nach Wiederholbarkeit – identische Systeme müssen sich identisch verhalten – eigentlich unerfüllt? Wenn sich das Universum ständig verändert, kann es gar keine identischen Systeme geben!
All diesen Zweifeln zum Trotz ist die praktische Wissenschaft erfolgreich gewesen, indem sie davon ausging, daß der Einfluß des Jupiter auf die Bewegung eines Autos so gering ist, daß er mit keinem Meßgerät nachgewiesen werden kann. Wenn es aber um Beobachtungen geht, spielen gerade die winzigen Einflüsse die entscheidende Rolle. Wenn Jupiter nicht *irgendeinen* meßbaren Einfluß ausüben würde, so hätten wir gar keine Kenntnis von seiner Existenz. Daraus können wir den zwingenden Schluß ziehen, daß ohne Wechselwirkung gar keine Beobachtungen möglich sind. Wenn wir Jupiter sehen, dann empfangen wir Lichtphotonen, Photonen des Sonnenlichts, die von Atomen in der Jupiteratmosphäre reflektiert wurden und den weiten Weg von dort zu uns überbrückten, dann durch die Erdatmosphäre bis zu uns vorgedrungen sind und schließlich das Auge erreicht haben, wo sie in der Retina einige Elektronen aus den Hüllen der dort vorhandenen Atome herauslösten. Diese winzige Störung verursacht ein elektrisches Signal, das verstärkt und zum Gehirn weitergeleitet wird und dort schließlich die Empfindung »Jupiter« hervorruft. Auf diese Weise waren Zellen unseres Gehirns im Augenblick der Beobachtung durch elektromagnetische Kräfte mit der Atmosphäre des Jupiter verbunden. Wenn wir die Kette durch ein Teleskop verstärken, können wir unser Gehirn sogar mit den Oberflächen von Sternen »koppeln«, die Milliarden Lichtjahre weit entfernt sind.
Eine wichtige Begleiterscheinung jeder Art von Wechselwirkung ist, daß, wenn ein System ein anderes »stört« und damit seine Existenz wahrnimmt, es unvermeidlich zu einer Rückwirkung auf das erste beobachtete System kommt, welches dann ebenfalls »gestört« wird. Dieses Prinzip von Reaktion und Gegenreaktion ist uns aus Messun-

gen im täglichen Leben vertraut. Wenn wir einen elektrischen Strom messen wollen, so müssen wir ein Amperemeter in den Stromkreis einfügen; dessen Zuschaltung aber wird den zu messenden Strom beeinflussen. Wenn wir die Helligkeit einer Lichtquelle messen, müssen wir dazu einen Teil des Lichts auffangen. Wenn wir den Druck eines Gases messen wollen, dann können wir ein mechanisches Meßgerät wie etwa ein Barometer anschließen, doch die Arbeit, die das Gas für die Druckanzeige leisten muß, kann nur durch die innere Energie des Gases geleistet werden, so daß dessen Zustand durch die Messung verändert wird. Oder wenn wir die Temperatur einer heißen Flüssigkeit messen wollen, brauchen wir lediglich ein Thermometer in die Flüssigkeit einzutauchen, doch damit dieses eine Temperatur anzeigen kann, muß es erwärmt werden – es fließt also Energie aus der Flüssigkeit in das Thermometer und die Temperatur, die am Ende angezeigt wird, entspricht nicht mehr dem anfänglichen Wert, sondern ist die Temperatur eines gestörten Systems.

All diese Beispiele zeigen, daß man den Zustand eines physikalischen Systems nur dann beobachten kann, wenn man »Proben« entnimmt, wenn man Sonden einführt oder dergleichen. Manchmal kann man auch passivere Methoden einsetzen, zum Beispiel, wenn es darum geht, die Position eines Objekts zu bestimmen. Hier genügt es, das Objekt, wie z. B. den Jupiter, einfach anzusehen. Aber um überhaupt eine Information zu erhalten muß *irgendeine* Wirkung vom Objekt ausgehen und den Beobachter erreichen, wenn auch der Einfluß dieser Wirkung für praktische Zwecke vernachlässigbar klein bleiben mag. Jupiter bliebe unsichtbar, wenn er nicht vom Sonnenlicht angestrahlt würde. Das gleiche Sonnenlicht aber, das, wenn es reflektiert wird, unsere Retina reizt, reagiert auch mit der Atmosphäre des Jupiter; es übt einen kleinen Druck auf sie aus. (Dieser Lichtdruck kann durchaus eindrucksvolle Wirkungen haben. Er ist zum Beispiel der Grund, warum Kometenschweife immer von der Sonne weg gerichtet sind.) Wir sehen also im Endeffekt nicht den »wirklichen« Jupiter, sondern einen, der durch den Lichtdruck verändert ist. Ähnlich geht es uns bei allen Beobachtungen: Wir können nicht einmal prinzipiell die *Dinge* beobachten, sondern lediglich die *Wechselwirkungen* zwischen ihnen. Nichts kann isoliert betrachtet werden, weil schon die bloße Beobachtung irgendeine Art der Verbindung zum Objekt beinhaltet.

Das Beispiel des Jupiter zeigt eine Situation, in der wir als Beobachter nur teilweise Einfluß auf die Umstände haben: das Sonnenlicht trifft immer auf Jupiter, ganz gleich, ob wir ihn beobachten oder

nicht. Wir können also nicht sagen, daß das Sonnenlicht eine Störung der Jupiteratmosphäre bewirkt, *weil* wir Jupiter beobachten, sondern nur, daß wir Jupiter nicht beobachten könnten, wenn das Sonnenlicht nicht diese Störung verursachen würde. Im Labor ist der Einfluß der Beobachtung auf das zu messende Objekt stärker erkennbar, wie die vorangegangenen Beispiele gezeigt haben.
Wir kommen jetzt zu dem entscheidenden Kriterium des Newtonschen Weltbildes, was den Vorgang der Beobachtung betrifft, einem Kriterium, das mit der Einführung der Quantentheorie sofort ungültig wurde. Es hat zwei Aspekte.
Wenn erstens die physikalischen Gesetze bekannt sind, kann man die Größe der Störung, die durch eine Beobachtung in ein System hineingetragen wird, sehr wohl berechnen und bei der Auswertung der Ergebnisse berücksichtigen. Man kann also ohne weiteres die Originaltemperatur der heißen Flüssigkeit ermitteln, wenn man das thermische Verhalten des Thermometers kennt und dessen ursprüngliche Temperatur vor der Messung. In einer Welt, in der jede atomare Bewegung vollkommen von mathematischen Gesetzen bestimmt ist, kann man, zumindest prinzipiell, jeden noch so kleinen Störeffekt einer Messung berücksichtigen. Zweitens kann man mit ausreichender technologischer Fähigkeit und dem erforderlichen Erfindungsgeist die notwendige Störung auf ein Mindestmaß reduzieren. Die Newtonsche Mechanik kennt keine untere Grenze für die Stärke einer Wechselwirkung. Wenn wir also die Position eines Objekts bestimmen wollen, ohne es mit dem Lichtdruck aus seiner Bahn zu werfen, könnten wir eine Lichtkanone einsetzen, die beliebig kurze Lichtblitze auszusenden vermag. Gewiß, man müßte das reflektierte Licht verstärken, und das umso mehr, je geringer die von der Lichtkanone abgegebene Lichtmenge ist, aber das ist lediglich eine Frage der Technik und der Kosten, nicht der Physik. Rein theoretisch sollten wir also die Störungswirkung beliebig nahe auf Null hin reduzieren können, wenn wir auch diese Grenze nie erreichen können.
Solange sich die Wissenschaft mit makroskopischen Objekten befaßt hat, brauchte man den Grenzen der Meßgenauigkeit wenig Aufmerksamkeit zu schenken, weil sie bei den Experimenten ohnehin nie erreicht wurden. Die Situation veränderte sich erst um die Jahrhundertwende, als die Theorie vom atomaren Aufbau der Materie sich allgemein durchsetzte und die ersten subatomaren Teilchen einerseits und die Radioaktivität andererseits entdeckt wurden. Atome sind so empfindlich, daß schon Kräfte, die im herkömmlichen Sinne unvorstellbar winzig sind, enorme Störungen hervorrufen können.

Wenn man an einem Objekt, das einen Durchmesser von einem zehnmilliardstel Zentimeter besitzt und den millionsten Teil eines trillionstel Gramms wiegt, Messungen durchführen will, ohne daß man das Objekt dabei zerstört geschweige denn beeinflußt, ergeben sich gewaltige Probleme. Und wenn man dann gar Elektronen oder andere subatomare Teilchen untersuchen will, die noch tausendmal leichter sind und überhaupt keine bestimmbare Größe mehr besitzen, dann kommen zu den praktischen Problemen auch noch prinzipielle Schwierigkeiten ungeahnten Ausmaßes.
Lassen Sie uns zur Einführung in diese Problematik untersuchen, wie man überhaupt die Position eines einzigen Elektrons bestimmt. Man wird natürlich irgendeine Art von Sonde in seine Nähe bringen müssen, aber wie soll man das anstellen, ohne das Elektron dabei zu stören oder wenigstens die Störung kontrollierbar zu halten? Man könnte versuchen, das Elektron mit einem sehr stark vergrößernden Mikroskop zu betrachten. In diesem Fall würde das Licht die Aufgabe der Meßsonde übernehmen. Doch der Lichtdruck, den wir bei der Beobachtung des Jupiter kennengelernt haben, wird sich hier sehr viel stärker bemerkbar machen. Wenn wir einen Lichtimpuls auf das Elektron richten, dann wird es vom Druck weggeschleudert. Das ist jedoch nicht weiter schlimm, wenn wir ausrechnen können, wie schnell und in welche Richtung das getroffene Elektron davonfliegt; denn dann läßt sich auch berechnen, wo es sich zu einem späteren Zeitpunkt befindet.
Wenn wir ein gutes Mikroskopbild erzielen wollen, müssen wir eine große Objektivlinse verwenden, weil sonst das Licht, das ja Wellennatur hat, nicht ungehindert durch das Mikroskop kommen kann. Das Problem hierbei ist, daß die Lichtwellen am Rand der Linse abprallen und sich mit dem Hauptstrahl überlagern, so daß das Bild verwaschen erscheint und an Genauigkeit verliert. Um diesen Effekt möglichst gering zu halten, muß man eine Blende haben, die viel weiter ist als die Wellenlänge des Lichts. Aus diesem Grund sind auch die Radioteleskope soviel größer als optische Teleskope, denn Radiowellen haben eine sehr viel größere Wellenlänge als Lichtwellen. Das bedeutet, daß wir zur genauen Beobachtung eines Elektrons entweder ein sehr großes Mikroskop brauchen oder sehr kurzwelliges Licht verwenden müssen, weil sonst das Bild des Elektrons zu »verschmiert« wird, um seine Position zu bestimmen. Dazu kommt ein Effekt, den man ähnlich am Strand beobachten kann: wenn große Brandungswellen die Pfosten einer Landungsbrücke umspülen, dann teilen sie sich zwar vorübergehend, schließen sich aber hinter den

Pfosten wieder zusammen und laufen fast unverändert weiter. Die Wellenform enthält dann also so gut wie keine Information über das Hindernis, weder über seinen Ort noch über seine Form. Treffen jedoch kleine Wellen auf die gleichen Pfosten, so wird ihre Form sehr deutlich beeinträchtigt und verkompliziert. Wenn man das neu entstandene Muster sorgfältig analysierte, könnte man auf Ort und Größe der Pfosten zurückschließen. Ähnliches gilt für die Lichtwellen: wenn wir ein Objekt sehen wollen, dann müssen wir Wellenlängen benutzen, die allenfalls so groß sind wie dieses Objekt, besser aber kleiner. Um ein Elektron zu lokalisieren, bedarf es schon der kleinstmöglichen Wellenlängen, etwa der Gammastrahlung, denn seine Größe unterscheidet sich kaum von Null. Auf keinen Fall können wir aber seine Position genauer als um den Betrag festlegen, der der Länge der verwendeten Lichtwellen entspricht.

An dieser Stelle kommt die Quantennatur des Lichts entscheidend ins Spiel. In Kapitel 1 haben wir gesehen, daß Licht nur in »Paketform«, in Quanten auftritt, den Photonen. Wenn ein Atom Strahlung aussendet oder verschluckt, dann ist das immer nur in Form von ganzen Photonen möglich, was bedeutet, daß Licht in gewisser Weise Eigenschaften von Teilchen besitzt, denn die Photonen haben eine bestimmte Energiemenge und einen Bewegungsimpuls. Der Lichtdruck, den wir im Zusammenhang mit Jupiter kennenlernten, kann somit als Folge des Zusammenstoßes zwischen irgendeinem Teilchen und einem Photon verstanden werden. Man darf sich das Licht nun aber auch nicht als einen Strom kleiner, wohlbegrenzter Partikel vorstellen. Ein Photon ist nicht auf einen bestimmten Punkt konzentriert, sondern verhält sich wie ein »Stück Welle«. Die Teilchennatur des Photons drückt sich nur in der Art seiner Wechselwirkung mit Materie aus. Energie und Impuls eines Photons nehmen mit wachsender Wellenlänge ab. Entsprechend sind Radio-Photonen ziemlich schwächliche Gebilde, während Licht- oder gar Gamma-Photonen eine Menge mehr »Schlagkraft« besitzen. Damit aber stehen wir vor einer schier unlösbaren Aufgabe, wenn es darum geht, ein Elektron zu beobachten: die Forderung nach einem scharfen Bild des Elektrons zwingt uns zum Einsatz einer möglichst kurzwelligen Strahlung, die aber das Elektron sehr heftig attackieren wird. Wenn wir aber die Störung des Elektrons berechnen wollen, die durch den Zusammenstoß mit einem Photon ausgelöst wird, dann müssen wir die ebenfalls gestörte Bahn des Photons sehr genau kennen, müssen also wissen, unter welchem Winkel das Photon den Schauplatz des Zusammenstoßes verläßt – und dies geht wiederum nur mit einem Mikroskop,

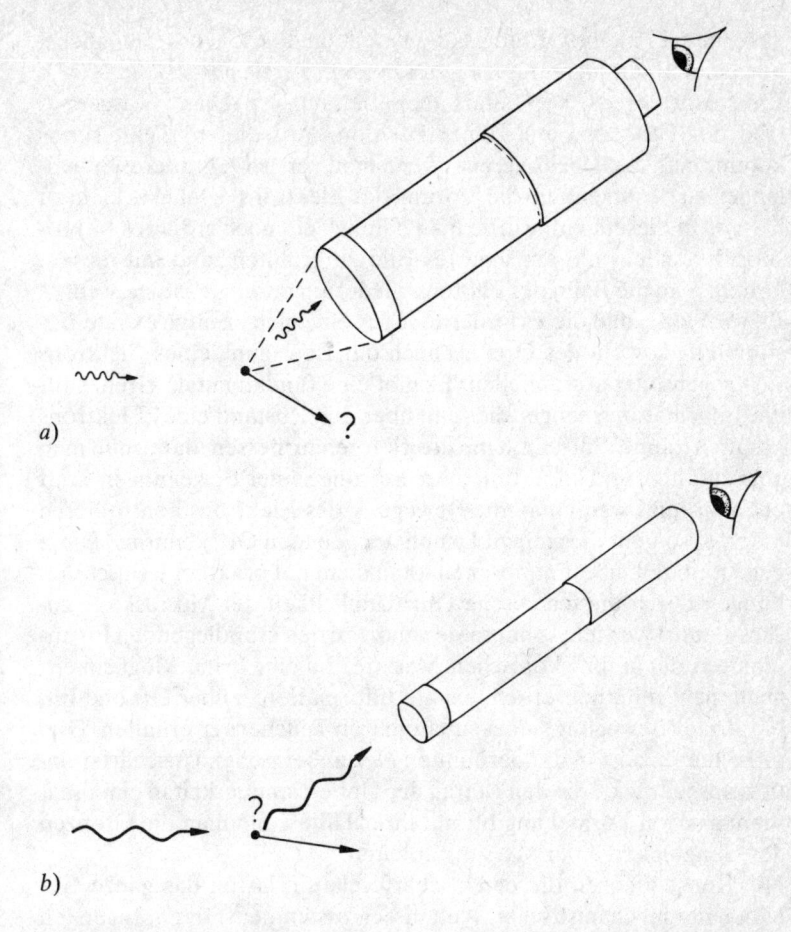

Abbildung 7: Das Unbestimmtheitsprinzip. *a*) Will man den Ort eines Elektrons möglichst genau bestimmen, braucht man eine große Mikroskoplinse und sehr kurzwelliges Licht. Das energiereiche kurzwellige Lichtphoton läßt das Elektron in eine Richtung abprallen, die man aus der Einfallsrichtung des zurückkehrenden Lichtphotons ermitteln könnte. Die Größe der Linse macht das jedoch unmöglich, da das Photon irgendwo in dem weiten Bereich der gestrichelten Linien ins Mikroskop eintritt. *b*) Würde man ein Mikroskop mit kleiner Öffnung und außerdem langwelliges, weniger energiereiches Licht benutzen, so ließe sich die Bewegungsrichtung des Elektrons in etwa bestimmen, doch jetzt würde das Bild zu unscharf, um auch seinen Ort erkennen zu können.

Sowohl den Ort, als auch die Bewegungsrichtung zu ermitteln, ist – selbst theoretisch – nicht möglich.

das eine sehr kleine Öffnung haben muß, um Photonen aus möglichst nur einer Richtung auffangen zu können (*Vergleiche Abbildung 7*). Ein solches Mikroskop liefert aber eben nur ein sehr verwaschenes Bild des Elektrons und seiner Position. Aus diesem Teufelskreis kommt man auch nicht heraus, wenn man versucht, größere Wellenlängen zu benutzen, um die Störung des Elektrons möglichst klein zu halten. In diesem Fall würde man nämlich ein noch größeres Mikroskop brauchen, um ein scharfes Bild zu erhalten, und mit diesem könnte man die Bahn des Photons wiederum nur ungenau messen.
Es wird klar, daß die Erfordernisse für eine gleichzeitige exakte Bestimmung sowohl des Orts als auch der Bewegung eines Elektrons sich gegenseitig ausschließen. Es gibt eine fundamentale Grenze für die Informationsmenge, die man über den Zustand eines Elektrons erhalten kann. Will man seine Position genau messen, dann muß man eine zufällige und unbestimmbare Störung seiner Bewegung in Kauf nehmen, und wenn man die Bewegung des Elektrons kontrollieren möchte, so geht dies nur zu Lasten der genauen Ortskenntnis. Diese gegenseitige Unbestimmbarkeit kann nicht auf praktische Beschränkungen durch die technische Unzulänglichkeit der Mikroskope zurückgeführt werden, sondern sie gehört zu den grundlegenden Eigenschaften der mikroskopischen Materie. Es gibt keine Möglichkeit, auch nicht rein theoretisch, exakte Informationen über Ort und Impuls (oder Bewegung) eines subatomaren Teilchens zu erhalten. Diese Erkenntnis ist in der berühmten Heisenbergschen Unschärferelation ausgedrückt, die den Betrag der Unbestimmbarkeit in einer mathematischen Formel angibt; mit ihrer Hilfe kann man die Grenzen der Genauigkeit einer Messung ableiten.
Die Konsequenzen dieser Unschärferelation lassen das ganze Gebäude der mechanistischen Welt in sich zusammenstürzen. Im ersten Kapitel haben wir gesehen, daß die Kenntnis von Position und Bewegung eines Teilchens ausreicht, um daraus sein zukünftiges Verhalten zu bestimmen, sofern die auf das Teilchen einwirkenden Kräfte bekannt sind. Jetzt aber zeigt sich, daß wir diese Informationen gar nicht mit der erforderlichen Genauigkeit sammeln können: es bleibt immer ein Rest von Unsicherheit zurück. Kehren wir noch einmal zu dem Problem des geworfenen Balls von Kapitel 1 und der Überlegung zurück, wie wir die Anfangsbedingungen in einem Diagramm darstellen können. Jeder Punkt in diesem Diagramm (Abb. 1, S. 26) steht für eine bestimmte Geschwindigkeit und einen Abwurfwinkel, und die Gesetze der Newtonschen Mechanik ermöglichen eine Voraussage der Flugbahn. Benachbarte Punkte entsprechen ähnlichen

Bahnen. Wenn der Punkt im Diagramm nicht genau bekannt ist, kann man also die Flugbahn nicht exakt vorausberechnen. Vielleicht wissen wir, daß der Punkt irgendwo in einem weiteren Bereich des Diagramms liegen muß, dann aber können wir allenfalls eine statistische Aussage über die relativen Wahrscheinlichkeiten einzelner benachbarter Bahnen machen.

Nach der Heisenbergschen Unschärferelation bleibt immer eine Unsicherheit im Hinblick auf die anfängliche Position und Bewegung, obwohl sie bei einem geworfenen Ball zu klein ist, um bemerkt zu werden. Wir können entweder die Ausgangsposition des Balls mit hoher Genauigkeit eintragen und nehmen dann in Kauf, daß der Abwurfwinkel nur sehr ungenau festgelegt werden kann. Wir können aber auch diesen Winkel sehr genau messen und finden dann für den Abwurfpunkt nur sehr ungenaue Angaben. Ein Kompromiß zwischen beiden Extremen ist natürlich auch denkbar. Doch ganz gleich, wozu wir uns entscheiden, die Fläche der Ungenauigkeit im Diagramm kann nicht auf Null schrumpfen. Daraus ergibt sich, daß immer eine Unbestimmtheit über die späteren Flugbahnen des Balls übrigbleibt und man nur eine statistische Aussage machen kann. Im täglichen Leben wird die quantifizierbare Unschärfe zwar durch andere Fehlerquellen zugedeckt (wie zum Beispiel technische Grenzen), aber die Bewegung »atomarer« Bälle wird durch die Quanteneffekte sehr erheblich beeinträchtigt.

Man möchte glauben, daß diese Unschärfe lediglich darauf zurückzuführen ist, daß unsere Instrumente zu grob für den atomaren Maßstab sind. Man könnte zu der Auffassung kommen, daß ein Elektron sehr wohl eine exakt bestimmbare Position und Bewegung besitzt, daß wir aber einfach zu groß und ungeschickt sind, diese Werte zu messen. Das stellt sich jedoch als falsch heraus, aus Gründen, die wir noch genauer untersuchen werden. Die Unschärfe ist offenbar eine innere Eigenschaft der Mikrowelt und keine Folge unserer unzulänglichen Meßtechnik. Sie stammt nicht daher, daß wir den Zustand eines Elektrons nicht messen könnten, es ist einfach so, daß ein Elektron nicht gleichzeitig eine genaue Position und eine definierte Geschwindigkeit besitzt. Es ist vom Wesen her unscharf.

Man mag sich fragen, ob man überhaupt etwas über das Verhalten so ungewöhnlicher Objekte in Erfahrung bringen kann. Wir können das genaue Verhalten eines Elektrons nicht kennen, sondern nur eine Anzahl wahrscheinlicher Verhaltensweisen. Seine Bewegung durch den Raum ist daher kein definierbarer Weg, sondern eher eine Summe von möglichen Wegen, wie wir es vom Wasser her kennen, wenn

es aus der Düse eines Springbrunnens austritt. Im Jahre 1924 schlug Prinz Louis de Broglie vor, das Verhalten von Elektronen tatsächlich als analog zum Verhalten von Flüssigkeiten anzusehen; insbesondere sollten sich die möglichen Bahnen in Form von Wellen ausbreiten. Freie Elektronen würden sich demnach ähnlich verhalten wie eine Wasseroberfläche, in die ein Stein geworfen wird – in beiden Fällen, so de Broglie, breiten sich charakteristische Wellenmuster aus.
Hinter der Idee von de Broglie steckt mehr als eine vage Ähnlichkeit der Bewegung. Die Ausbreitung einer Welle unterliegt sehr speziellen physikalischen und mathematischen Gesetzen. Kennzeichnend für Wellen ist beispielsweise, daß sie sich gegenseitig überlagern können. Diese Erscheinung der Interferenz ist uns im täglichen Leben wohlvertraut, aber sie spielt auch in der Beschreibung der Quantenwelt eine besondere Rolle. Sich überlagernde Wellen kann man in einem Teich recht gut beobachten. Wenn man zwei Steine gleichzeitig nah aneinander ins Wasser wirft, löst jeder von ihnen Wellen aus, die sich von der Einwurfstelle ausbreiten. Wo sich die beiden Wellenmuster überschneiden, ergibt sich eine ganz charakteristische Verteilung von Wellenbergen und Wellentälern. Dieses neue Muster entsteht, weil dort, wo zwei Wellenberge aufeinandertreffen, sich ihre Höhen summieren, während sich ein Wellenberg und ein Wellental gegenseitig auslöschen und die Wasseroberfläche ziemlich glatt bleibt.
Die Physiker konnten die Theorie von de Broglie noch in den 20er Jahren am Experiment überprüfen. Wenn er Recht hatte, dann müßten sich bei der Überlagerung von Elektronenstrahlen ebenfalls Interferenzmuster ergeben. Damit erschienen plötzlich die Versuche von Davisson, die wir im ersten Kapitel kennengelernt haben, in einem völlig neuen Licht. Davisson hatte offenbar beobachtet, daß sich Elektronenstrahlen nach der Streuung an der Oberfläche eines Nikkel-Kristalls gegenseitig überlagern. Bei der Wiederholung des Experiments konnte er 1927 unumstößlich zeigen, daß das zuvor unerklärliche Verhalten der zurückgeworfenen Elektronen genau dem erwarteten Interferenzmuster entsprach. Damit war zum ersten Mal bewiesen, daß Elektronen sowohl Teilchen- als auch Wellencharakter haben. Eine wahrhaft verwirrende Erkenntnis.
Was aber bedeutet sie? Wir hatten schon gesehen, daß sich Lichtwellen in mancher Hinsicht wie Teilchen verhalten; dafür hatte Einstein den Begriff Photon geprägt. Nun zeigte sich, daß es für die Elektronen offenbar eine ähnliche Dualität gibt, eine doppelte Identität. Das heißt aber nun nicht, daß das Elektron eine Welle *ist*, sondern ledig-

lich, daß es sich wie eine Welle *verhält*, zumal diese Welle keine materielle Welle ist, wie etwa eine Wasserwelle oder eine Schallwelle – es ist vielmehr eine »Wahrscheinlichkeitswelle«. Wo die Wellenstörung am stärksten ist, dort ist auch die größte Wahrscheinlichkeit, das Elektron zu finden. Damit ähnelt dieses Konzept in gewisser Weise einer Verbrechenswelle, die sich über ein Gebiet ausbreitet und die Wahrscheinlichkeit eines Verbrechens in diesem Gebiet wachsen läßt. Auch hier pflanzt sich nichts Materielles fort, sondern lediglich eine Wahrscheinlichkeit.

Zweifellos enthielten diese neuen Vorstellungen eine große Herausforderung an die Wissenschaft, aber gleichzeitig waren sie heikel und verwirrend. Ein besseres Verständnis für die sich scheinbar gegenseitig ausschließenden Doppeleigenschaften kann man durch ein Experiment erlangen, in dem beide, der Teilchen- und der Wellencharakter, gleichzeitig zum Tragen kommen, bei Photonen wie bei Elektronen. Ein solches Experiment zeigt *Abbildung 8*; es ist das sogenannte

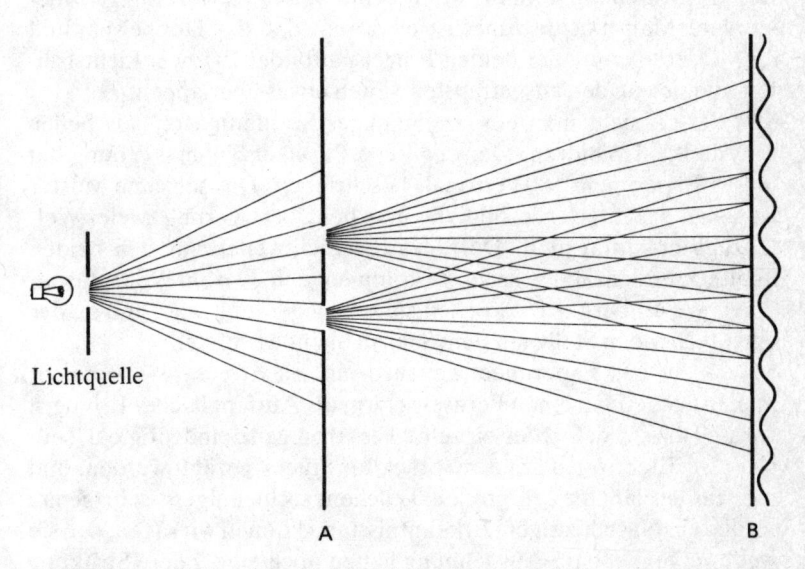

Abbildung 8: Welle oder Teilchen? Im Doppelspalt-Experiment werden Elektronen oder Photonen von der Lichtquelle durch zwei benachbarte Öffnungen des Schirms A gesandt und treffen dann auf Schirm B, wo ihr Auftreffpunkt aufgezeichnet wird. Die Kurve neben B gibt die Meßdaten schematisch wieder: das Muster von Bergen und Tälern, das sogenannte Interferenzmuster, läßt erkennen, daß sich Elektronen und Photonen wie Wellen verhalten.

Doppelspalt-Experiment. Eine Lichtquelle strahlt die lichtundurchlässige Wand A an, die zwei enge parallele Spalte enthält. Das Licht, das durch diese Spalte gelangt, trifft dahinter auf Wand B. Solange einer der beiden Spalte verschlossen ist, wird das Licht, das durch den anderen Spalt dringt, auf dem Schirm einen hellen Streifen hervorrufen, und zwar genau auf der Verlängerung der Linie Lichtquelle – Spalt. Weil der offene Spalt aber ziemlich eng ist, werden die Lichtwellen beim Durchgang durch dieses »Hindernis« gestört, ähnlich wie Menschen, die sich durch eine enge Tür zwängen müssen und sich hinterher zunächst in alle Richtungen entfernen. Dadurch wird ein Teil des Lichts vom geraden Weg abgelenkt, und der scharfe Rand des hellen Streifens auf Wand B ist »ausgefranst«. Wenn der Spalt sehr eng ist, kann man ein ganzes Beugungsmuster auf dem Bildschirm erkennen. Das gleiche Bild erscheint – wenn auch geringfügig verschoben –, wenn man das Licht durch den anderen Spalt dringen läßt und dafür den ersten abdunkelt.

Die Überraschung kommt, wenn beide Spalte gleichzeitig geöffnet werden. Man möchte zunächst erwarten, daß das Doppelspaltbild eine Überlagerung der beiden Einzelspaltbilder ist, zwei Lichtstreifen, die sich an den ausgefransten Seiten etwas überlappen.

Stattdessen sieht man ein regelmäßiges Streifenmuster aus hellen und dunklen Bändern. Der englische Physiker Thomas Young hat dieses Experiment 1803 erstmals beschrieben. Das seltsame Muster ist genau das Interferenzbild, das man bei Überlagerung zweier Wellenzüge erwarten muß. Dort, wo die Lichtwellen aus den beiden Spalten aus dem »Gleichschritt« kommen, d. h., wo ein Wellental auf einen Wellenberg trifft, löschen sie sich gegenseitig aus, und an der entsprechenden Stelle auf dem Schirm bleibt es dunkel.

Man kann das Experiment genauso mit Elektronen wiederholen; man braucht dann einen Fernsehschirm als Auffangfläche. Erinnern wir uns daran, daß jedes einzelne Elektron ganz eindeutig ein Teilchen ist: Elektronen können »Stück für Stück« gezählt werden, und ihr Aufbau läßt sich in großen Teilchenbeschleunigern sehr genau studieren. Nach heutigem Erkenntnisstand können wir sagen, daß sie weder eine meßbare Ausdehnung haben noch eine innere Struktur. Wenn wir einen Elektronenstrahl auf die Doppelspaltwand richten, dann werden die Elektronen, die durch einen der beiden Spalte hindurchgelangen, auf den Bildschirm treffen und dort ihre Energie in kleine Lichtblitze umsetzen (dies ist das Prinzip des Fernsehbilds). Wenn man die Blitze aufzeichnet, läßt sich sehr genau der Ort des Auftreffens bestimmen und man kann daraus ableiten, ob und wie

die Elektronen beim Durchgang durch den Spalt beeinflußt wurden.
Betrachten wir zunächst wieder, welches Muster sich bei nur einem geöffneten Spalt ergibt. Es ist das gleiche Bild wie beim Versuch mit Licht: Wieder werden die meisten Elektronen gradlinig weiterfliegen und den Schirm in der direkten Verbindungslinie Elektronenquelle – Spalt treffen, doch werden auch diesmal einige Elektronen vom geraden Weg abgelenkt, so daß der Rand des Bilds ausgefranst wird. Öffnen wir jedoch beide Spalte, zeigt sich auch hier das Interferenzmuster, das auf ein eindeutiges »Wellenverhalten« der Elektronen hinweist.
Dieser zweite Versuch hat aber noch eine Fortsetzung mit einem fast paradoxen Ergebnis. Wenn wir nämlich statt eines Elektronenstrahls nur einzelne Elektronen auf den Weg durch einen der beiden geöffneten Spalte schicken und den Lichtblitz von jedem einzelnen Elektron auf dem Bildschirm fotografieren, so erhalten wir eine ganze Sammlung von Bildern mit jeweils einem Lichtblitz. Und wie sind die Lichtblitze der einzelnen Elektronen jetzt über den Bildschirm verteilt? Wir brauchen nur alle Negative gleichzeitig mit einer starken Lichtquelle zu durchleuchten, um alle Auftreffpunkte gleichzeitig zu sehen. Das erstaunliche Resultat ist, daß auch jetzt noch das gleiche Interferenzmuster entsteht, dasselbe Muster, das von einem Strahl beliebig vieler Elektronen erzeugt wurde, wie auch von Lichtwellen. Die Summierung einzelner, voneinander unabhängiger Ereignisse, nämlich des Durchgangs einzelner Elektronen durch die Doppelspaltwand, führt immer noch zur Erscheinung der Interferenz.
Und mehr noch: Wenn man den Versuch in beliebig vielen Laboratorien der Erde durchführen würde, völlig unabhängig voneinander, und aus jeder Serie nähme man willkürlich ein einzelnes Foto heraus und legte alle übereinander – es ergäbe sich wieder das gleiche Bild des Interferenzmusters!
Diese Ergebnisse wirken so unglaublich, daß man ihre Bedeutung gar nicht sofort erkennen kann. Es hat den Anschein, als würde irgendeine geheimnisvolle Kraft die einzelnen, voneinander unabhängigen Ereignisse in verschiedenen Laboratorien oder zu unterschiedlichen Zeiten entsprechend einem übergeordneten Prinzip steuern. Woher weiß ein einzelnes Elektron denn, wie sich ein anderes Mitglied seiner Familie in einem anderen Erdteil drei Wochen später verhalten wird? Was hält die Elektronen davon ab, auch in die dunklen Zonen auf dem Bildschirm vorzustoßen, was bewegt sie dazu, sich in die »bevorzugten« Richtungen auszubreiten?

Die Situation wird noch verworrener, wenn wir uns daran erinnern, daß das Interferenzmuster erst entstand, wenn beide Spalte gleichzeitig geöffnet waren und sich die Wellenzüge beider Spalte überlagern konnten. Interferenz ist also ganz eindeutig mit der Existenz von (mindestens) zwei offenen Spalten verbunden; wenn ein Spalt geschlossen bleibt, verschwindet das Muster. Wir wissen aber auf der anderen Seite, daß ein Elektron als winziges Teilchen immer nur durch einen der beiden Spalte fliegen kann. Woher weiß es von der Existenz des anderen Spalts? Und vor allem, woher weiß es, ob dieser zweite Spalt offen oder geschlossen ist? Es scheint, als ob der Spalt, durch den das Elektron *nicht* fliegt und der – im atomaren Maßstab des Elektrons – ungeheuer weit von seiner Flugbahn entfernt ist, einen ebenso starken Einfluß auf das weitere Verhalten des Elektrons ausübt, wie jener Spalt, durch den das Elektron hindurchsaust.
Wir beginnen nun, ein wenig hinter die Kulissen der subatomaren Welt zu blicken. Im ersten Kapitel wurde gesagt, daß ein Elektron nicht durch deterministische Gesetze an einen einzigen, vorbestimmten Weg gebunden ist, und im Zusammenhang mit der Heisenbergschen Unschärferelation zeigte sich, daß ein Elektron keine eindeutig definierte Flugbahn besitzt. Im Doppelspalt-Experiment tritt diese Unbestimmtheit zutage. Für das Elektron sind Bahnen durch beide Spalte *möglich*, doch die nicht benutzten Wege müssen offenbar irgendwie die wirkliche Bahn des Elektrons beeinflussen. Anders ausgedrückt, die anderen, ebenfalls möglichen Welten (die durch die nicht-benutzten Flugbahnen definiert sind) sind zwar nicht Wirklichkeit geworden, beeinflussen aber die Wirklichkeit dennoch.
Jetzt kann man auch verstehen, warum die mit der Erscheinung des Elektrons verbundenen Wellen keine »Elektronenwellen« sind, sondern »Wahrscheinlichkeitswellen«. Das Überlagerungsmuster, das im Doppelspaltversuch entsteht, kann nicht durch die große Zahl der Elektronen bewirkt werden, denn dann würde es verschwinden, wenn man jeweils nur ein Elektron nach dem anderen durch die Apparatur schickte. Was sich überlagert, sind die Wahrscheinlichkeiten. Die »Aufenthaltswahrscheinlichkeit« eines Elektrons kann beide Spalte gleichzeitig durchdringen und sich dann mit sich selbst überlagern. Es ist sozusagen die Neigung des Elektrons, sich an einem bestimmten Ort aufzuhalten, die sich überlagert. So kommt es, daß ein einzelnes Elektron mit größerer Wahrscheinlichkeit in eine Region abgelenkt wird, die später als helle Zone erscheint. Aufgrund der »eingebauten« Unschärfe von Ort und Bewegung eines Elektrons, die sich im wellenähnlichen Verhalten des Teilchens manifestiert,

kann man nicht vorhersagen, an welcher Stelle des Bildschirms ein bestimmtes Teilchen auftreffen wird, doch man kann mit einfacher Statistik Aussagen über das Verhalten einer Vielzahl von ihnen machen. Eben diese statistische Verteilung ist es, die der Wellenausbreitung und der Interferenz unterliegt, sie muß man bei allen Berechnungen atomarer Systeme berücksichtigen.

Mit diesem Hintergrundwissen wird nun auch verständlich, wie das Elektron einen Sturz zum Atomkern vermeidet. Die Wahrscheinlichkeitswellen der Elektronen pulsieren in einem regelmäßigen Muster um den Atomkern. Dabei gibt es aber nur wenige beständige Muster, denn dort, wo Wellenberge und -täler außer Takt aufeinandertreffen, überlagern sie sich und löschen sich aus. In diesem Bereich ist die Wahrscheinlichkeit, ein Elektron zu finden, gleich Null. Man kann diese Erscheinung in gewisser Weise mit dem Zustandekommen stehender Wellen in einer Orgelpfeife vergleichen – eine Pfeife kann immer nur einen bestimmten Ton erzeugen, dessen Höhe (Tonfrequenz) vom Format der Pfeife abhängt: der Ton muß in die Orgelpfeife »hineinpassen«. Gleiches gilt für die Frequenz des Elektrons, für seine Energie: die Wellenlänge muß auf die Elektronenbahn »passen«, so daß nur ganz bestimmte Bahnen und damit nur ganz bestimmte Energieniveaus möglich sind. Die typischen Spektrallinien, die ausgesendet werden, wenn ein Elektron von einer äußeren Bahn auf eine innere überwechselt, sind das sichtbare Zeichen dieser subatomaren »Musik«. Und ebenso, wie es für eine Orgelpfeife einen niedrigst-möglichen Ton gibt, existiert für ein Elektron im Atom eine unterste Energiestufe.

Die Frage, warum Atome nicht unter ihrer eigenen Anziehungskraft zusammenbrechen, war eins der großen Rätsel, die die Ablehnung der Newtonschen Physik in die Wege leitete. Die Erklärung dieses Rätsels brachte der neuen Quantenphysik einen unbestreitbaren Triumph.

Die beiden Fakten, daß Wellen in Musikinstrumenten bestimmte Töne, und daß Atome bestimmte charakteristische Lichtfrequenzen hervorbringen können, scheinen auf den ersten Blick nichts miteinander zu tun zu haben. Die Quantentheorie enthüllt jedoch die Gemeinsamkeiten und zeigt die wundervolle Einheit der physikalischen Welt. Wir können daher das Spektrum unterschiedlicher Atome mit dem spezifischen Klang verschiedener Instrumente vergleichen. So, wie sich der Klang einer Violine von dem einer Trommel oder einer Klarinette unterscheidet, so weichen die Spektren von Wasserstoff, Kohlenstoff und Uran deutlich voneinander ab. In beiden Bereichen

gibt es einen engen Zusammenhang zwischen den inneren Schwingungen (vibrierende Membrane, wellenförmige Elektronenbewegung) und »spürbaren«, äußeren Schwingungen (Schall, Licht).
Bevor wir das Doppelspalt-Experiment verlassen, müssen wir noch einen interessanten Aspekt beschreiben. Weiß ein Elektron wirklich, ob der andere Spalt offen oder geschlossen ist? Um das herauszufinden, könnten wir folgende Abwandlung des Versuchs durchführen: Mit einem Detektor stellen wir fest, auf welchen der beiden Spalte das Elektron zufliegt, und schließen dann blitzartig den anderen Spalt. Wenn das Elektron diese Manipulation »merkt«, dann darf bei der Überlagerung aller so entstehender Fotoplatten kein Interferenzmuster mehr auftreten. Einerseits sollte man annehmen, daß das Elektron unsere Absicht nicht erahnen kann, also auch nicht darauf reagiert und sein Verhalten ändert. Andererseits wissen wir, daß kein Interferenzmuster entsteht, wenn einer der beiden Spalte ständig verschlossen ist. Man sollte also vermuten, daß es nichts ausmacht, wenn man einen Spalt öffnet, ohne daß ein Elektron in der Nähe ist – oder vielleicht doch? Ganz gleich, wie das Resultat aussieht – die Natur scheint ihr Spiel mit uns zu treiben.
Wir können die Probe aufs Exempel machen. Dazu brauchen wir nur einen Lichtstrahl an den beiden Öffnungen vorbeilaufen zu lassen und zu sehen, vor welchem Spalt ein kleiner Lichtblitz zu beobachten ist. Natürlich müssen wir dabei den störenden Einfluß berücksichtigen, den der Zusammenstoß von Photon und Elektron auf die Elektronenbahn hat. Das erinnert uns an die Probleme, die beim Teilchenmikroskop auftraten und die wir schon auf Seite 66 diskutiert haben. Um zu erfahren, durch welchen der beiden Spalte das Elektron fliegen wird, müssen wir Lichtstrahlen einer Wellenlänge benutzen, die klein ist im Vergleich zum Abstand der beiden Spalte; andernfalls wird das Bild nicht scharf genug, und wir können nicht genau erkennen, auf welchen Spalt das Elektron zusteuert. Kurzwelliges Licht löst jedoch eine ziemlich große Bahnstörung aus, so groß, wie sich zeigt, daß das Interferenzmuster ohnehin verschwindet. Die Fülle der unberechenbaren Zusammenstöße läßt die regelmäßigen Streifen verschwimmen. Es scheint, als verhindere die Natur automatisch, daß die entscheidende Frage beantwortet werden kann: weiß das Elektron, ob der jeweils andere Spalt offen oder geschlossen ist? Die Interferenz der Elektronen ist ein Phänomen, das zwei offene Spalte erfordert, obwohl ein einzelnes Elektron immer nur durch einen Spalt fliegen kann. Dieser Versuch zeigt, daß wir nicht zu neugierig sein dürfen, da sonst die Interferenz verschwindet. Beide Spalte

müssen offen bleiben, und jeder von ihnen ist Teil eines möglichen Wegs. Welchen das Elektron genommen hat, werden wir nie erfahren.

Die moderne Quantentheorie enthält jedoch viel mehr als nur solche spektakulären Aspekte wie die Grundidee einer wellenförmigen Bewegung oder die Erkenntnis, daß die Genauigkeit der Messungen »innerlich« begrenzt ist: sie ist eine exakte, mathematisch formulierte Theorie, die detaillierte Vorhersagen über das Verhalten subatomarer Systeme ermöglicht. Wichtige physikalische Konzepte wie die Heisenbergsche Unschärferelation ergeben sich logisch aus ihrem mathematischen Gefüge und bilden das Fundament der Theorie. Vor allem der österreichische Physiker Erwin Schrödinger hat an der Formulierung der mathematischen Theorie großen Anteil. Er entdeckte 1924 die Gleichung, mit der man die Ausbreitung der rätselhaften Wahrscheinlichkeitswellen berechnen kann. Mit ihr arbeiten die Physiker heute, wenn es darum geht, die innere Struktur und die Bewegung von Atomen und Molekülen zu berechnen. So kann man mit ihrer Hilfe beispielsweise die Energieniveaus der Elektronen im Atom bestimmen und damit die Frequenzen des Lichts, das abgestrahlt oder absorbiert wird, wenn ein Elektron auf eine andere Bahn überwechselt, ja sogar die Lichtstärken der einzelnen Spektrallinien im Verhältnis zueinander. Aufgrund solcher Berechnungen lassen sich dann sogar fremdartig erscheinende Spektren entfernter astronomischer Objekte auf bekannte chemische Elemente zurückführen. Bei sehr weit entfernten Objekten, wie etwa Quasaren, ist dies besonders wichtig, weil deren Strahlung aufgrund ihrer großen Fluchtgeschwindigkeit stark rotverschoben ist und wir daher oft Spektrallinien sehen können, die der Ultraviolettstrahlung zuzurechnen sind und unsichtbar blieben, wenn nicht die Rotverschiebung ihre Wellenlängen gedehnt hätte. Mit diesen Rechnungen lassen sich die Spektren aller Wellenlängen vorhersagen.

Ebenso vermag man die Natur der inneratomaren Kräfte mathematisch zu entschleiern, jener Kräfte, die Atome zu Molekülen zusammenbinden. Wenn sich zwei Atome einander nähern, beginnen ihre Materiewellen, sich gegenseitig zu überlagern; dabei können Interferenzen entstehen, die die Atome in einer chemischen Bindung aneinanderketten. Dort, wo sehr viele Atome in ein starres Gerüst gepackt sind, etwa in einem Kristall, werden die Elektronen zu Schwingungen im Gleichtakt gezwungen, die es ihnen ermöglichen, dicke Materialien ohne großen Widerstand zu durchdringen. Die Untersuchung dieses Kollektivverhaltens der Elektronen führt zu Erkenntnissen über die elektrische Leitfähigkeit und das Wärmeleitvermögen der Metalle. Aber auch die Struktur der Halbleiterkristalle oder das Verhalten von Gasen, Flüssigkeiten und Superflüssigkeiten lassen sich mit quantentheoretischen Berechnungen studieren. Im Bereich des Atomkerns verhilft uns die Quantentheorie zu Informationen über den Kernaufbau, über Kernreaktionen wie Spaltung oder Verschmelzung und die Wechselwirkung zwischen Kernen und anderen subatomaren Teilchen.

Die Mathematik, die zur Beschreibung der Quantentheorie benötigt wird, hat mit der gewöhnlichen, auf Arithmetik aufgebauten, nicht mehr viel zu tun. Sie enthält abstrakte mathematische Objekte, die sehr eigenartigen kombinatorischen Gesetzen unterliegen und sich von Zahlen stark unterscheiden. Obwohl es vieler Jahre bedarf, ehe man die Details dieser speziellen Mathematik versteht, können wir anhand einiger elementarer Beispiele einen kleinen Eindruck ihrer Fremdartigkeit vermitteln.

Wie überall in der Wissenschaft muß die Mathematik auch im Bereich der Quantentheorie das Verhalten der realen Welt nachvollziehen. In der klassischen Physik (also vor der Entwicklung der Quantentheorie) wurde der Zustand eines physikalischen Systems durch eine Gruppe von Zahlen beschrieben. Um z. B. den Zustand eines Körpers zu definieren, muß man Aussagen über seine Position, Geschwindigkeit, Rotation etc. machen und das für jeden Augenblick. Wenn man diese Eigenschaften messen kann, so erhält man Zahlenwerte, die für die einzelnen Zustände stehen. Dabei sind die Zustandswerte verschiedener Momente untereinander durch sogenannte Differentialgleichungen verknüpft.

Im Gegensatz dazu verbietet uns die Quantentheorie, bestimmte Zahlen allen physikalischen Eigenschaften eines Körpers gleichzeitig zuzuordnen, da wir beispielsweise Ort und Bewegung eines Teilchens nicht zur gleichen Zeit messen können. Darüberhinaus gibt es ja gar keine festgelegte Bahn, sondern nur eine Reihe von Möglichkeiten. Das mathematische System muß diese Unsicherheiten und Mehrdeutigkeiten widerspiegeln, und die Messung, die das Quantensystem in empfindlicher Weise stört, kann nicht zu einzelnen numerischen Werten für die verschiedenen Größen führen. Einen Ansatz, den physikalischen Zustand eines Quantensystems mit seinen vielen Möglichkeiten zu beschreiben, die Vielfalt der denkbaren Welten darzustellen, bietet die Verwendung von Vektoren. Aus dem täglichen Leben kennen wir eine Reihe Vektoren – es sind gerichtete Größen, wie Geschwindigkeit, Kraft und Rotation. Zu ihrer Darstellung

gehört immer ein Wert für den Betrag (groß, klein, usw.) und einer für die Richtung (nach Norden, senkrecht, usw.) Im Gegensatz dazu sind Masse, Temperatur und Energie ungerichtete Größen.
Vektoren werden auf eine ganz bestimmte Weise addiert: Anders als bei Zahlen genügt es nicht, lediglich die Beträge zu summieren – man muß auch die Richtungen der einzelnen Vektoren berücksichtigen. Wenn beispielsweise zwei gleich große Kräfte einander genau entgegengerichtet sind, heben sie sich gegenseitig auf. Diese besondere Rechenmethode macht den Umgang mit Vektoren zwar schwieriger als die Behandlung von einfachen Zahlen, aber sie erlaubt auch mehr Möglichkeiten.
Die Addition von Vektoren hängt also von ihrer Richtung ab. Nun kann man einen Vektor auch auf vielerlei Weisen in andere Vektoren zerlegen. Wir können dies an einem Beispiel demonstrieren. Wenn es darum geht, ein Auto anzuschieben, so stellt man sich am besten hinter den Wagen. Man wird das Auto aber auch von der Stelle bewegen, wenn man schräg von der Seite schiebt; es ist nur nicht ganz so wirksam. Ganz gleich, unter welchem Winkel man seine Kraft auf das Auto überträgt, ein Teil geht immer in die gewünschte Richtung, ausgenommen, man schiebt genau entgegengesetzt zu ihr. Die Mathematiker sagen dazu, daß der Vektor der eigenen Schiebekraft eine Komponente parallel zur Fahrtrichtung des Wagens hat und eine senkrecht dazu. Je nach Angriffswinkel ist der parallele Anteil des Kraftvektors größer oder kleiner als der senkrechte Teil. Entsprechend kann man den Kraftvektor in zwei Komponenten zerlegen, deren Größen vom Schiebewinkel abhängen. Je kleiner der Winkel zur Fahrtrichtung des Wagens ist, desto größer wird die Komponente parallel zu dieser Richtung, und desto wirkungsvoller ist das Anschieben (vergleiche dazu auch die Abbildung auf Seite 134).
Die Methode der Vektorzerlegung in zueinander senkrechte Komponenten (die ihrerseits natürlich auch wieder Vektoren sind) wird in der Quantentheorie auf eine besondere Weise genutzt. Jede mögliche Welt, das heißt, jedes mögliche Verhalten oder jeder mögliche Weg eines Teilchens wird als Vektor betrachtet; es ist allerdings kein Vektor im gewöhnlichen Raum, sondern eine abstrakte Größe in einem abstrakten Raum. In diesem Raum steht jeder Vektor zu jedem anderen Vektor senkrecht, so daß die Welten alle unabhängig voneinander sind und keine von ihnen Vektorkomponenten in einer anderen Welt besitzt. Die Zahl der notwendigen Vektoren und damit die Zahl der erforderlichen Dimensionen dieses Raums hängt von der Zahl der möglichen Variationen des vorgegebenen Zustands

oder Wegs ab. Wenn wir uns an das Beispiel der Menschen im Park erinnern, so wird klar, daß wir für die Beschreibung der möglichen Wege einen Raum mit unendlich vielen Dimensionen brauchen. Einen solchen Vektorraum kann man sich zwar nicht mehr vorstellen, mathematisch aber durchaus behandeln. Mit diesem Vektorraum kann ein Physiker jeden Zustand eines Quantensystems als einen Vektor beschreiben, der im Prinzip in jede beliebige Richtung zeigen kann. Wenn er parallel zu einem Vektor liegt, der eine der möglichen Welten darstellt, dann kann die Größe des Vektors in dieser Welt durch eine Beobachtung gemessen werden. Wenn er aber in seiner Richtung »zwischen zwei Welten« fällt, so kann man ihn wie in unserem Beispiel mit dem Autoanschieben in zwei Komponenten »parallel« zu diesen beiden Welten zerlegen. Jene Welt, deren Vektorkomponente größer ist, wird die wahrscheinlichere von beiden sein, die andere eine mögliche, aber weniger wahrscheinliche Alternative. Wenn natürlich mehrere Alternativen bestehen, dann kann der Vektor Komponenten parallel zu allen dazugehörigen »Weltvektoren« haben, und dies ist selbst bei unendlich vielen Dimensionen möglich. Vom »Raumwinkel« des Vektors hängt es dann ab, welche der verschiedenen Alternativen die wahrscheinlichste ist. (*Vergleiche Abbildung 9*).

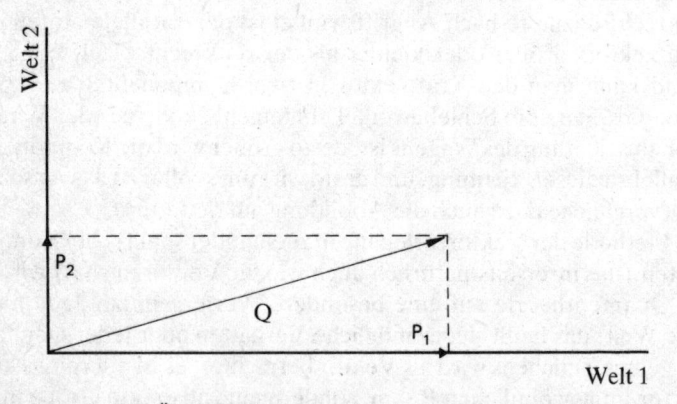

Abbildung 9: Die Überlagerung der Welten. Die zueinander senkrechten Pfeile repräsentieren alternative Welten (zum Beispiel: Elektron geht durch Spalt 1 oder Spalt 2). Der schräge Pfeil Q steht für einen Quantenzustand, den man auf beide möglichen Welten projizieren kann. Weil P_1 länger als P_2 ist, wird man bei einer Messung mit größerer Wahrscheinlichkeit die Welt 1 beobachten. Im Augenblick der Beobachtung von Welt 1 fällt Q plötzlich und überraschend mit dem horizontalen Pfeil zusammen.

Wenn es darum geht, eine Beobachtung zu machen, muß sich das entsprechende System, beispielsweise ein Atom, logischerweise in einem bestimmten Zustand befinden, zum Beispiel auf dem niedrigstmöglichen Energieniveau. Dies bedeutet aber, daß der Originalzustand, der eine Überlagerung vieler verschiedener alternativer Welten gewesen sein kann, plötzlich auf eine einzige Alternative projiziert oder verdreht wird. Diese Veränderung werden wir in Kapitel 7 noch genauer untersuchen. In der Vektorsprache bedeutet dies, daß die Beobachtung zu einer plötzlichen Rotation des Vektors im abstrakten Raum führt, von einer beliebig ausgerichteten Position in eine Lage parallel zu der Welt, in der die Beobachtung gemacht wird. Diese abrupte Zustandsänderung, die Vektorrotation, spiegelt die Tatsache wieder, daß eine Beobachtung den Zustand eines Systems empfindlich beeinflußt, wie wir das weiter vorne in diesem Kapitel bereits beschrieben haben. Mathematisch gesehen bedeutet die Messung einer physikalischen Größe daher die Drehung eines Zustandsvektors im abstrakten Raum.
Auch Drehungen sind ein Beispiel für mathematische Größen, die nicht den »üblichen«, arithmetischen Rechengesetzen gehorchen. Auch sie werden durch einen Betrag (2°, 55°, Rechter Winkel usw.) und eine Richtung (im Uhrzeigersinn, in Nord-Süd-Richtung) charakterisiert, aber die Addition von Rotationen ist noch komplizierter als die Addition von Vektoren, wenn die Drehrichtungen verschieden sind. In diesem Fall müssen wir nämlich nicht nur den Winkel zwischen den Drehungen berücksichtigen, sondern auch die Reihenfolge der Addition. Wenn wir Zahlen addieren, ist es gleichgültig, ob wir beispielsweise 2 + 1 oder 1 + 2 rechnen; bei der Addition von Drehungen ist diese symmetrische Vertauschbarkeit der Reihenfolge nicht möglich. Ein einfaches Experiment kann dies demonstrieren; es läßt sich auch mit diesem Buch anstellen. Legen Sie zunächst das geschlossene Buch in normaler Leseposition flach auf den Tisch. Heben Sie es dann von unten hoch und stellen Sie es senkrecht auf; es steht dann kopfüber mit der Rückseite zu Ihnen. Wenn Sie es nun um 90 Grad gegen den Uhrzeigersinn drehen, dann zeigt der Buchrücken zu Ihnen. Anders sieht das Ergebnis aus, wenn Sie die Reihenfolge der beiden Drehungen vertauschen: das Buch steht dann mit dem Rücken nach oben und der Rückseite zu Ihnen. Man sieht, daß man die gewöhnlichen Gesetze der Arithmetik nicht auf Drehungen anwenden kann. Das heißt, daß man Drehungen nicht durch einfache Zahlen beschreiben kann, bei deren Addition die Reihenfolge keine Rolle spielt.

Diese Erkenntnis paßt natürlich sehr gut in das Schema der Quantentheorie, weil, wie wir schon gesehen haben, die Drehung des Zustandsvektors eine Beobachtung beschreibt und die Reihenfolge, in der zwei Messungen gemacht werden, das Endergebnis beeinflußt. Wenn wir beispielsweise den Ort eines Teilchens bestimmen, dann verlieren wir aufgrund der Heisenbergschen Unschärferelation alle Angaben über seine Bewegung. Wenn wir anschließend seine Bewegung ermitteln, dann erhalten wir keine Auskunft über den momentanen Ort. Vertauschen wir die Reihenfolge der Messungen – zuerst Bewegung, dann Ort – so haben wir am Ende ein Teilchen mit einem unbekannten Bewegungszustand, also etwas anderes als bei der ersten Meßreihe. Die Reihenfolge der Messungen, die sich durch die Reihenfolge der Drehungen im abstrakten Raum ausdrücken läßt, ist also entscheidend für das Ergebnis. Auch dies ist ein Grundzug der Quantentheorie, der zeigt, daß man besondere mathematische Objekte zu ihrer Beschreibung verwenden muß, die nicht den einfachen Gesetzen der Arithmetik gehorchen.

Diese wirkungsvollen mathematischen Werkzeuge ermöglichen eine neue Physik. So wie ein horizontal gedrehter Vektor lediglich seine Horizontalkomponente ändert, die senkrechte Komponente aber unverändert beibehält, so gibt es physikalische Größen, die aufeinander »senkrecht« stehen und die daher unabhängig voneinander gemessen werden können, ohne daß die jeweils »senkrechte« Größe gestört wird. So kann man beispielsweise die Rotation eines Teilchens und seine Energie gleichzeitig messen. Mit Hilfe mathematischer Analysen kann man herausfinden, welche Größen durch eine Beziehung verknüpft sind, die der Nichtvertauschbarkeit bei der Addition von Drehungen entspricht. Solche Größen unterliegen einer Unschärferelation vom Typ der Heisenbergschen. Energie und Zeit bilden neben Position und Bewegungsrichtung eins der wichtigsten Paare. Man kann den Energie-Inhalt eines Teilchens nicht vollkommen exakt bestimmen, ohne dafür unendlich viel Zeit zu benötigen, ein Prinzip, das sich für die Quantentheorie als höchst entscheidend erweisen wird.

Wir haben uns in diesem Kapitel im wesentlichen mit der fremdartigen Welle-Teilchen-Doppelnatur des Elektrons befaßt, aber wir können diese Betrachtungen in gleicher Weise auf alle Elementarteilchen übertragen. Seit dem Zweiten Weltkrieg sind Hunderte solcher Partikel entdeckt worden, und sie alle unterliegen den Gesetzen der Quantenmechanik. Selbst ganze Atome zeigen die Eigenschaft der Interferenz. Es gibt keine Grenze, jenseits derer das Quantenverhalten der Materie in »normales«, Newtonsches Verhalten umschlägt. Billardkugeln, Menschen, Planeten und Sterne, ja selbst das ganze Universum ist letztlich eine Ansammlung quantenmechanischer Systeme. Damit entpuppt sich die alte Vorstellung von einem Uhrwerk-Universum, das sich in völliger Vorausbestimmbarkeit bewegt, als falsch. Zugegeben, in unserer täglichen Erfahrungswelt spielen Quanteneffekte kaum eine Rolle, weil ihre Auswirkungen zu gering sind, als daß wir sie direkt beobachten könnten. Wir sehen bei einem Fußball keine Welleneigenschaften, weil die Länge dieser Wellen trillionenfach kleiner ist als ein Atomkern. Trotzdem ist die Welt wirklich eine Quantenwelt mit all den sich daraus ergebenden, weitreichenden Konsequenzen.

Bevor wir aber die geheimnisvollen Materiewellen als weltfremde Konstruktion wissenschaftlichen Erfindungsgeistes abtun, als bedeutungslos für unser tägliches Leben, sollten wir uns klar machen, daß die Quantenmechanik längst auch Eingang in die praktische Technik gefunden hat. So funktioniert ein Elektronenmikroskop, mit dessen Hilfe man extrem starke Vergrößerungen erzielen kann, nach diesen Prinzipien: hier wird der herkömmliche Lichtstrahl durch einen Elektronenstrahl ersetzt. Dessen Wellenlänge läßt sich einfach regulieren, so daß man leicht zu Bereichen vordringen kann, die weit unter der Wellenlänge des sichtbaren Lichts liegen, und entsprechend besser ist das Auflösungsvermögen dieser Instrumente. Die Entdeckung von Davisson hinsichtlich des seltsamen Verhaltens der Elektronen hat also nicht nur Folgen für unsere Vorstellung über das Universum, sondern wirkt sich auch direkt auf unser Leben aus.

4. Die seltsame Welt der Quanten

Wir müssen nun akzeptieren, daß die Welt des Allerkleinsten nicht durch deterministische Gesetze bestimmt ist, die das Verhalten der Atome und ihrer Bestandteile genau festlegen, sondern durch Zufall und Unbestimmtheit. Ein Aspekt davon ist, daß ein Teilchen, wie etwa ein Elektron, sich verhalten kann wie eine Welle, während die elektromagnetische Strahlung auch Teilchencharakter aufweist. Wir kennen in unserer Alltagswelt kein Gegenstück für diese »Wellen-Teilchen«, so daß wir die Mikrowelt nicht länger als eine bloße Verkleinerung unserer Makrowelt ansehen können – sie ist etwas qualitativ anderes, so paradox dies klingen mag. In dieser seltsamen Quantenwelt hilft uns die Alltagserfahrung nicht weiter. Hier können scheinbar absurde oder wundersame Dinge geschehen. In diesem Kapitel wollen wir einige Konsequenzen der Quantentheorie erkunden und dabei die wahrhaft »hohlen Fundamente« kennenlernen, auf denen unsere scheinbar so feste Welt ruht.
Die Heisenbergsche Unschärferelation gibt an, mit welcher Genauigkeit man die Position oder die Bewegung eines Teilchens höchstens messen kann. Bewegung und Ort sind aber nicht die einzigen meßbaren Größen. So könnten wir uns auch für die Rotation eines Atoms interessieren oder für seine Drehrichtung. Ebenso könnte es von Bedeutung sein, die Energie eines Teilchens zu bestimmen oder die Zeit, die ein Teilchen in einem bestimmten Energiezustand verweilt. Man kann diese Größen auf die gleiche Art bestimmen, wie man mit dem Gammastrahlen-Mikroskop die Position und die Bewegung eines Teilchens ermittelt.
Um diese weiteren Möglichkeiten zu demonstrieren, stellen wir uns vor, wir wollten die Energie eines Licht-Photons ermitteln. Max Planck hatte in seiner ursprünglichen Quantenhypothese einen Zusammenhang zwischen der Energie eines Photons und der Frequenz des Lichts gefunden: wenn die Frequenz verdoppelt wird, verdoppelt sich auch die Energie. Man kann daher die Energie eines Photons messen, wenn man die Frequenz des Lichts bestimmt, d. h. wenn man zählt, wieviele Wellenberge pro Zeiteinheit einen vorgegebenen Ort passieren. Das sichtbare Licht hat einen sehr hohen Frequenz-

wert – etwa eine Billiarde Schwingungen pro Sekunde. Um die Frequenz des Lichts zu bestimmen, muß mindestens ein »Schlag« abgewartet werden, besser noch mehrere; es müssen also mindestens einmal ein Wellental und ein Wellenberg vorüberziehen, und das dauert eine bestimmte Zeit. Man kann daher die Frequenz des Lichts nicht beliebig schnell messen, sondern muß mindestens so lange warten, bis ein Schlag vorüber ist. Im Bereich des sichtbaren Lichts ist die erforderliche Zeit ziemlich kurz, sie liegt bei einer Billiardstel Sekunde. Elektromagnetische Wellen mit größerer Wellenlänge und geringerer Frequenz, wie beispielsweise Radiowellen, brauchen für eine Schwingung einige tausendstel Sekunden. Entsprechend gering ist der Energiegehalt der Radiophotonen. Umgekehrt schwingen Gammastrahlen einige tausendmal schneller als das Licht, und so haben ihre Photonen eine mehrtausendfach größere Energie als Lichtphotonen.

Diese einfache Betrachtung zeigt, daß man die Frequenz eines Photons und damit seine Energie in einer vorgegebenen Zeit nur begrenzt genau bestimmen kann. Ist die zur Verfügung stehende Zeit kleiner als die Dauer einer Schwingung, dann bleibt die Frequenz und damit die Energie des Photons reichlich unsicher. Wir finden hier also eine Unschärferelation, die identisch ist mit der von Ort und Bewegung. Wenn wir eine möglichst genaue Energiebestimmung durchführen wollen, dann müssen wir entsprechend viel Zeit investieren; wenn es aber andererseits darum geht, den Zeitpunkt eines Ereignisses festzuhalten, dann können wir über die Energie nicht viel aussagen. Man muß also auch hier Informationen über die Energie mit Informationslücken über die Zeit bezahlen und umgekehrt – ähnlich wie bei der gegenseitigen »Behinderung« von Orts- und Bewegungsmessungen. Diese weitere Unschärferelation führt zu den folgenschwersten Konsequenzen.

Ehe wir dazu kommen, muß noch ein wichtiger Punkt betont werden. Die Genauigkeitsschranken, die sich bei Messungen von Zeit und Energie ergeben, sind nicht auf technische Unzulänglichkeiten zurückzuführen – es sind grundlegende, innere Eigenschaften der Natur. Es gibt keine Möglichkeit, ein Photon als etwas anzusehen, das zu jeder Zeit einen wohldefinierten Energie-Inhalt hat, den wir bloß nicht messen können, oder das in einem bestimmten Augenblick mit eindeutig festgelegter Frequenz entstanden ist. Energie und Zeit sind für ein Photon unvereinbare Größen; welche von ihnen wir genauer bestimmen, hängt einzig und allein von der Messung ab, die wir durchführen. Wir erkennen hier zum ersten Mal die seltsame Rolle, die ein Beobachter für den Aufbau des Mikrokosmos spielt: die Eigenschaften, die ein Photon besitzt, hängen offenbar ganz entscheidend davon ab, welche Größen ein Beobachter gerade messen möchte. Und diese Energie-Zeit-Unschärfe gilt nicht nur für Photonen, sondern ebenso wie die Ort-Bewegungs-Unschärfe für alle subatomaren Vorgänge und Teilchen.

Eine direkt erkennbare Konsequenz aus dieser Zeit-Energie-Unschärfe ergibt sich für das von den Atomen ausgesandte Licht. Wie wir auf Seite 75 gesehen haben, hängt das Farbspektrum der einzelnen Atomsorten von den Abständen zwischen den atomaren Energieniveaus ab, so daß Physiker allein anhand des Spektrums unterschiedliche chemische Substanzen identifizieren können. Das typische Spektrum beispielsweise einer mit Gas gefüllten Leuchtröhre zeigt eine Folge einzelner, scharf begrenzter Spektrallinien, die den verschiedenen Frequenzen und damit den Abständen der Energieniveaus entsprechen. Jede dieser Spektrallinien wird durch Photonen einer bestimmten Energie hervorgerufen, die ausgesandt werden, wenn die Elektronen der Gasatome von höheren auf niedrigere Energieniveaus springen.

Wenn man diese Linien genauer betrachtet, so kann man an einem bestimmten Detail die Wirkung der Energie-Zeit-Unschärfe deutlich erkennen. Damit ein Photon überhaupt ausgesandt werden kann, muß zunächst ein Elektron auf ein höheres Energieniveau befördert werden, etwa durch einen elektrischen Strom, der durch die Leuchtröhre geschickt wird: das Elektron muß »angeregt« werden. Dieser angeregte Zustand ist jedoch nicht sehr stabil, so daß das Elektron schon bald wieder auf sein »bequemeres«, niedrigeres Energieniveau zurückfällt. Die Dauer des angeregten Zustands hängt von verschiedenen Faktoren ab, wie zum Beispiel der Verteilung der übrigen Elektronen und der Energiedifferenzen der einzelnen Zustände und kann zwischen einer Trillionstel Sekunde und einer Tausendstel Sekunde oder mehr schwanken. Wenn die Lebensdauer sehr kurz ist, verlangt die Zeit-Energie-Unschärferelation, daß die Energie des ausgesandten Photons nicht sehr genau bestimmt ist. Für den Beobachter wird eine Anzahl angeregter, identischer Atome dann keine identischen Photonen produzieren. Stattdessen werden die Photonen leicht unterschiedliche Energien besitzen und damit leicht voneinander abweichende Frequenzen aufweisen. Wenn man das Licht vieler Millionen solcher angeregter Atome betrachtet, so wird man daher keine scharf begrenzte Spektrallinie mehr erkennen, sondern eine leicht »verschmierte« Linie. Dabei ist die Breite dieser

Linie direkt abhängig von der Dauer des angeregten Zustands: ein kurzlebiger Zustand führt zu sehr breiten Spektrallinien, weil die Energie der produzierten Photonen nicht genau festgelegt ist, während eine schmale Linie auf eine hohe Lebensdauer des angeregten Zustands deutet und eine entsprechend gut definierte Energie der Photonen. Die Messung der Linienbreite bringt dem Physiker also eine Aussage über die Lebensdauer des dazugehörigen angeregten Zustands.

Eine andere Konsequenz der Zeit-Energie-Unschärferelation ist die Verletzung des »Ersten Gebots« der klassischen Physik. Im Bereich der Newtonschen Mechanik bleibt die Energiemenge eines Systems immer genau gleich. Energie kann auf keine Weise aus dem Nichts entstehen oder sich in Nichts auflösen, sie kann einzig in andere Energieformen umgewandelt werden. So kann elektrische Energie in einer Glühbirne in Licht und Wärme verwandelt werden, kann eine Dampfmaschine chemische Energie (Verbrennungsenergie) in Bewegungsenergie umsetzen, und so weiter. Doch ganz gleich, wie oft umgewandelt oder verteilt wird, die Gesamtmenge bleibt in einem geschlossenen System erhalten. Dieses fundamentale Gesetz der Physik ließ alle Entwicklungsversuche für ein Perpetuum mobile scheitern, weil es eben unmöglich ist, Energie aus dem Nichts zu gewinnen.

Im Bereich der Quantenphysik scheint das Gesetz der Energieerhaltung fragwürdig zu sein. Wenn wir nachweisen wollen, daß Energie nicht verlorengeht, müßten wir – zumindest prinzipiell – in der Lage sein, eine Energiemenge in zwei aufeinanderfolgenden Augenblicken genau zu bestimmen, um nachprüfen zu können, ob die Gesamtmenge unverändert blieb. Die Zeit-Energie-Unschärfe erfordert jedoch einen Mindestabstand der beiden Meßzeitpunkte, da wir ansonsten die Energie nicht mit der erforderlichen Genauigkeit bestimmen können. Damit bleibt offen, ob der Energie-Erhaltungssatz auch für extrem kurze Zeiten seine Gültigkeit behält. Wir jedenfalls könnten Verletzungen des Satzes gar nicht als solche erkennen. So könnte beispielsweise Energie im Universum aus dem Nichts entstehen und so lange vorhanden sein, wie es die Zeit-Energie-Unschärfe erlaubt. Bildlich gesprochen könnte sich ein System Energie »borgen«, wenn es bereit ist, diese Energie nach nur sehr kurzer Leihfrist wieder zurückzugeben. Je größer der »Kredit« ist, desto kürzer ist seine Laufzeit. Solche Leihenergie kann ungeachtet ihrer Grenzen eine Menge spektakulärer Arbeit verrichten.

Da wir uns mit der Welt des Allerkleinsten beschäftigen, sind die beteiligten Energiemengen extrem klein im Verhältnis zur Alltagswelt. Eine Maschine läßt sich mit geliehener Energie nicht betreiben: die Energie, die eine elektrische Lampe in einer Sekunde abstrahlt, könnte von der Bank der Zeit-Energie-Unschärfe nur für eine Sextillionstel Sekunde bereitgestellt werden. Oder umgekehrt: Die elektrische Energie einer Lampe ist um den Faktor »1 mit 36 Nullen« größer als die Energiereserven der »Quantenbank«.

Im Quantenbereich liegen die Verhältnisse anders, weil die dort beteiligten Energien so sehr viel kleiner und die Aktivitäten so sehr viel heftiger sind, daß selbst in für uns winzigen Zeiteinheiten eine Menge geschehen kann. So ist zum Beispiel die Energie, die notwendig ist, um ein Elektron auf ein höheres Energieniveau anzuheben, so klein, daß sie für einige Billiardstel Sekunden zur Verfügung stehen kann. Das scheint nicht sehr lange zu sein, kann aber bedeutende Folgen haben. Wenn ein Photon auf ein Atom trifft, dann kann es absorbiert werden und zu einer Anregung des Atoms führen, die sich in einer Anhebung eines Elektrons auf ein höheres Energieniveau ausdrückt. Wenn die Energie des Photons dazu nicht völlig ausreicht, kann sich das Atom den Fehlbetrag für kurze Zeit leihen. Ist der Kredit nicht allzu groß, dann beträgt seine Laufzeit durchaus einige Billiardstel Sekunden. Diese Zeit ist lang genug, daß das Elektron um das Atom herumlaufen kann; sie kommt der Lebensdauer des »normal« angeregten Zustandes bereits sehr nahe. Wenn schließlich der Kredit zurückgezahlt und das Photon wieder abgestoßen wird, dann war das Atom lange genug angeregt, um seine Gestalt ein wenig zu verändern. Das Photon kann dann in eine andere Richtung weiterfliegen als vorher. Eine solche Erscheinung beschreibt man als eine Streuung des Photons am Atom, ein Vorgang, bei dem die Bewegungsrichtung des Photons sich spürbar ändert.

Je mehr die Energie des Photons mit der erforderlichen Anregungsenergie übereinstimmt, desto kleiner ist der notwendige Kredit, und desto größer wird die Laufzeit – desto stärker wird aber auch der Streu-Effekt. Weil die Energie eines Photons proportional zu seiner Frequenz ist, die ihrerseits Maß für die Farbe des Lichts ist, werden unterschiedliche Farben verschieden stark gestreut. So kommt es, daß einige Materialien für bestimmte Frequenzen oder Farben durchlässig sind, für andere dagegen nicht. Daher erscheinen sie farbig, wenn man durch sie hindurchblickt. Die bevorzugte Streuung hoher Frequenzen erlaubt auch eine Erklärung für die blaue Farbe des Taghimmels: das weiße Licht der Sonne besteht aus einer Mischung von Strahlung der unterschiedlichsten Wellenlängen. Den hohen Frequenzen entsprechen Farben wie Blau und Violett, den niedrigen Rot und Gelb. Wenn das Sonnenlicht auf die Atome der hohen Atmosphäre trifft, wird ein Teil des blauen Lichts »herausgestreut« und färbt den Himmel blau, während der verbleibende Rest die Sonne gelblich aussehen läßt, da er nun einen relativ größeren Anteil an langwelligem Licht enthält. Steht die Sonne nahe dem Horizont, so führt die größere Dicke der Atmosphäre zu einer noch stärkeren Ausstreuung der kurzen Wellenlängen und die Sonne erscheint rötlich.

Ein anderes Beispiel für die Zeit-Energie-Unschärfe: ein Ball wird über einen kleinen Hügel gerollt. Ist seine Energie groß genug, dann kann er den Hügel überwinden. Reicht die Energie hingegen nicht aus, so wird er ein Stück den Hang hinaufrollen und schließlich wieder umkehren. Kann sich der Ball nun die Energie borgen, die er benötigen würde, um den Hügel zu überwinden, wenn seine eigene Energie dazu eigentlich nicht ausreicht? Man kann dies durch die Untersuchung von Elektronen herausfinden. Was passiert, wenn sie auf ein elektrisches Feld stoßen, das sie abbremst und damit die Rolle des Hügels übernimmt? Man wird in der Tat einige Elektronen jenseits der Barriere wiederfinden, selbst wenn ihre Energie eigentlich nicht ausgereicht haben dürfte, das elektrische Feld zu durchdringen. Wenn die »Mauer« nur dünn und nicht sehr »hoch« ist, dann kann sich das Elektron die für die Überquerung der Mauer erforderliche Energie für die notwendige Zeit borgen. Es taucht dann auf der anderen Seite der Barriere auf, die es augenscheinlich »durchtunnelt« hat. Dieser sogenannte Tunneleffekt ist wie alle Erscheinungen im Bereich der Quantenwelt rein statistischer Natur: es gibt eine bestimmte Wahrscheinlichkeit, mit der Elektronen eine Barriere durchtunneln können. Je größer der fehlende Energiebetrag ist, desto unwahrscheinlicher wird eine »Hilfe« der Unschärferelation sein. Wenn wir die Wahrscheinlichkeit berechnen, mit der ein hundert Gramm schwerer Ball einen zehn Meter hohen und 10 Meter breiten Hügel durchtunneln kann, wenn er nur noch einen Meter vom Scheitelpunkt entfernt ist, so erhalten wir eine 1 mit 36 Nullen *dagegen*.

Obwohl also der Tunneleffekt makroskopisch ohne Bedeutung ist, spielt er für einige subatomare Prozesse eine wichtige Rolle. Dazu gehört unter anderem die Radioaktivität. Ein Atomkern ist von einer »Mauer« umgeben, die durch elektromagnetische Abstoßung und nukleare Anziehung entsteht. Ein Kernteilchen wie etwa ein Proton wird durch die starke elektromagnetische Abstoßung der es umgebenden Protonen abgestoßen, kann aber normalerweise den Atomkern nicht verlassen, weil diese Kraft durch die noch stärkere Anziehungskraft der Kernteilchen untereinander überlagert wird. Die letztere hat allerdings nur eine sehr geringe Reichweite und verliert jenseits der Oberfläche des Atomkerns völlig an Bedeutung. Wenn man also ein Proton aus dem Kernverbund herauslösen und ein Stück von der Kernoberfläche entfernt wieder loslassen würde, dann müßte dieses Proton aufgrund der elektromagnetischen Abstoßungskräfte mit hoher Geschwindigkeit davonfliegen, denn es könnte von den anziehenden Kernkräften nicht mehr gehalten werden.

Im Jahre 1889 entdeckte der Franzose Henri Becquerel solche Objekte, die mit hoher Geschwindigkeit von den Atomkernen ausgestoßen wurden und nannte sie Alphastrahlen. Wenig später fand man, daß es sich dabei gar nicht um Strahlen, sondern um Teilchen handelte: sie bestehen aus zwei Protonen und zwei Neutronen. Eine Erklärung für den erfolgreichen Fluchtversuch dieser Alphateilchen muß auf den Tunneleffekt zurückgreifen. Solange sich das Alphateilchen innerhalb des Atomkerns aufhält, besitzt es nicht genug Energie, um den Fesseln der Kernkräfte zu entrinnen. Wenn sich das Alphateilchen allerdings für eine Quadrillionstelsekunde die fehlende Energie ausborgt, kann es die Strecke bis zur Oberfläche des Atomkerns – ein Zehnbillionstel Zentimeter – durchtunneln und dann entkommen. Die Energie, die das Alphateilchen während dieser extrem kurzen Zeit erhält, liegt in der Größenordnung der Eigenenergie des Alphateilchens, so daß dessen Verhalten grundlegend verändert wird. Es durchtunnelt die Barriere und taucht auf der anderen Seite wieder auf, wo es nun von der hier ungebremsten elektromagnetischen Abstoßungskraft schnell davongetrieben wird. Für jeden einzelnen Atomkern, in dem so etwas passieren kann, läßt sich die Wahrscheinlichkeit berechnen, mit der ein solches Ereignis nach einer bestimmten Zeit eintritt. Daraus ergibt sich ein Zeitintervall, nach dessen Ablauf die Hälfte einer vorgegebenen Menge von Atomkernen einen derartigen radioaktiven Zerfall erfahren hat. Man nennt diese Zeit die Halbwertzeit; ihre Größe hängt von der »Höhe und Dicke« des Walls der Kernkraft ab.

Ebenso bemerkenswert ist die Möglichkeit des umgekehrten Verhaltens, daß nämlich ein Teilchen eine »Kraftmauer« nicht überwinden kann, obwohl seine Energie mehr als ausreichend ist. Da die Materie auch Wellencharakter besitzt, werden manche Wellenpakete (Partikel) an der Mauer reflektiert, unabhängig davon, wie groß ihre Energie sein mag. Daraus ergibt sich eine ebenfalls berechenbare Wahrscheinlichkeit, mit der ein Teilchen von einer noch so winzigen Hürde zurückgeworfen wird. Letztlich gilt dies sogar für eine Gewehrkugel, die – wenn auch mit extrem geringer Wahrscheinlichkeit – von einem Blatt Papier abprallen kann.

Anfang der 30er Jahre verknüpfte Paul Dirac die Prinzipien der Quantentheorie mit denen der Speziellen Relativitätstheorie. Dabei stieß er sofort auf eine Reihe neuer Möglichkeiten. Bis dahin hatte die Schrödinger-Gleichung, mit der die Physiker das Verhalten der Materiewellen beschrieben, bei einer Anwendung auf die Relativitätstheorie zu Widersprüchen geführt. Dirac suchte nach einer anderen Form der Gleichung, mußte jedoch feststellen, daß mit dem bis dahin verwendeten mathematischen Rüstzeug die Aufgabe nicht lösbar war. Er mußte eine neue mathematische Objektklasse erfinden, den Spinor. Erst die Spinoren ermöglichen die gewünschte Einflechtung der Quantentheorie in die Relativitätstheorie Albert Einsteins. In vielen Bereichen weichen die Lösungen der Dirac-Gleichung nur wenig von der nicht-relativistischen Schrödinger-Gleichung ab. Es wurden aber auch zwei wesentliche neue Eigenschaften gefunden.

Die erste spielt im Zusammenhang mit Drehbewegungen der Teilchen eine wichtige Rolle. Die Gesetze der Quantenmechanik erlauben konkrete Voraussagen über das Verhalten von Teilchen auf gekrümmten Bahnen, also zum Beispiel auf einer Umlaufbahn um den Atomkern. Dirac fand heraus, daß diese Gesetze nur dann richtig sind und erhalten bleiben, wenn man annimmt, daß die Teilchen selbst auch noch rotieren (englisch »to spin«, daher die Bezeichnung »Spinor«). Die Bewegung eines Elektrons um einen Atomkern erinnert also in gewisser Weise an die Bewegung der Erde um die Sonne; (die Erde rotiert dabei ebenfalls um ihre eigene Achse). Die Rotation des Elektrons ist jedoch völlig ungewöhnlich und weicht von der Erdrotation ab. Stellen wir uns einen Ball vor, der um eine senkrechte Achse im Uhrzeigersinn rotiert. Wenn man ihn auf den Kopf dreht, dann wird er um die gleiche Achse rotieren, nun allerdings gegen den Uhrzeigersinn. Dreht man die Rotationsachse um weitere 180 Grad, so haben wir wie zu Beginn einen Ball, der im Uhrzeigersinn rotiert.

Dies erscheint uns so selbstverständlich, daß man geneigt ist, ein solches Verhalten auf alle rotierenden Körper zu übertragen, also auch auf sich drehende Elektronen. Das Ungewöhnliche an der Rotation eines Elektrons ist jedoch, daß es nicht zu seinem ursprünglichen Verhalten zurückkehrt, wenn man die Rotationsachse zweimal um 180 Grad kippt. Erst nach zwei Doppelkippungen ist das Teilchen wieder im Originalzustand. Man könnte meinen, das Elektron habe

zwei Gesichter, habe einen doppelten Blick auf die Welt. Etwas Ähnliches ist bei makroskopischen Körpern völlig unbekannt und daher mit unserer Alltagssprache auch nicht zu beschreiben. Die Doppelnatur des Elektrons ist auf die Einwirkung der Rotation auf die ihm eigene Materiewelle zurückzuführen: nach einer 360°-Umdrehung kehrt die Welle gewissermaßen gespiegelt zurück, die Wellenberge und Wellentäler vertauscht. Erst nach zwei Umdrehungen stellt sich der Originalzustand wieder ein. Dies alles deutet darauf hin, daß sich der Spin eines subatomaren Teilchens von der landläufigen Vorstellung einer rotierenden Kugel sehr unterscheidet. Der Elektronenspin läßt sich dennoch im Labor messen, und seine Wirkung war – wenn auch unerkannt – bereits vor den Arbeiten Diracs beobachtet worden: er führt nämlich zu unerwarteten Doppellinien im Spektrum der Atome. Nicht alle Elementarteilchen besitzen diese von Dirac gefundene Doppelrotation des Elektrons. Einige Teilchen rotieren gar nicht, während andere sich »normal« drehen. Die bekannteren Teilchen jedoch – Elektronen, Protonen und Neutronen –, aus denen die gewöhnliche Materie aufgebaut ist, weisen diese Diracsche Doppelrotation auf.
Diracs Arbeiten führten auch zu einer anderen, noch aufsehenerregenderen Feststellung. Schon 1931, noch ehe die Diracsche Gleichung auf alle Konsequenzen hin untersucht war, konzentrierte Dirac selbst sich auf eine einfache, aber dennoch besondere Eigenheit seiner neuen Mathematik. Wie alle Physiker betrachtete Dirac Gleichungen als etwas, das zu lösen ist, und er ging davon aus, daß jede Lösung einer Gleichung einen bestimmten physikalischen Zustand beschreibt. Wenn man beispielsweise mit seiner Gleichung die Bewegung des Elektrons um einen Wasserstoffatomkern untersuchte, dann sollte jede Lösung einem physikalisch möglichen Bewegungszustand des Elektrons entsprechen. Wie zu erwarten, besitzt die Diracsche Gleichung für dieses Problem unendlich viele Lösungen, von denen jede eins der möglichen Energieniveaus beschreibt, sei es nun im gebundenen Zustand oder für freie Elektronen, die den Atomkern in größerem Abstand passieren. Dies also war zunächst ganz normal. Verwirrend war jedoch die Bedeutung eines zweiten Lösungssatzes, der keinem wirklichen Zustand des Systems zu entsprechen schien. Im Gegenteil: auf den ersten Blick war diese zweite Lösungsmenge völlig unsinnig. Für jede reale Lösung, die ein Elektron mit einer bestimmten Energiemenge beschrieb, gab es eine Art gespiegelte Lösung, die dem Elektron einen genauso großen Anteil *negativer* Energie zusprach.

Bis zu diesem Zeitpunkt hatte man Energie immer als eine Qualität angesehen, die nur in (mathematisch) positiver Form auftreten kann, so wie es auch nur »positive« Äpfel gibt. Ein Körper kann Bewegungsenergie besitzen, elektrische Ladung tragen oder auf verschiedenste Weisen angeregt sein, aber man kann ihm nur so lange Energie entnehmen, bis keine mehr übrig ist, bis sein Energie-Inhalt auf Null gesunken ist. Was aber bedeutet dann eine Energie, die kleiner als Null ist? Wie könnte ein Körper mit negativer Energie aussehen und wie würde er sich verhalten? Dirac stand diesen Spiegellösungen zunächst sehr skeptisch gegenüber, hielt sie für mathematischen Ballast, der keiner Realität entsprach. Andererseits hatte die Erfahrung gezeigt, daß zu jeder mathematischen Lösung einer Gleichung, die ein Naturgesetz beschreibt, auch ein reales physikalisches Gegenstück gehört. So versuchte Dirac herauszufinden, was geschehen würde, wenn diese seltsamen Zustände negativer Energie doch in der Natur vorkämen. Dabei stieß er zunächst auf ein Paradoxon, denn diese Annahme würde es einem »normalen« Elektron mit positiver Energie ermöglichen, auf eine Bahn mit negativer Energie zu springen und dabei ein Photon abzugeben. Was man bislang für den energetisch niedrigsten Zustand etwa des Wasserstoffatoms gehalten hatte, wäre dann bei weitem nicht der niedrigste und wir müßten damit wieder zu der klassischen Frage zurückkehren, was das Atom wohl vor einem totalen Kollaps bewahren mag. Und weil es keine untere Grenze für die negative Energie gibt, müßte eigentlich das ganze Universum jederzeit in sich zusammenstürzen können, dabei einen unendlich großen Schauer von Gammastrahlung aussendend.
Um diese Katastrophe zu umgehen, machte Dirac einen bemerkenswerten Vorschlag. Was wäre, wenn all diese Zustände negativer Energie bereits von anderen Teilchen besetzt wären? Hinter dieser Frage verbarg sich eine wichtige Entdeckung des deutschen Physikers Wolfgang Pauli aus dem Jahre 1925. Pauli hatte die Eigenschaften rotierender Teilchen studiert, und zwar ganzer Teilchenensembles. Die seltsame Doppelrotation des Elektrons hängt beispielsweise eng mit dem Verhalten eines solchen Teilchens in Gegenwart anderer Elektronen zusammen. Aufgrund ihres partiellen Wellencharakters beeinflussen sich zwei Elektronen noch auf eine andere Weise als nur durch ihre elektrische Abstoßung, denn die Wellenberge und -täler des einen Teilchens überlagern sich mit den Wellenbergen und -tälern des anderen. Eine mathematische Behandlung dieses Problems führt zu dem Schluß, daß es eine Art zusätzlicher abstoßender Kraft gibt, die dafür sorgt, daß nie mehr als ein Elektron gleich-

zeitig einen bestimmten physikalischen Zustand besetzen kann. Vereinfacht gesagt lassen sich Elektronen nicht beliebig nahe zusammenbringen, gerade so, als hätte jedes von ihnen ein eigenes Revier, das von keinem anderen Elektron betreten werden darf.
Diese Entdeckung wurde als Ausschluß-Prinzip oder Pauli-Prinzip bekannt und hat wichtige Konsequenzen. Sie beinhaltet beispielsweise, daß dicht gepackte Elektronen einem extrem starken Druck von außen standhalten können und sich damit wie ein fester Körper verhalten, weil die Elektronen einfach nicht näher zusammenrücken können. So etwas ist in extremem Maß im Innern von Sternen der Fall. Dort ist der Druck der darüberliegenden Materie bis zu einigen Milliarden Kilogramm pro Quadratzentimeter groß, so daß die Kernregionen zu enormer Dichte zusammengepreßt sind. Solange ein Stern seinen Kernbrennstoff in Energie umsetzt, liefert die dabei frei werdende Hitze einen ausreichenden Gegendruck, um ein weiteres Schrumpfen des Kerns zu vermeiden. Irgendwann jedoch ist der Kernbrennstoff aufgebraucht, und das Innere des Sterns wird dann soweit zusammengedrückt, daß die Elektronen die Anwesenheit ihrer Nachbarn zu spüren bekommen. Dann wird das Pauli-Prinzip wirksam und hilft dem Stern, ein weiteres Zusammensinken aufzuhalten. Bei unserer Sonne wird es noch etwa 5 Milliarden Jahre dauern, ehe es so weit ist, aber dann gibt es drastische Veränderungen. Die Eigenschaften eines derart kompakten Materieklumpens hängen ganz entscheidend vom Kollektivverhalten der Elektronen ab. Dazu gehört zum Beispiel, daß er völlig »unnormal« auf Wärme reagiert. Während andere Körper sich ausdehnen und dabei wieder abkühlen, wird hier die Wärme festgehalten, und die Temperatur steigt immer weiter an. Das geht so lange, bis weitere Brennstoffreserven gezündet werden. Dann wird plötzlich die ganze gespeicherte Energie verfügbar, und das Innere dieses Sterns explodiert. Der Ausbruch ist zwar nicht groß genug, um den ganzen Stern zu zerreißen, doch er reicht aus, den Aufbau des Sterns nachhaltig zu verändern: aus einem großen, kühlen, roten Stern wird ein heißer, blauer Riese. Wenn auch diese Brennstoffreserven verbrannt sind, wird ein Stern von der Größe unserer Sonne schließlich auf die Größe der Erde zusammengeschrumpft sein und nur durch die Elektronen vor einem weiteren Kollaps bewahrt werden.
Das Pauli-Prinzip ist aber auch im Atom selbst wirksam. Ein großes Atom kann Dutzende von Elektronen enthalten, die den Atomkern umrunden, und man könnte annehmen, daß sie alle dazu neigen, auf das Niveau der geringsten Energie zu fallen. Wenn das so wäre, dann

gäbe es dort ein Chaos, und man darf bezweifeln, daß in diesem Fall stabile chemische Verbindungen entstehen könnten. Statt dessen findet man die Elektronen jedoch fein säuberlich auf »Schalen« um den Atomkern herum verteilt. Auch hier verhindert das Pauli-Prinzip den Kollaps, indem es unmöglich macht, daß die Elektronen alle zum Atomkern hin streben. Ohne diesen Effekt würden alle schweren Atome implodieren.

Das Pauli-Prinzip bietet auch eine Erklärung für das vermeintliche Paradoxon der Zustände mit negativen Energien. Ebenso wie es nicht zuläßt, daß Elektronen auf innere, bereits besetzte Energieniveaus herunterfallen, verhindert es auch einen Sturz in das »bodenlose Faß« negativer Energiezustände, sofern diese bereits von anderen Elektronen besetzt sind. Die Idee ist einfach, doch scheint sie einen gewichtigen Fehler zu enthalten: wo sind all jene Elektronen mit negativer Energie, die das bodenlose Faß verstopfen? Schließlich bedarf es dazu einer unendlich großen Zahl von ihnen. Die Antwort Diracs erscheint im ersten Moment wie ein fauler Trick. Er löste das Problem, indem er annahm, daß diese Teilchen negativer Energie unsichtbar seien. Was wir als leeren Raum empfinden, wäre demnach angefüllt von einem unendlichen Ozean nicht nachweisbarer Materie mit negativer Energie.

So abwegig diese Lösung erscheint, sie hat doch einige überprüfbare Aspekte. Untersuchen wir z. B., wie so ein unsichtbarer »Bewohner« des Raums auf die Anwesenheit eines Photons reagieren würde. Auch ein Elektron mit negativer Energie würde ein Photon absorbieren können und dabei auf einen Zustand höherer Energie wechseln. Wenn die Energie des Photons groß genug ist, wird sie sogar ausreichen, das Elektron aus dem »Faß« herauszuheben und in den normalen Zustand positiver Energie überzuführen. Diesen Vorgang würden wir als das plötzliche Auftauchen eines Elektrons aus dem Nichts beobachten, zugleich mit dem ebenso plötzlichen Verschwinden des Photons. Aber das ist noch nicht alles. Das Elektron, das aus dem Ozean negativer Energien auftaucht, hinterläßt dort natürlich eine Lücke. Wenn aber ein Elektron mit negativer Energie unsichtbar ist, dann muß die Leerstelle, die es beim Auftauchen hinterläßt, sichtbar sein. Das Fehlen einer negativen Energie, einer negativen elektrischen Ladung entspricht dem Vorhandensein einer positiven Ladung, einer positiven Energie. Das heißt aber, daß zusammen mit dem Elektron eine Art Spiegelteilchen auftauchen muß, ein Teilchen mit entgegengesetzter, also elektrisch positiver Ladung.

Die Theorie von Dirac sagte also die Existenz einer ganz neuen Materie-Art voraus; wir bezeichnen sie heute als Antimaterie. Ein energiereiches Photon sollte demnach in der Lage sein, ein Elektron-Antielektron-Paar oder ein Proton-Antiproton-Paar zu erzeugen. Der amerikanische Physiker Carl Anderson fand 1932 ein solches Antielektron (das auch Positron genannt wird) unter den Elementarteilchen, die beim Zusammenstoß der kosmischen Strahlung mit der Erdatmosphäre entstanden. Seither hat man hunderte verschiedener Antiteilchen im Labor produziert, genau in Übereinstimmung mit der Theorie Paul Diracs. Erwartungsgemäß kann die Antimaterie in der Umgebung »normaler« Materie nicht lange überleben. Das zurückgebliebene Loch im Ozean der negativen Energie wird ein energetisch positives Teilchen anziehen und aufsaugen. Wenn ein normales Elektron auf so ein Loch stößt, dann stürzt es hinein und verschwindet aus dieser Welt. Dabei strahlt es zum Ausgleich ein Gamma-Photon ab, dessen Energie dem Unterschied der übersprungenen Energieniveaus entspricht. Dieser Prozeß stellt die Umkehr der Paarerzeugung dar und kann als Begegnung eines Elektrons und eines Positrons beschrieben werden, einer tödlichen Begegnung allerdings, denn die beiden Teilchen vernichten sich gegenseitig. Wenn Antimaterie und Materie zusammentreffen, löschen sie sich gegenseitig explosionsartig aus.

Diese Vorstellung, nach der Materie entstehen und vernichtet werden kann, ist eine direkte Konsequenz der Anwendung der Relativitätstheorie, die Dirac sorgfältig in seine Gleichung einbaute. Wir haben im zweiten Kapitel gesehen, daß ein Körper, der bis nah an die Lichtgeschwindigkeit beschleunigt wird, an Masse zunimmt und damit gewissermaßen selbst verhindert, daß er über die Grenze der Lichtgeschwindigkeit hinaus beschleunigt werden kann. Dieses übermäßige Gewicht ist ein Beispiel für die Umsetzung von Energie in Masse, von Energie, die normalerweise dazu dienen würde, die Geschwindigkeit des Körpers zu vergrößern. Masse ist also nichts anderes als eine »gebundene« Form von Energie. So enthält beispielsweise ein Proton nur ein Quadrillionstel Gramm Materie, doch seine eingeschlossene Energiemenge ist so konzentriert, daß sie ausreichen würde, um einen Lichtblitz zu erzeugen, den man noch aus zehn Metern Entfernung mit dem bloßen Auge erkennen könnte. Die Umwandlung von Energie in Materie erklärt das plötzliche Auftauchen von Teilchen-Antiteilchen-Paaren nach dem Dirac-Mechanismus; die dazu notwendige Energie läßt sich aus Einsteins berühmter Formel $E = mc^2$ berechnen. Der umgekehrte Prozeß, die Umwandlung von Materie in Energie, läuft in Kernkraftwerken und Atombomben ab, aber auch in der Sonne: ihre Energieabstrahlung entspricht einem Masseverlust von 4 Millionen Tonnen pro Sekunde.

Wenn Masse nur eine besondere Erscheinungsform der Energie ist, wie Einstein postuliert hat, dann sollte auch die Energie wie die Masse ein »Gewicht« haben. Was passiert mit den 4 Millionen Tonnen, die die Sonne jede Sekunde verliert? Die Antwort ist einfach: die Masse wird in Sonnenlicht umgewandelt. Entsprechend müßte die Menge Sonnenlicht, die pro Sekunde abgestrahlt wird, 4 Millionen Tonnen wiegen. Kann man das nachprüfen? Die Gesamtmenge des Sonnenlichts, das pro Sekunde auf die Erde trifft, entspricht dem dürftigen Gewicht von etwa 2 Kilogramm, was das Sammeln und Wiegen des Sonnenlichts hoffnungslos schwierig macht. Überraschenderweise gibt es eine elegante Methode, die Masse sehr viel geringerer Lichtmengen, die von weit entfernten Sternen zu uns kommt, zu bestimmen. Dazu bedient man sich der Gravitationskraft der Sonne, die das Gewicht des Lichts stark vergrößert: man beobachtet den Lichtstrahl eines Sterns, der gerade am Sonnenrand vorbeizieht und dabei durch die Schwerkraft der Sonne abgelenkt wird. Genau dies hat Eddington 1919 während der totalen Sonnenfinsternis getan, wie wir schon auf Seite 55 erwähnten.

Diracs Theorie über einen unsichtbaren Ozean mit Teilchen negativer Energie ist zwar sehr eindrucksvoll, kann aber nicht ohne weiteres wörtlich genommen werden. Spätere mathematische Betrachtungen haben gezeigt, daß dieses Modell nur eine einfache Beschreibung dessen ist, was hinter der Dirac-Gleichung steckt. Nur diese genaueren mathematischen Analysen können das Auftauchen und Verschwinden der Materie befriedigend beschreiben. In der moderneren Fassung der Theorie ist die Paarbildung von Teilchen und Antiteilchen auch ohne die Schwierigkeiten der Negativenergie erklärbar.

Verknüpft man die Möglichkeiten der Paarbildung mit der Heisenbergschen Zeit-Energie-Unschärferelation, so ergibt sich eine Reihe neuer Effekte. Damit ein Elektron aus dem Meer der negativen Energie herausgehoben werden kann und dadurch ein Elektron-Positron-Paar entsteht, braucht man einen Gammastrahl, dessen Energie mindestens gleich $2mc^2$ ist, dem Doppelten der rechten Seite von Einsteins Gleichung. Diese relativ große Energiemenge kann für eine Trilliardstel Sekunde ausgeliehen werden, so daß Elektron-Positron-Paare für diese extrem kurze Zeit sogar ohne das wirkliche Vorhandensein dieser Energie auftauchen können. Diese Phantomteilchenpaare erfüllen den ganzen Raum. Was wir normalerweise für leeren Raum halten, ist in Wirklichkeit ein Meer unaufhörlicher Aktivität, angefüllt mit allen Sorten kurzlebigster Materie: Elektronen, Protonen, Neutronen, Mesonen, Neutrinos und vielen anderen Teilchen, von denen jedes zusammen mit seinem Antiteilchen nur für den winzigsten Bruchteil einer Sekunde existiert. Um diese vorübergehenden Teilchen von der beständigeren Materie zu unterscheiden, werden sie von den Physikern als »virtuelle Teilchen« im Gegensatz zur »realen Materie« bezeichnet.

Daß diese virtuellen Teilchen nicht nur in der Vorstellungswelt der Physiker existieren, läßt sich an einigen meßbaren Effekten zeigen. So ist zum Beispiel die gel-ähnliche Konsistenz bestimmter Farben auf intermolekulare Kräfte zurückzuführen, die durch diese »Vakuumfluktuationen« hervorgerufen werden. Auch andere Effekte kann man beobachten. Eine Metallplatte, die Licht reflektiert, wird auch die virtuellen Photonen des Vakuums spiegeln. Wenn man sie zwischen zwei parallelen Platten »einfängt«, ändert sich ihre Energie geringfügig, und das löst meßbare Kräfte auf den Platten aus.

Diese neuen Einblicke änderten das Bild der Physiker von subatomaren Teilchen drastisch. Ein Elektron beispielsweise kann nicht länger als ein einfaches Punktobjekt betrachtet werden, da es beständig über die Heisenbergsche »Energiebank« virtuelle Photonen aussendet und wieder auffängt. Jedes Elektron ist so von einer Wolke virtueller Photonen umgeben, und wenn wir genauer »hinsehen«, können wir auch die Anwesenheit von virtuellen Protonen, Mesonen, Neutronen und jeder anderen Teilchensorte nachweisen, die alle ein Elektron wie ein Bienenschwarm umschwirren; und dies gilt genauso auch für jedes andere subatomare Teilchen.

Manchmal bringen diese virtuellen Teilchenwolken unerwartete Effekte mit sich. So ist beispielsweise das Neutron ein elektrisch neutrales Teilchen, wie der Name sagt, so daß es eigentlich keine elektrische Ladung haben dürfte. Da aber jedes Neutron von einer Wolke virtueller Teilchen umgeben ist, befinden sich auch geladene Partikel in seiner Nachbarschaft. Sie gleichen sich hinsichtlich ihrer elektrischen Ladung zwar gegenseitig aus, doch brauchen die positiven und negativen Ladungsträger nicht am gleichen Ort zu sein. Es ist daher möglich, daß ein Neutron von Schalen elektrisch geladener Teilchen, wie etwa virtueller Mesonen, umgeben sein kann. Wenn man ein Elektron auf ein solches Neutron schießt, dann wird es an eben diesen virtuellen elektrischen Ladungen gestreut, so daß man auf diese Weise die Ladungsverteilung um das Neutron herum bestimmen kann. Darüberhinaus gehört das Neutron zu den Dirac-Teilchen, besitzt also einen Spin, und das bedeutet, daß das Neutron bei seiner Eigendrehung die Ladungsschalen mitdreht, so daß winzige elektrische Ströme entstehen. Diese Ströme wiederum erzeugen ein magnetisches Feld, das im Laboratorium gemessen werden kann. 1933, als man das Magnetfeld eines Neutrons zum ersten Mal bestimmte, waren die Physiker darüber ziemlich verwirrt, denn niemand hatte bei einem elektrisch neutralen Teilchen ein magnetisches Feld erwartet.

Wir können also davon ausgehen, das jedes Elementarteilchen eine ganze Sammlung von virtuellen Teilchen mit sich herumschleppt. Keines dieser virtuellen Teilchen lebt lang genug, um den Status einer unabhängigen Existenz zu erlangen, weil es immer wieder von seinem »Mutterteilchen« absorbiert wird. Darüberhinaus hat jedes dieser virtuellen Teilchen seine eigene »Unterwolke« anderer virtueller Teilchen, deren Existenz noch flüchtiger ist, und so weiter ohne Ende. Wenn allerdings das Mutterteilchen aus irgendeinem Grund verschwindet, können die gerade existierenden virtuellen Teilchen nicht mehr absorbiert werden und werden real. Das passiert, wenn Materie auf Antimaterie trifft. Wenn bei einem Zusammenstoß von Proton und Antiproton die beiden Teilchen plötzlich verschwinden, bleiben einige Mesonen oder auch Photonen aus der Wolke virtueller Teilchen übrig. Sie tauchen dann im Universum als neue, reale Teilchen auf, denn ihre »Heisenbergschuld« ist durch die Materie-Energie beglichen worden, die bei der Vernichtung des Proton-Antiproton-Paars frei wurde.

Viele andere subatomare Phänomene können mit Hilfe der Zeit-Energie-Unschärferelation beschrieben werden. Eins der grundlegenden Probleme der Mikrophysik ist es, zu erklären, wie zwei Teilchen sich gegenseitig durch eine elektrische Kraft beeinflussen können. Vor der Entwicklung der Quantentheorie nahmen die Physiker an, daß jedes geladene Teilchen von einem elektromagnetischen Feld umgeben ist, das auf andere geladene Teilchen in der Nachbarschaft eine Kraft ausübt. Als dann die Quantentheorie zeigte, daß die elektromagnetischen Wellen als Quanten, d. h. Photonen, gesehen werden müssen, versuchte man, alle Effekte des elektromagnetischen Felds mit Photonen zu erklären. Wenn sich jedoch zwei Elektronen gegenseitig abstoßen, müssen nicht notwendigerweise sichtbare Photonen im Spiel sein, und man mußte mit einer besseren Erklärung warten, bis die virtuellen Teilchen in den 30er Jahren entdeckt wurden. Die elektrische Kraft, ob anziehend oder abstoßend, kann nun wie folgt verstanden werden: ein Elektron wird von einer Wolke virtueller Photonen umgeben, von denen jedes vorüberge-

hend mit geliehener Energie lebt, bis es wieder vom Elektron absorbiert wird. Wenn ein anderes geladenes Teilchen nah genug herankommt, ergibt sich eine neue Möglichkeit: ein virtuelles Photon, das von einem der beiden Teilchen stammt, kann von dem anderen Teilchen absorbiert werden. Eine mathematische Analyse dieses Vorgangs zeigt, daß der Austausch eines virtuellen Photons tatsächlich eine Kraft zwischen beiden Teilchen bewirkt, die genau die Eigenschaften des elektromagnetischen Felds aufweist.
Nach dieser erfolgreichen Erklärung der elektromagnetischen Kraft durch den Austausch virtueller Photonen fragte man sich, ob auch die anderen Kräfte der Natur, die Gravitation und die Kernkräfte, auf ähnliche Weise beschrieben werden können. Die »Quantisierung« der Schwerkraft ist ein wichtiges Thema, das wir bis zum nächsten Kapitel zurückstellen wollen.
Eine Erklärung für die Entstehung der Kernkräfte wurde Mitte der 30er Jahre in Angriff genommen. Die starke Kraft, die im Kern des Atoms Protonen und Neutronen zusammenhält, unterscheidet sich sehr von der elektromagnetischen Kraft. Sie ist zwar einige hundertmal stärker, doch die Art, in der sie mit der Entfernung abnimmt, ist problematisch. Die elektrische Kraft zwischen geladenen Teilchen nimmt mit wachsendem Abstand proportional zum Quadrat der Entfernung ab, und zwar gleichmäßig. Im Gegensatz dazu ändert sich die starke Kernkraft kaum, solange die Teilchen weniger als ein Zehnbillionstel Zentimeter auseinander sind. Jenseits dieses Abstands dagegen fällt sie ziemlich plötzlich auf Null ab. Dieses abrupte Verschwinden der Kernkraft oberhalb einer so kurzen Entfernung ist für den Aufbau und die Stabilität eines Atomkerns von entscheidender Bedeutung, aber es bedeutet gleichzeitig, daß man die Kernkraft nicht durch den Austausch von Teilchen beschreiben kann, die den virtuellen Photonen sehr ähnlich sind.
Die Lösung wurde 1935 von dem Japaner Hideki Yukawa gefunden. Er entwickelte die Idee, daß die Kernteilchen virtuelle Quanten eines neuen Feldtyps, eines Kernfelds, austauschen. Anders als die virtuellen Photonen besitzen Yukawas Quanten jedoch eine Masse. Daß die Anwesenheit von Masse zu einer nur über kurze Distanzen reichenden Kraft führt, läßt sich einfach aus der Zeit-Energie-Unschärferelation ableiten. Gemäß der Einsteinschen Gleichung $E = mc^2$ ist Masse eine Form von Energie, und wir haben gesehen, daß die Entstehung von Masse eine große Menge Energie verbraucht. Ein virtuelles Yukawa-Teilchen muß sich also sehr viel Energie ausleihen, und das heißt nach den »Geschäftsbedingungen« der Heisenberg-Bank,

daß die Kreditdauer entsprechend kürzer ist und das Teilchen sich nur in sehr eng begrenztem Maß von seinem Mutterpartikel entfernen kann. Yukawa arbeitete eine vollständige mathematische Abhandlung zu diesem Problem aus und kam zu dem Ergebnis, daß eine Kraft zwischen zwei Kernteilchen in der Tat jenseits eines eng begrenzten Bereichs praktisch verschwinden müsse. Dieser Wirkungsbereich ist erwartungsgemäß in einfacher Weise mit der Masse des virtuellen Quants verknüpft, so daß Yukawa aus der experimentell bestimmten Reichweite dieser Kernkraft auf die Masse eines Quants schließen konnte: sie mußte bei rund 300 Elektronenmassen liegen.

Damit ergab sich eine neue, aufregende Möglichkeit. Auch ein solches Yukawa-Teilchen müßte aus seinem virtuellen Dasein in die Realität gebracht werden, wenn sein Mutterteilchen plötzlich verschwände, gerade so, wie es bei den virtuellen Photonen bereits beobachtet worden war. Wenn beispielsweise ein Proton auf ein Antiproton trifft, sollte das plötzliche Verschwinden beider Teilchen zu einem Schauer neuer Partikel führen. Yukawa nannte sie Mesonen, weil ihre Masse irgendwo zwischen der des Elektrons und der des Protons liegt. Rund 10 Jahre später wurden Yukawas Mesonen tatsächlich gefunden, und zwar – wie seinerzeit die Positronen Diracs – in Teilchenschauern, die beim Zusammenstoß der kosmischen Strahlung mit Molekülen der Erdatmosphäre entstehen. Heutzutage können auch die Mesonen in großen Beschleunigern durch den Zusammenstoß von Protonen und Antiprotonen und zahlreiche andere Prozesse gezielt produziert werden.

Wir haben in diesem Kapitel vieles nur sehr vereinfacht dargestellt, was eigentlich einer weitreichenden mathematischen Behandlung zur genauen Beschreibung bedarf. Dennoch dürfte deutlich geworden sein, welche weitreichenden Konsequenzen sich aus dem Beschriebenen ergeben: die so stabil und festgefügt erscheinende Welt entpuppt sich als Illusion, wenn wir in die entfernten Winkel der submikroskopischen Materie vordringen. Dort treffen wir auf eine rastlose Welt voller Veränderungen und Fluktuationen, in der Teilchen ihre Identität verlieren und sogar vollständig verschwinden können. Das Uhrwerk-Universum löst sich im Bereich des Mikrokosmos auf und verschwimmt zu einem schemenhaften, chaotisch wirkenden Bereich, in dem manches gehütete Prinzip der klassischen Physik an die Grenzen der grundsätzlichen Unbestimmbarkeit der beobachtbaren Größen stößt. Die Versuchung, hinter dieser subatomaren Anarchie versteckte Ordnungsprinzipien aufzustöbern, ist zwar groß, doch werden wir sehen, daß solche Bemühungen fruchtlos bleiben. Wir müssen uns damit vertraut machen, daß die Welt bei weitem nicht so real und substantiell ist, wie wir uns das bisher vorgestellt haben mögen.

5. *Der Hyperraum*

Im Bereich der Quanten löst sich die scheinbar so festgefügte Welt unserer Erfahrung auf und wird zum Opfer der stetigen subatomaren Umwandlungen. Die Welt scheint auf das Chaos gegründet zu sein. Zufällige Umwandlungen und Veränderungen, die lediglich den Wahrscheinlichkeitsgesetzen unterliegen, unterwerfen den Stoff, aus dem die Welt besteht, einer rouletteartigen Qualität. Aber wie steht es um den Schauplatz selbst, die Raumzeit, in der diese substanzlosen und »ungehorsamen« Teilchen ihr Spiel treiben? Wir haben schon im zweiten Kapitel gesehen, daß die Raumzeit selbst auch nicht absolut und unveränderlich ist. Auch sie besitzt dynamische Eigenschaften, die zu ihrer Krümmung führen können, zu ihrer Veränderung oder Entwicklung. Solche Veränderungen der Raumzeit können wir in unmittelbarer Nachbarschaft unserer Erde ebenso beobachten wie in den Tiefen des sich ausbreitenden Universums. Die Wissenschaftler haben seit langem erkannt, daß die Grundideen der Quantentheorie auch auf die Dynamik der Raumzeit passen müssen – eine Annahme mit ungewöhnlichen Folgen.
Eine der interessantesten Voraussagen, die man aus der Allgemeinen Relativitätstheorie, die auch als Gravitationstheorie bekannt ist, ableiten kann, dürfte die Voraussage der Existenz von Schwerewellen sein. Die Gravitationskraft ist in mancher Hinsicht mit der elektromagnetischen Kraft vergleichbar. Hier spielt jedoch nicht die elektrische Ladung eines Körpers oder seine magnetische Eigenschaft eine Rolle, sondern seine Masse. Wenn elektrische Ladungsträger stark gestört werden wie etwa in einem Radiosender, so werden elektromagnetische Wellen erzeugt und abgegeben. Die Gründe dafür lassen sich leicht darstellen. Eine elektrische Ladung ist von einem Feld umgeben. Wenn man den Ladungsträger bewegt, muß sich das Feld der jeweils neuen Position anpassen. Das geschieht aber nicht unmittelbar, denn die Relativitätstheorie läßt nicht zu, daß eine Information sich schneller als mit Lichtgeschwindigkeit ausbreitet. Mit anderen Worten, die weiter außen liegenden Regionen des Felds erfahren erst mit einer gewissen Verzögerung von der Ortsveränderung der Ladung, nämlich frühestens nach der Zeitspanne, die das Licht für

die Überbrückung des Abstands zwischen Teilchen und entlegener Feldregion benötigt. Daraus folgt, daß das elektrische Feld in seinem gleichmäßigen Aufbau gestört wird, da die nahen Feldregionen sich rascher an die Bewegung der elektrischen Ladung anpassen können als die weiter entfernten Zonen. So entsteht ein elektromagnetischer Buckel, der sich mit Lichtgeschwindigkeit fortpflanzt. Dieser Buckel trägt etwas von der Energie des geladenen Körpers in den umgebenden Raum hinaus. Wenn der Ladungsträger hin und her bewegt wird, gerät das ganze Feld in Schwingung, und der Buckel wird zu einer elektromagnetischen Welle. Solche Strahlung kennen wir in Form von Licht, Radiowellen, Wärmestrahlung, Röntgenstrahlung und so weiter, je nach ihrer jeweiligen Wellenlänge.
Analog zur Entstehung dieser elektromagnetischen Wellen kann man erwarten, daß die Bewegung massereicher Körper Buckel im umgebenden Schwerefeld auslöst, die sich dann in Form von Gravitationswellen ausbreiten. In diesem Fall wäre der Raum allerdings selbst betroffen, selbst »gebuckelt«, denn die Einsteinsche Gravitationstheorie ist eine Beschreibung einer gestörten Raumzeit. Gravitationswellen kann man sich daher als Schwingungen des Raums selbst vorstellen, die sich von der Störungsquelle her ausbreiten.
Nachdem im vergangenen Jahrhundert der britische Physiker James Clerk Maxwell erstmals aufgrund einer mathematischen Analyse von Elektrizität und Magnetismus gezeigt hatte, daß die beschleunigte Bewegung elektrischer Ladungen zur Aussendung elektromagnetischer Wellen führen würde, unternahm man große Anstrengungen, um diese Wellen im Labor zu erzeugen und nachzuweisen. Die Voraussagen Maxwells führten zur Entwicklung von Radio, Fernsehen und allen sonstigen Arten der Telekommunikation. Sind die Gravitationswellen vielleicht ebenso bedeutungsvoll? Leider ist die Gravitationskraft so schwach, daß nur sehr energiereiche Gravitationswellen mit unserer derzeitigen Technologie nachgewiesen werden können. Solche energiereichen Wellen entstehen allenfalls bei extremen Sternkatastrophen. Würde beispielsweise unsere Sonne explodieren oder in ein Schwarzes Loch stürzen, so könnten unsere Instrumente dies ohne Mühe registrieren. Doch selbst die Explosion eines Sterns ist für unsere Meßgeräte kaum noch spürbar, wenn sie irgendwo in unserer Milchstraße stattfindet.
Detektoren für Schwerewellen arbeiten wie Radiowellenempfänger nach einem einfachen Prinzip: wenn die Wellen ein Labor durchfluten, versetzen sie alles in Vibrationen. Sie dehnen und stauchen den Raum entsprechend ihrer Ausbreitungsrichtung. Damit werden aber

auch alle Objekte längs dieses Wegs um winzige Beträge gedehnt und gestaucht, so daß zum Beispiel in Metallstäben oder unglaublich reinen Kristallen der richtigen Größe Resonanzschwingungen ausgelöst werden können. Solche Detektoren müssen sehr sorgfältig aufgehängt und gegen andersartige Erschütterungen, wie etwa durch seismische Wellen oder Autos, abgeschirmt werden. Manche dieser Empfänger, mit denen die Wissenschaftler seit einigen Jahren nach Schwerewellen suchen, sind riesige Saphirkristalle, so groß wie ein Arm, an denen Schwingungen abgelesen werden, die in der Größenordnung eines Atomkerndurchmessers liegen.

Doch trotz dieser enormen technischen Anstrengungen sind Schwerewellen bislang nicht mit hinreichender Sicherheit nachgewiesen worden. Im Jahre 1974 entdeckten die Astronomen jedoch ein seltsames Objekt, dessen genauere Untersuchung ihnen die unerwartete und bislang einmalige Möglichkeit bot, die Wirkung von Gravitationswellen zu beobachten. Es ist der Doppelpulsar, der uns aus dem zweiten Kapitel im Zusammenhang mit der Lichtgeschwindigkeit schon bekannt ist. Die Astronomen können seine Radioimpulse mit einer derart großen Genauigkeit empfangen, daß sie bereits kleinste Störungen in der Umlaufbahn der Pulsare feststellen können. Unter diesen Störungen ist ein winziger Effekt, der auf der Wirkung von Gravitationswellen beruht. Da die beiden kollabierten Sterne sich gegenseitig schnell umlaufen, produzieren sie gewaltige Störungen des sie umgebenden Gravitationsfelds, die sich in Form von Schwerewellen ausbreiten. Auch diese Wellen sind viel zu schwach, als daß wir sie auf der Erde direkt nachweisen könnten. Lediglich ihre Wirkung innerhalb des Doppelpulsar-Systems ist erkennbar. Die Gravitationswellen transportieren Energie aus dem System heraus, die aus der kinetischen Energie der gegenseitigen Umlaufbewegung stammt, so daß die Umlaufbahnen sich allmählich verändern müssen. Genau diese Veränderung können die Astronomen beobachten. Die Situation ist ähnlich, wenn man ein Radio einschaltet und dabei den Stromzähler betrachtet: man sieht nicht die davoneilenden elektromagnetischen Wellen, sondern einen Sekundäreffekt, nämlich den Stromverbrauch.

Der Grund für diesen Abstecher in den Bereich der Gravitationswellen liegt darin, daß ihre Verwandten – die elektromagnetischen Wellen – am Anfang der Quantentheorie standen. Max Planck hatte entdeckt, daß elektromagnetische Strahlung nur in Form »diskreter«, d. h. einzelner Energiepakete, den Quanten, vorkommen kann. Einstein nannte diese Quanten später Photonen. Man könnte erwarten, daß auch die Schwerewellen sich ähnlich verhalten, daß es also diskrete »Gravitonen« geben sollte, mit Eigenschaften, die denen der Photonen entsprechen. Die Physiker haben aber noch ein besseres Argument für die Existenz von Gravitonen als die bloße Analogie zu den Photonen: alle anderen bekannten Kraftfelder besitzen Quanten. Wenn also die Gravitation hier eine Ausnahme darstellen sollte, dann wäre es möglich, die Gesetze der Quantentheorie zu verletzen, indem man diese anderen Systeme mit der Gravitation wechselwirken ließe.

Wenn wir davon ausgehen, daß Gravitonen wirklich existieren, dann müssen sie den gleichen Unschärfen und Unbestimmbarkeiten unterliegen wie alle Quantensysteme. Man würde also nur sagen können, daß Gravitonen mit einer bestimmten Wahrscheinlichkeit ausgesandt oder absorbiert werden können. Da aber ein Graviton – vereinfacht gesagt – einem Wellenstückchen der Raumzeit entspricht, wäre die Unsicherheit über die Gegenwart oder Abwesenheit eines Gravitons gleichzusetzen mit der Unsicherheit über die Form des Raums und die Dauer der Zeit. Entsprechend unterliegt nicht nur die Materie unvorhersagbaren Fluktuationen, sondern auch die Raumzeit-Arena selbst: die Raumzeit ist nicht bloße Bühne für das Zufallsspiel der Natur, sondern gleichzeitig Mitspieler.

Es mag verblüffen, daß der Raum, den wir bewohnen, Eigenschaften eines Puddings haben soll, denn wir können in unserer Alltagserfahrung keinerlei Raumzeit-Quanteneffekt nachweisen. Nicht einmal ausgeklügelte Experimente mit Elementarteilchen, bei denen die Quantennatur der Materie und der Energie deutlich werden, zeigen die Quantennatur der Raumzeit. Es läßt sich allerdings auch mathematisch ableiten, daß solche Quanteneffekte vorerst nicht zu erwarten sind: die Gravitation ist eine derart schwache Kraft, daß nur im Fall einer gewaltigen Materiekonzentration die Raumzeit meßbar gestört sein kann. Vergessen wir nicht, daß selbst die Masse der Sonne das Licht entfernter Sterne nur um einen kaum meßbaren Winkelbetrag ablenkt. Im subatomaren Bereich können Masse-Energie-Konzentrationen aufgrund der Heisenbergschen Unschärferelation zeitweilig »geborgt« werden, und man kann leicht ausrechnen, wie lange die Kreditlaufzeit für ein Energie-Masse-Paket ist, das ausreicht, um die Raumzeit auszubeulen. Nach den Heisenbergschen Gesetzen wird die Kreditzeit umso kürzer, je größer die geliehene Energie ist. Weil die Gravitationskraft so schwach ist und man entsprechend einen gewaltigen Energiebetrag braucht, wird die Leihfrist extrem kurz bemessen sein. Sie beträgt eine Zeiteinheit, die 10septillionenmal

(eine 1 mit 43 Nullen dahinter) in eine Sekunde paßt; es ist die kürzeste bekannte Zeiteinheit mit einer physikalischen Bedeutung (im englischen Sprachbereich wird sie manchmal als »jiffy«, »Augenblick« bezeichnet). Im Verlauf dieser Zeit kann selbst das Licht nur ein Quintilliardstel Zentimeter zurücklegen, hunterttrillionenmal weniger als der Durchmesser eines Atomkerns. Kein Wunder also, daß wir weder in unserer täglichen Erfahrungswelt noch im Labor irgendwo auf Quantenfluktuationen der Raumzeit stoßen.
Unabhängig von der Tatsache, daß die »quantisierte« Raumzeit eine Welt in uns darstellt, die uns in ihrer Kleinheit unerreichbarer ist als die »Grenzen« des Universums, so würde doch die Existenz ihrer Quanteneffekte zu den dramatischsten Konsequenzen führen. In unserer landläufigen Vorstellung kann man Raum und Zeit als Leinwand darstellen, auf die die Geschichte der Welt aufgezeichnet wird. Einstein zeigte, daß diese Leinwand sich ihrerseits bewegen kann und Störungen unterliegt – die Raumzeit wird lebendig. Die Theorie der Quantengravitation sagt nun voraus, daß – könnten wir die Leinwand mit einem Supermikroskop betrachten – wir sie nicht als glattes Tuch, sondern als ein strukturiertes, gekörntes Gewebe sähen, dessen »Muster« vom Zufall und unvorhersagbaren Quantenstörungen bestimmt wäre.
Ließen sich schließlich die Dimensionen eines Jiffy sichtbar machen, so würden noch ungewöhnlichere Einzelheiten auftauchen. Die Störungen sind hier so ausgeprägt, daß sie sich wie Brandungswellen überschlagen und untereinander verweben, so daß »Brücken« und »Wurmlöcher« entstehen. John Wheeler, der führende Architekt der bizarren Welt von »Jiffyland«, beschreibt diesen Effekt mit dem Bild eines Piloten, der hoch über dem Ozean fliegt. Aus großen Höhen erscheint ihm die Oberfläche des Wassers ziemlich glatt, doch je tiefer er herunterkommt, desto mehr Einzelheiten kann er erkennen: zunächst die Dünung, die ihm anzeigt, daß dort eine lokale Störung sein muß (dies entspricht der großräumigen, gravitationsbedingten Krümmung der Raumzeit). Dann erkennt er einzelne Wellen (sie entsprechen den lokalen Schwerefeldern) und wenn er schließlich noch ein Fernglas zu Hilfe nimmt, wird er sehen, daß die kleinen Wellen so gestört werden, bis sie zu Schaum zerschlagen. Die scheinbar glatte Oberfläche besteht in Wirklichkeit aus zahllosen Schaumbläschen, und die entsprechen den Wurmlöchern und Brücken von Jiffyland.
Nach dieser Beschreibung ist der Raum nicht einheitlich und ohne Gestalt, sondern im Bereich dieser unvorstellbar kleinen Dimensio-

nen ein komplexes Labyrinth von Löchern und Tunneln, Blasen und Knoten, das sich ständig neu aufbaut und wieder zerbricht. Bevor diese Vorstellungen aufkamen, nahmen viele Wissenschaftler stillschweigend an, daß Raum und Zeit bis in die kleinsten Einheiten hinab stetig seien. Die Quantengravitation zeigt aber, daß unsere Welt-Leinwand nicht nur eine Struktur hat, sondern daß diese Struktur auch noch unerwartete Eigenschaften aufweist – Raum und Zeit lassen sich eben nicht unendlich weit unterteilen.

Nach all diesem stellt sich die Frage, was denn die »Löcher« im Gewebe der Raumzeit ausmacht, was sie umgibt, wohindurch sie führen. Raumzeit stellt man sich als etwas Leeres vor – wie kann es ein Loch in etwas geben, das selbst bereits leer ist? Bei der Suche nach einer Antwort sollten wir vielleicht nicht eines der Wheelerschen Wurmlöcher betrachten, sondern ein Loch in der Raumzeit, das groß genug ist, um sich in unserer Alltagserfahrung bemerkbar zu machen. Nehmen wir an, es gäbe ein solches Raumzeit-Loch mitten auf dem Stachus in München. Ein ahnungsloser Tourist würde, wenn er in dieses Loch »hineinfiele«, plötzlich verschwinden und wahrscheinlich nie wieder auftauchen. Wir könnten nicht einmal sagen, was mit ihm geschehen ist, denn unsere Naturgesetze beschränken sich auf unser Universum, das heißt, auf Raum und Zeit; sie sagen nichts über das aus, was jenseits dieser Grenzen liegt. Ebensowenig wäre es uns möglich, vorherzusagen, was aus einem Raumzeit-Loch herauskommen könnte, nicht einmal, was für eine Art von Licht. Wenn nichts aus dem Loch entweichen könnte, erschiene es uns einfach als schwarze Blase.

Ob unser Universum mit solchen Löchern durchsetzt ist oder gar mit ganzen Schnittkanten, läßt sich nicht sagen. Bildlich gesprochen, könnte Gott die Leinwand mit einer Schere angeschnitten und zerrissen haben. Wir haben zwar keine Anzeichen dafür, daß dies im Stachus-Maßstab geschehen ist, aber warum sollte es im Bereich von Jiffyland nicht so sein?

Eine genaue Untersuchung über die Struktur von Räumen und ihr Aussehen, die im mathematischen Forschungsbereich der Topologie durchgeführt wird, zeigt, daß Löcher im Raum nicht notwendigerweise zum Verschwinden von Objekten aus diesem Raum führen müssen. Dies kann man leicht erkennen, wenn wir den Raum noch einmal mit einer zweidimensionalen Oberfläche, etwa eines Blatt Papiers vergleichen (auch die Leinwand und die Meeresoberfläche waren ja zweidimensionale Vergleiche). *Abbildung 10* zeigt zwei Möglichkeiten für Raumlöcher. Die im wesentlichen glatte Oberfläche im oberen Bild hat ein Loch in der Mitte, außerdem hat sie Ränder. Die gestrichelten Linien stellen die Wege von Entdeckern dar, die – wie die Seefahrer früherer Zeiten fürchteten – am Rand der Welt herunterfallen oder in das Loch stürzen könnten. Die untere Darstellung zeigt die Fläche gekrümmt, so daß sie in sich selbst zurückführt; Mathematiker nennen ein solches Gebilde Torus. Der Torus enthält auch ein Loch in der Mitte, doch steht dieses Loch in ganz anderer Beziehung zur Fläche als im oberen Teil der Abbildung. Vor allen Dingen hat diese Fläche keine Kante, weder am Rand des Lochs noch an ihrem äußeren »Rand«, so daß ein Entdecker unbesorgt jeden Winkel dieser Fläche erforschen kann, ohne Gefahr laufen zu müssen, irgendwo herunterzufallen. Diese Fläche ist ein geschlossener,

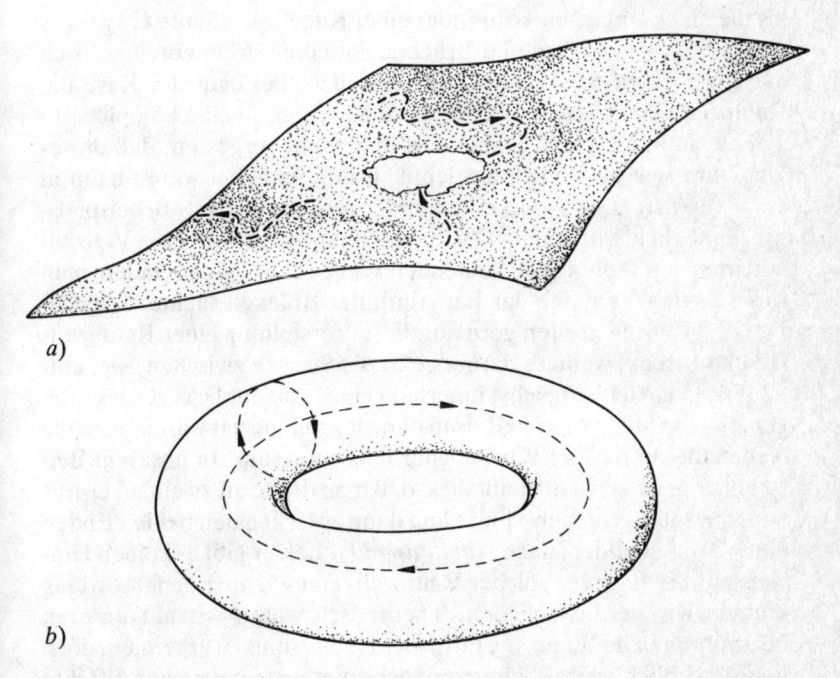

a)

b)

Abbildung 10: Löcher im Raum. Der Raum wird hier als Fläche dargestellt, auf der sich Entdecker bewegen (gestrichelte Linien). In Beispiel *a)* fallen die Entdecker am Rand der Welt herunter oder stürzen in das Loch. Im Beispiel *b)* dagegen können sie ihre Welt »umfahren«, ohne den Raum zu verlassen, ohne irgendwo herunterzufallen – diese Fläche hat keinen Rand, obwohl auch sie begrenzt ist und ein Loch enthält.

endlicher, aber grenzenloser Raum, der den Vorstellungen der Mathematiker vom Schaum in Jiffyland schon näher kommt.
Auch unser Universum könnte im großen Maßstab eine Gestalt analog zum Torus der Abbildung 10 (b) haben. In diesem Fall würde sich der Raum nicht beliebig weit ausdehnen, sondern führte in sich selbst zurück. Natürlich muß er nicht unbedingt ein Loch im Zentrum haben – er wäre ohnehin eher eine Kugel –, aber auf jeden Fall könnten wir prinzipiell überall herumreisen und jede Region erkunden. Und so, wie Weltreisende Frankfurt vielleicht in Richtung Moskau verlassen, dann aber aus New York zurückkehren, könnten auch Raumfahrer das gesamte Weltall auf einer Bahn umrunden, die ihnen geradlinig erschiene, und trotzdem aus der zum Startkurs entgegengesetzten Richtung zurückkehren.
Die Topologie des Universums kann natürlich viel komplizierter sein als die eines einfachen Torus oder einer Kugel; sie könnte ein ganzes Netzwerk von Löchern und Brücken enthalten. Man könnte es sich auch wie einen Schweizer Käse vorstellen, bei dem der Käse die Raumzeit wäre und die Löcher diese Raumzeit in eine komplizierte Topologie aufbrächen. Dabei darf man nicht vergessen, daß dieses Ungetüm sich auch noch ausdehnt. Raum und Zeit wären dann in einer verwirrenden Weise miteinander verknüpft. Es wäre beispielsweise möglich, von einem Ort zu einem anderen über eine Vielzahl von immer geradlinig erscheinenden Wegen zu gelangen, indem man sich seinen Weg durch das Labyrinth der Brücken suchte. Science-Fiction-Autoren greifen gern auf diese Vorstellung einer Raumzeit-Brücke zurück, wenn es darum geht, die Strecke zwischen zwei entfernten Galaxien möglichst innerhalb eines Augenblicks zurückzulegen. Solche interstellaren Reisen ohne lange Flugzeit wären reizvolle Nebeneffekte riesiger Wurmlöcher im Universum. In unserem Beispiel mit der Leinwand heißt dies, daß man den Stoff zu einem U-förmigen Band zusammenschiebt und dann zwischen den beiden Enden einen Tunnel bildet (siehe *Abbildung 11*). Leider gibt es keinen Hinweis auf die Existenz solcher Raumzeit-Tunnel, aber genausowenig können wir sie ausschließen. Theoretisch wären wir mit unseren Fernrohren in der Lage, die Form des Universums zu erkennen, doch im Augenblick ist es noch unmöglich, diese geometrischen Effekte von anderen Störungen zu trennen.
Noch bizarrere Möglichkeiten sind denkbar. Wenn unsere Oberfläche (das heißt: unser Raum) mit sich selbst verbunden ist, dann könnte sie wie das berühmte Möbius-Band an einer Stelle verdreht sein (siehe *Abbildung 12*). In diesem Fall könnten wir nicht länger

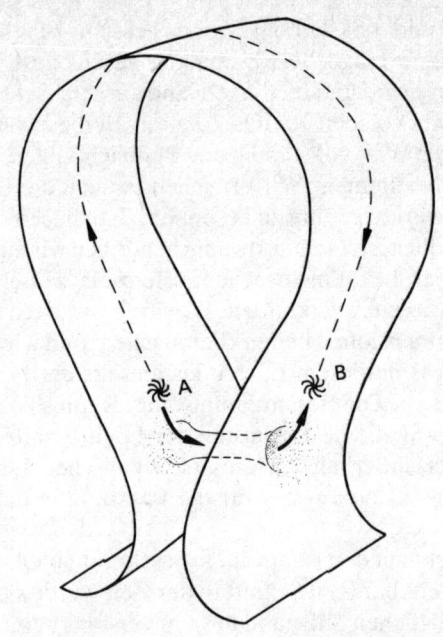

Abbildung 11: Raumtunnel. Könnte man von Galaxie A nach Galaxie B durch den Tunnel reisen, so würde man sich den langen »Umweg« durch den intergalaktischen Raum (gestrichelte Linie) ersparen.

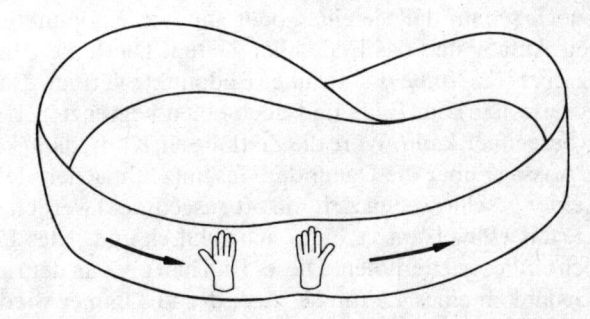

Abbildung 12: Das Möbiusband hat die seltsame Eigenschaft, daß es aus einem rechten Handschuh einen linken Handschuh werden läßt, wenn man ihn einmal rundherum führt. Entsprechend kann man weder zwischen rechts und links noch zwischen Vorder- und Rückseite des Möbiusbands unterscheiden.

zwischen rechts- und linkshändig unterscheiden. Ein kosmischer Rundreisender käme möglicherweise als seine eigene Umkehrung zurück, so daß die rechte und die linke Hand ausgetauscht wären!
Die Bewohner eines solchen Raums könnten all diese sonderbaren Eigenschaften ihrer Welt vollständig aus Beobachtungen von innerhalb dieser Welt bestimmen. Wir brauchen ja auch die Oberfläche der Erde nicht zu verlassen, um zu erkennen, daß die Erdoberfläche gekrümmt und endlich ist. Genausowenig benötigen wir einen höherdimensionalen Überblick, um etwa die Existenz eines Lochs in einem Torus-Universum ableiten zu können. Es würde sich auch in unseren drei bekannten Dimensionen bemerkbar machen, und wir brauchten nicht zu wissen, was *in* diesem Loch oder jenseits der Grenzen des Torus-Universums ist. Die Beschreibung eines Raums voller Löcher verlangt keine physikalische Erklärung der Loch-Inhalte – die Löcher befinden sich außerhalb unseres physikalischen Universums, und ihr Inneres ist bedeutungslos für die Physik innerhalb unserer Welt.
Löcher müssen nicht auf den Raum allein beschränkt bleiben, sie sind auch in der Zeit denkbar. Ein Schnitt in der Zeit würde sich vermutlich durch den plötzlichen Stillstand des Universums bemerkbar machen, es wäre aber auch eine geschlossene Zeit denkbar, analog zu einem sphärischen oder toroidalen Raum. Man kann das verdeutlichen, wenn man die Zeit durch eine Linie darstellt: jeder Punkt auf dieser Linie entspricht dann einem bestimmten Augenblick. Normalerweise gehen wir – aufgrund unserer Erfahrung – davon aus, daß sich diese Linie in zwei Richtungen grenzenlos fortsetzt, aber wir werden noch sehen, daß sie einen oder gar zwei Endpunkte haben kann, den Anfang und das Ende aller Zeiten. Die Linie kann aber auch begrenzt sein, ohne daß sie über Endpunkte verfügt. Ein Kreis beispielsweise hat kein Ende und doch einen begrenzten Umfang, den man berechnen kann. Wäre die Zeitlinie ein Kreis, dann könnten wir eine Aussage über die Dauer der Gesamtzeit machen. Die Vorstellung einer geschlossenen Zeit soll oft ausgedrückt werden, indem man sagt, das Universum verhalte sich zyklisch und jedes Ereignis würde sich endlos wiederholen. Dieses Bild hält aber an dem zweifelhaften Gedanken eines Zeitflusses fest, der uns immer wieder den Kreisumfang entlangtreibt. Ein Universum mit geschlossener Zeit ist insofern nicht zyklisch, als man durch nichts eine Umrundung von der nächsten, einen Zeitablauf vom anderen, unterscheiden könnte.
In einer zeitlich geschlossenen Welt wäre die Vergangenheit gleichzeitig die Zukunft und damit würde die eindeutige Ordnung von Ur-

sache und Wirkung zerbrechen – die daraus resultierenden Paradoxa findet man in der Science-Fiction-Literatur. Verwirrender noch wäre eine Zeit, die wie das Möbius-Band in Abbildung 12 verdreht geschlossen ist. In ihr könnte man nicht mehr zwischen zeitlich vorwärts und rückwärts unterscheiden, so wie der Möbius-Raum keine Unterscheidung zwischen rechts und links ermöglicht. Es ist nicht geklärt, ob wir solche bizarren Eigenschaften der Zeit erkennen könnten – vielleicht würden unsere Gehirne, die bemüht sind, Erfahrungen sinnvoll zu ordnen, solche zeitlichen Verrenkungen ignorieren.

Obwohl Kanten und Löcher in Raum und Zeit aus dem Alptraum eines verrückten Mathematikers zu stammen scheinen, so werden sie doch von Physikern als durchaus mögliche Erscheinungen sehr ernst genommen.

Bisher gibt es keine Beweise für eine Durchlöcherung der Raumzeit, jedoch starke Anhaltspunkte dafür, daß Raum oder Zeit Kanten ausbilden, die Grenzzonen besitzen, so daß man nicht unerwartet von der Kante stürzen würde, sondern schmerzhaft (Löcher mit Zähnen) den drohenden »Abgang« bemerkte. Ein Blick zurück auf Abbildung 10 a zeigt, daß das Loch in der Raumfläche abrupt beginnt. Es gibt keine warnenden Hinweise in seiner Umgebung, genausowenig wie bei vergleichbaren Löchern in der Zeit. Infolgedessen lassen sich solche Löcher mit physikalischen Mitteln weder vorhersagen noch ausschließen. Kanten oder Löcher dagegen, die allmählich aus der Raumzeit hinausführen, könnte man physikalisch erkennen. Das ist aufgrund physikalischer Prinzipien, die von der Mehrzahl der Physiker für richtig gehalten werden, tatsächlich geschehen. *Abbildung 13* zeigt den Versuch, eine zweidimensionale Oberfläche darzustellen, die eine »angekündigte« Raumkante, ein Loch mit Zähnen, besitzt. Die Fläche sieht aus wie der Schalltrichter einer Posaune, der sich immer weiter verjüngt und schließlich in einer Spitze ausläuft – und diese Spitze ist »unendlich« scharf, so daß man nicht über sie hinweg klettern und auf die andere Seite gelangen kann. Ein Wesen, das sich dieser Spitze nähert, fühlt sich immer unwohler, weil die zunehmende Raumkrümmung es immer stärker verbiegt und der immer enger werdende Raum es immer weiter zusammenpreßt. Wenn es die Spitze erreichen will, muß es sich bis auf ein Volumen von Null verdichten lassen und damit aus dieser Welt verschwinden, denn die Spitze hat keine Ausdehnung. Der Preis für das Erreichen dieses Grenzpunkts ist hoch – das Wesen verliert seine Struktur und seine Ausdehnung und kann nie mehr zurückkehren.

Solche Spitzen innerhalb der Raumzeit, solche Punkte ohne Wiederkehr, werden von Einsteins Relativitätstheorie vorausgesagt und heißen »Singularitäten«. Die stetig steigende Raumkrümmung in ihrer Umgebung entspricht physikalisch einer ständig zunehmenden Gravitationskraft, die alle Körper in ihrem Bereich zerreißt und auf ein immer weiter schrumpfendes Volumen zusammenquetscht. Eine solche Singularität könnte beispielsweise beim Kollaps eines Sterns entstehen. Wenn der Kernbrennstoff eines Sterns aufgebraucht ist, verliert er seine Energiequelle und kann dann der Kraft seiner eigenen Anziehung nicht länger widerstehen: er beginnt zu schrumpfen. Bei sehr massereichen Sternen kann dieser Prozeß ziemlich rasch ablau-

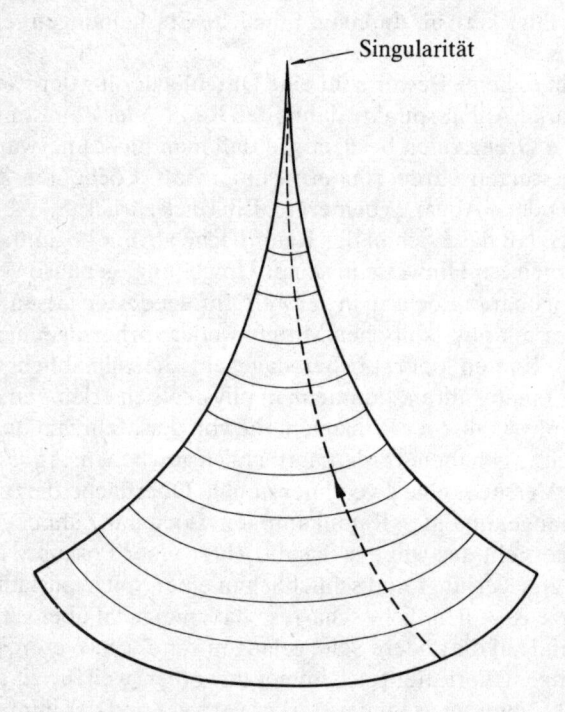

Abbildung 13: Ein »Loch mit Zähnen«. Der Raum (dargestellt durch eine Fläche) krümmt sich immer stärker, je näher man an die Singularität herankommt, bis er in der Singularität selbst in einem Punkt ganz aufhört. Ein neugieriger Beobachter, der sich diesem Punkt nähert (gestrichelte Linie), riskiert, aus dieser Welt zu verschwinden – er würde nicht zurückkehren können. Allerdings wird er durch den immer stärker gekrümmten Raum vorgewarnt: je näher er an den Punkt herankommt, desto schmerzvoller wird er in dem immer kleiner werdenden Raum zusammengequetscht.

fen und zu einer Implosion führen, die unaufhaltsam weiterläuft. Dann entsteht eine Raumzeit-Singularität, und ein Großteil des Sterns, vielleicht sogar der ganze Stern, kann darin verschwinden. Selbst wenn das nicht passiert, können neugierige Beobachter, die diesem Objekt zu nah kommen, in die Singularität hineinstürzen. Man vermutet heute allgemein, daß solche Raumzeit-Singularitäten innerhalb der Schwarzen Löcher existieren, wo man sie nicht sehen kann, es sei denn, man fällt selbst hinein und verläßt damit das Universum.

Eine etwas anders geartete Singularität könnte am Beginn unseres Weltalls gestanden haben. Viele Astronomen glauben heute, daß der Urknall das Ergebnis einer explodierenden Singularität war und damit im wahrsten Sinne des Wortes die Schöpfung des Universums. Eine solche Urknall-Singularität wäre gleichbedeutend mit dem Anfang von Zeit, Raum und Materie. Eine ähnliche Singularität könnte am Ende der Zeit stehen, wenn das ganze Universum – und Raum und Zeit mit ihm – für immer verschwindet. Von anderen Vorstellungen über das Ende des Universums habe ich in »Am Ende ein neuer Anfang« berichtet.

Nachdem wir einige der ungewöhnlicheren Eigenschaften kennengelernt haben, die die Physik Raum und Zeit heute zugesteht, kehren wir noch einmal nach Jiffyland zurück, um zu sehen, was sich hinter der schaumigen Struktur verbirgt. Im ersten und dritten Kapitel haben wir gesehen, daß Elektronen und andere subatomare Teilchen sich nicht einfach von A nach B bewegen. Ihre Fortbewegung wird vielmehr durch eine Welle bestimmt, die sich ausbreitet und dabei gelegentlich in Regionen vordringen kann, die weit von der direkten Verbindung A-B entfernt sind. Diese Welle besitzt keine Substanz, sondern ist eine Wahrscheinlichkeitswelle: dort, wo die Störung durch diese Welle gering ist, das heißt, in großer Entfernung vom direkten Weg, dort ist auch die Chance gering, das Teilchen anzutreffen. Der größte Teil der Welle bewegt sich längs des klassischen Newtonschen Wegs, der daher auch der wahrscheinlichste Weg ist. Bei makroskopischen Objekten wie etwa Billardkugeln ist die Konzentration auf diesen direkten Weg so groß, daß wir in diesem Maßstab den Wellencharakter nicht registrieren können.

Wenn wir einen Elektronenstrahl (oder auch ein einzelnes Elektron) aus einer Elektronenkanone abschießen, dann können wir die Bewegung und Ausbreitung der Elektronenwelle mathematisch mit Hilfe der Schrödinger-Gleichung beschreiben. Sie zeigt die für Wellen charakteristische Eigenschaft der Interferenz. Wenn der Elektronenstrahl auf einen Doppelspalt gerichtet ist, dann werden die Elektronen durch beide Schlitze hindurchsausen und sich dahinter zu einem geordneten Muster von Hell- und Dunkelzonen überlagern. Die Wahrscheinlichkeitswelle beschreibt nicht eine einzige Welt, sondern eine unbegrenzte Vielzahl von Welten, die sich alle durch voneinander abweichenden Bahnen unterscheiden. Daß diese Welten dennoch nicht voneinander unabhängig sind, zeigt der Effekt der Interferenz: sie überlappen sich und kommen sich gegenseitig »in die Quere«. Nur eine direkte Messung kann zeigen, welche Welt aus dem unendlichen Vorrat der Möglichkeiten verwirklicht worden ist. Daraus ergeben sich die diffizilen, aber grundlegenden Fragen nach dem, was »wirklich« ist und was eine Messung ausmacht, Fragen, die wir in den nächsten Kapiteln ausführlich behandeln werden. Für den Augenblick soll es uns genügen zu wissen, daß der Physiker, der die Bewegung des Elektrons bestimmen möchte oder ganz allgemein die Veränderung der Welt studiert, sich mit der Wahrscheinlichkeitswelle beschäftigt und deren Bewegung untersucht. Diese Wahrscheinlichkeitswelle enthält alle verfügbaren Informationen über das Verhalten des Elektrons.

Wenn wir all diese möglichen Welten, die sich durch verschiedene Elektronenbahnen voneinander unterscheiden sollen, in einer Art gigantischen, multidimensionalen Superwelt darstellen wollten, in der alle möglichen Alternativen parallel zueinander und in gleichen Abständen untereinander angeordnet wären, so würden wir feststellen, daß die »reale«, aus der Beobachtung heraus bestimmte Wirklichkeit eine dreidimensionale Projektion beziehungsweise ein dreidimensionaler Schnitt durch diese Superwelt ist. Inwieweit sie als wirklich existent angesehen werden kann, werden wir im weiteren Verlauf noch genauer erfahren. Natürlich brauchen wir nicht nur unendlich viele Welten für das eine Elektron, sondern für jedes subatomare Teilchen, für jedes Photon, für jedes Graviton. Es wird deutlich, daß die Superwelt wahrhaft gigantisch sein muß, mit unendlichdimensionalen Unendlichkeiten.

Die Vorstellung, unsere Welt sei lediglich eine dreidimensionale Projektion oder ein dreidimensionaler Schnitt durch diese Superwelt, ist schwer zu begreifen. Betrachten wir daher ein einfacheres Beispiel für eine Projektion. Wir nehmen eine beleuchtete Leinwand und halten eine knollige Kartoffel in den Lichtweg. Der Schatten ist ein zweidimensionales Abbild der dreidimensionalen Kartoffel. Je nachdem, wie wir die Kartoffel drehen, erhalten wir endlos viele Projektionen der Kartoffel auf dem Schirm. In vergleichbarer Weise ist auch unsere Welt als Projektion der höherdimensionalen Superwelt anzusehen – welche Projektion genau, bestimmen die Gesetze der Wahrscheinlichkeit und Statistik. Im ersten Moment könnte man meinen, daß diese Projektionsweise dem Chaos Tür und Tor öffnet, da sie uns in jedem Augenblick mit einer völlig neuen Welt konfrontieren könnte. Es zeigt sich aber, daß die Würfel präpariert sind, und zwar so, daß der Zufall sich deutlich nach den Newtonschen Gesetzen richtet. Die sprunghaften Veränderungen, die zweifellos existieren, bleiben für uns unsichtbar im submikroskopischen Bereich versteckt.

Ein makroskopisches, Newtonsches Objekt bewegt sich nach dem Prinzip des geringsten Aufwands, eine Quantenwelle verhält sich ebenso, und so können wir annehmen, daß auch der Raum seine Gravitationsaktivität nach diesem Prinzip ausrichtet. Der Quantenschaum von Jiffyland tut das nicht unbedingt, doch finden diese Abweichungen lediglich im Bereich seiner extrem winzigen Größenordnung statt. Wir können daher auch den Raum selbst als Welle beschreiben, und auch diese Raumwelle hat die Eigenschaft der Interferenz. Wir können sogar analog zu den verschiedenen Welten unterschiedlicher Bahnen desselben Elektrons verschiedene Welten für jede denkbare Struktur des Raumes konstruieren. Wenn wir sie alle zusammenfassen, erhalten wir den unendlichdimensionalen *Hyperraum*. Er umfaßt alle möglichen Räume: Torusräume, Kugeloberflächen, Räume mit Wurmlöchern und Brücken, und alle mit einer anderen Anordnung des »Schaums«. Jeder Raum des Hyperraums enthält seine eigene Superwelt mit ihren zahllosen Welten der unterschiedlichen Partikelbahnen. Die Welt unserer Wahrnehmung ist lediglich ein dreidimensionales Element, herausprojiziert aus diesem endlosdimensionalen Hyperraum.

Wir haben uns jetzt so weit von der allgemeinen Vorstellung von Raum und Zeit entfernt, daß wir eine kurze Bestandsaufnahme machen sollten. Der Weg zum Hyperraum ist nicht einfach zu gehen, denn jeder Schritt erfordert den Verzicht auf eine eingefleischte Vorstellung oder die Akzeptierung eines ungewohnten Konzepts. Die meisten Menschen betrachten Raum und Zeit als so grundlegende Bestandteile ihrer Erfahrung, daß sie ihre Eigenschaften nicht in Zweifel stellen. Und es stimmt ja auch, daß wir dem Raum normalerweise als einem eigenschaftslosen, leeren Etwas begegnen. Am schwierigsten ist zweifellos die Einsicht, daß Raum eine Struktur und Form haben kann: materielle Körper im Raum haben eine Form, das entspricht unserer Erfahrung, aber der Raum selbst erscheint uns normalerweise mehr als »Hohlraum«, als Container, denn als Körper.

In der Philosophie haben sich im Verlauf ihrer Geschichte zwei Sichtweisen der Struktur des Raums herausgebildet. Die eine Richtung, der auch Newton zuzuzählen ist, hielt den Raum für eine Substanz, die nicht nur eine eigene Geometrie besitzt, sondern auch mechanische Eigenschaften aufweist. Newton glaubte beispielsweise, daß die Trägheitskraft die Folge einer Wechselwirkung zwischen einem beschleunigten Körper und dem ihn umgebenden Raum sei. Die Fliehkraft, die ein Kind auf einem Kettenkarussell spürt, schrieb Newton dem umgebenden Raum zu. Ähnliche Vorstellungen hatte man von der Zeit. Die Analogie zum strömenden Fluß legte auch hier den Glauben an substantielle Eigenschaften nahe.
Anhänger des anderen Denkmodells gestanden Raum und Zeit dagegen keine materiellen Eigenschaften zu; für sie stellten Raum und Zeit lediglich Beziehungen zwischen Objekten und Ereignissen her. Gottfried Wilhelm Leibniz und Ernst Mach beispielsweise lehnten die Auffassung ab, daß der Raum einen Einfluß auf die Materie ausüben könne. Ihrer Meinung nach ließen sich alle Kräfte auf materielle Körper zurückführen. Mach nahm an, daß die Zentrifugalkraft, die das Kind auf dem Kettenkarussell spürt, durch die Bewegung des Kindes relativ zu weit entfernter Materie im Universum entstünde: das Kind unterläge einer Fliehkraft, weil die weit entfernten Galaxien sich seiner Bewegung entgegenstemmten.
In dieser Vorstellung sind Raum und Zeit lediglich sprachliche Begriffe, mit deren Hilfe wir Beziehungen zwischen materiellen Objekten beschreiben. Zu sagen, es gebe 384 000 Kilometer *Raum* zwischen Erde und Mond, ist lediglich eine andere Ausdrucksweise für: Die Erde ist vom Mond 384 000 Kilometer entfernt. Wenn der Mond nicht dort wäre und wenn wir auch keine andere Möglichkeit hätten, Lichtstrahlen an dieser Stelle zu reflektieren, dann wüßten wir auch nicht, wie weit sich der Raum bis dorthin ausdehnt. Die Messung von Entfernungen oder Winkeln im Raum erfordert Maßstäbe, Theodoliten, Radarsignale oder anderes materielles Zubehör. Raum als solcher hat daher nicht mehr Substanz als etwa eine Staatsbürgerschaft. Beide sind einzig und allein Beschreibungen für eine Zugehörigkeit, für eine Beziehung zwischen Gegenständen – oder eben Staatsbürgern.
Ähnlich kann man die Zeit betrachten. Muß die Zeit eine eigene Existenz haben oder ist sie lediglich eine sprachliche Ausdrucksform für die Beziehung zwischen Ereignissen? Wenn man beispielsweise sagt, man habe lange auf den Omnibus gewartet, so heißt das nicht mehr, als daß das Intervall zwischen der eigenen Ankunft an der Bushaltestelle und dem Einsteigen in den Bus untypisch lang war. Die zeitli-

che Dauer ist also nur eine Beschreibung der zeitlichen Beziehung zwischen diesen zwei Ereignissen.
Wenn wir uns der gekrümmten Raumzeit zuwenden, so ist es sicher hilfreich, zu dem ersten Konzept zurückzukehren, das Raum und Zeit als substantielle Dinge ansieht. Vom logischen Standpunkt aus betrachtet ist dies zwar nicht notwendig, aber es erleichtert uns das Verständnis. Der Vergleich des Raums mit einem Radiergummi läßt die Bedeutung einer Dehnung oder Biegung des Raums klarer werden. Die Grundidee von Einsteins Allgemeiner Relativitätstheorie ist, daß die Raumzeit sich durch ihre elastische Eigenschaft bewegen, d. h., ihre Form verändern kann. Ausgelöst werden solche Formveränderungen durch die Anwesenheit von Materie und Energie. Wenn erst einmal dieses dynamische Konzept der Raumzeit verstandesmäßig erfaßt ist, werden auch die Quanteneffekte klarer.
Nun braucht es uns nur noch zu gelingen, die Quantentheorie in die dynamische Raumzeit einzugliedern. Von der Quantenmechanik her wissen wir, daß es nicht eine einzige Raumzeit gibt, sondern unendlich viele, von denen jede eine andere Form und Topologie besitzt. Diese Raumzeiten gehorchen dem Prinzip der Wahrscheinlichkeitswellen, so daß sie sich gegenseitig überlagern. Die Größe einer solchen Welle ist Maß dafür, wie groß die Wahrscheinlichkeit ist, daß eine Raumzeit mit einer bestimmten Form und Topologie während einer Beobachtung dem tatsächlichen Universum entspricht. All diese Raumzeiten entwickeln sich, so wie sich das Universum ausdehnt, und die überwältigende Mehrzahl dieser verschiedenen Raumzeiten wird das auf ähnliche Weise tun. Einige dagegen weichen weit von diesem »Hauptweg« ab, wie die Kinder im Park aus dem ersten Kapitel. Die Wellenamplitude dieser Einzelgänger ist sehr klein, so daß es nur eine äußerst winzige Chance gibt, sie je zu beobachten. Im winzigen Maßstab von Jiffyland dagegen werden diese Abweichungen viel ausgeprägter und häufiger.
Angesichts der Existenz eines Hyperraums mit Myriaden von Welten, die auf eine seltsame, wellenähnlich überlappende Weise untereinander verknüpft sind, erscheint die konkrete Alltagswelt Lichtjahre entfernt. Bei derart abstrakten und fremdartigen Konzepten fragt man unwillkürlich danach, inwieweit dieser Hyperraum »real« ist. Existieren diese alternativen Welten wirklich, oder sind sie bloß »anschauliche« Erklärungen für abstrakte mathematische Formeln, die die Wirklichkeit beschreiben sollen? Was bedeuten die geheimnisvollen Wellen, die die Bewegung der Materie und der Raumzeit gleichermaßen steuern und die Wahrscheinlichkeit der Existenz ein-

zelner Welten festlegen? Was bedeutet überhaupt »Existenz« in einem solchen Brei von abstrakten Konzepten? Und wo in diesem Schema stehen die Beobachter – stehen wir? Dies sind einige der Fragen, denen wir uns jetzt zuwenden wollen. Dabei werden wir sehen, daß das kosmische Zufallsspiel viel subtiler und auch bizarrer ist als bloßes Roulette.

6. Wie wirklich ist die Wirklichkeit?

Bislang haben wir Begriffe wie die »Wirklichkeit« oder die »Existenz« von Materiewellen oder des Hyperraums stillschweigend hingenommen, ohne nach ihrer tieferen Bedeutung zu fragen. In diesem Kapitel wollen wir nun die fundamentalen Fragen der Quantenrevolution angehen und untersuchen, inwieweit die bislang aufgetauchten, ungewohnten Begriffe Beschreibungen der Wirklichkeit sind oder ob sie nur hochentwickelte mathematische Hilfsmittel zur Verarbeitung von Messungen bekannterer Objekte darstellen.
Gleich vorweg muß betont werden, daß sich die Physiker keineswegs einig sind, wenn es darum geht, die Natur oder die Existenz der Wirklichkeit oder auch nur ihre Bedeutung zu beurteilen, von den Philosophen ganz zu schweigen. Entsprechend uneins ist man sich dann natürlich auch darüber, inwieweit die Quantenvorstellungen dieses Wirklichkeitsbild zerstören. Am Beispiel einiger Probleme und Paradoxa, über die man seit rund 50 Jahren heftig diskutiert und die man bis heute noch nicht zu aller Zufriedenheit gelöst hat, lassen sich jedoch die von Grund auf fremdartigen Neuerungen beleuchten, die durch die Quantentheorie in unser Bewußtsein gerückt worden sind.
Für die meisten Menschen stellt sich die Wirklichkeit nach folgendem Muster dar: Die Welt ist voller Dinge (Sterne, Wolken, Bäume, Felsen, ...) und bewußter Beobachter (Menschen, Delphine, Bewohner anderer Himmelskörper?, ...); die Dinge existieren völlig unabhängig davon, ob sie bereits entdeckt wurden oder noch verborgen sind, ob wir sie bereits untersucht haben oder ein Experiment mit ihnen vorhaben. Kurz – es gibt »eine Welt dort draußen«. Im täglichen Leben finden wir keinen Grund für irgendwelche Zweifel an diesem Bild der Wirklichkeit, denn der Mount Everest oder auch der Andromedanebel existierten zweifellos schon lange, bevor irgend jemand über sie berichtete, und auch Photonen sausten schon durch das frühe Universum, ohne daß es Augen gab, die sie sehen konnten. Weil die Wissenschaftler eine Reihe von Naturgesetzen entdeckt haben, und weil sie an deren Gültigkeit glauben, gehen sie davon aus, daß das Universum auch ohne uns existieren kann. Doch so offensichtlich

diese Annahme zu stimmen scheint, um so verwunderter werden wir sein, wenn wir erkennen, wie unbegründet sie ist.
Natürlich kann die Erfahrungswelt eines Einzelnen nicht völlig objektiv sein, weil wir die Welt nur aufgrund von Wechselwirkungen mit ihr erleben. Dieses Erleben setzt zwei Komponenten voraus, den Beobachter und das beobachtete Objekt. Die Wechselwirkung zwischen beiden führt zu dem, was wir als eine umgebende »Wirklichkeit« empfinden. Es ist genauso einleuchtend, daß diese »persönliche Wirklichkeit« gefärbt ist: von einem durch vorangegangene Erfahrungen geprägten Weltbild, von der jeweiligen Gefühlslage, den Erwartungen und so weiter. So erleben wir in unserem täglichen Dasein keineswegs eine objektive Wirklichkeit, sondern eine Mixtur von äußeren und inneren Perspektiven.
Sinn und Zweck der Physik war und ist es, sich von diesem persönlichen und halb-subjektiven Weltbild zu lösen und ein Modell der Wirklichkeit zu entwickeln, das vom Beobachter *unabhängig* ist. Stationen auf diesem Weg sind wiederholbare Experimente, Messungen mit Apparaten, mathematische Formulierungen und so weiter. Aber wie erfolgreich ist dieses objektive Modell, das uns die Wissenschaft anbietet? Kann es wirklich eine Welt beschreiben, die unabhängig von den Menschen ist, die sie erleben?
Bevor wir in bezug darauf die Quantentheorie und ihre Auswirkungen erörtern, wollen wir noch einmal zu den Grundgedanken der Newtonschen Mechanik zurückkehren und sehen, wie weit man ein mechanistisches Weltbild ausbauen kann. Wir erinnern uns, daß nach dieser Vorstellung das Universum eine Art Uhrwerk ist. Im dritten Kapitel hatten wir gesehen, daß Beobachtungen immer auch gleichzeitig eine Störung des beobachteten Sytems bewirken. Damit wir eine Information über das beobachtete Objekt erlangen, muß irgendein Einfluß von dort zu unserem Gehirn gelangen, und sei es über den Umweg komplizierter Apparate. Dieser Einfluß wirkt nach Newtons grundlegendem Gesetz »Aktion gleich Reaktion« immer auf das System zurück – und stört es auf irgendeine Art. Am Beispiel der Planetenbewegung im Sonnensystem haben wir diese Rückwirkung kennengelernt: die Bahnen werden – wenn auch »vernachlässigbar gering« – durch die Wirkung des Lichts verändert, in dem wir die Planeten leuchten sehen. Man könnte glauben, diese durch Beobachtungen hervorgerufenen Störungen würden die Vorstellung von einer Universumsmaschine ad absurdum führen, doch das wäre falsch. Denn es läßt sich auch der Körper des Beobachters einschließlich seiner Sinnesorgane, Nervenstränge und seines Gehirns als Teil

des gigantischen, universellen Uhrwerks betrachten; so gesehen wäre jedes Meßergebnis bereits Teil des komplizierten Plans, nach dem dieses Uhrwerk abläuft. In diesem Newtonschen Bild des Universums spielt der Beobachter lediglich seine vorbestimmte Rolle – er nimmt Teil, kann aber nichts entscheiden. Dieses Konzept verlangt auch nicht, daß irgendetwas beobachtet werden *muß*, um als existent »anerkannt« zu werden: wer wollte bezweifeln, daß Sonnen- und Mondfinsternisse nicht auch dann ablaufen, wenn sie niemand verfolgt? Die Gesetze der Newtonschen Mechanik ermöglichen es uns, auch die Aktivitäten unsichtbarer und ungesehener Objekte vom einzelnen Atom bis hin zu weit entfernten Galaxien zu berechnen und die Ergebnisse durch nur sporadische Überprüfungen zu erhärten. Der Umstand, daß das Universum anscheinend nach diesen Berechnungen abläuft, bestärkt uns in dem Glauben, daß es wirklich eine »Welt da draußen« gibt, die unabhängig existiert, ohne daß wir sie laufend überprüfen und das Uhrwerk »aufziehen« müssen.
Wesentlich in dieser Newtonschen Vorstellung einer realen Welt ist die Existenz eindeutig identifizierbarer Dinge, denen man Eigenschaften zuschreiben kann. Im täglichen Leben bereitet uns das keine Schwierigkeiten, denn ein Fußball ist ein Fußball – ein Ding mit bestimmten Eigenschaften (rund, ledern, hohl, ...); er ist weder Wolke, noch Haus, noch Stern. Die Welt erscheint also als Ansammlung unterscheidbarer Dinge, die miteinander in Wechselwirkung treten können. Diese Vorstellung ist aber nur eine Näherung, nur ein Modell. Dinge bleiben nur so lange, was sie sind, wie die Wechselwirkungen »klein« bleiben. Wenn ein Wassertropfen in den Ozean fällt, erfährt er eine große Wechselwirkung mit der riesigen Wassermenge und wird absorbiert – er verliert seine Identität vollkommen. Allgemein können wir sagen, daß wir Objekte, die weit voneinander entfernt sind, für eigenständige Identitäten halten, so zum Beispiel die Planeten im Sonnensystem oder die Atome in London oder New York. Das liegt daran, daß alle bekannten Kräfte zwischen Objekten mit wachsender Entfernung sehr schnell abnehmen, so daß Objekte mit großem gegenseitigem Abstand sich nahezu unabhängig voneinander verhalten können. Genaugenommen sind sie allerdings nie völlig unabhängig, weil es zwischen allen Dingen eine, wenn auch noch so kleine, Wechselwirkung gibt, aber die Vorstellung separater, getrennter Dinge erweist sich in der Praxis als sehr nützlich.
Die Philosophen haben gewisse Schwierigkeiten, wenn sie Dingen eine Identität zubilligen sollen. Bleibt ein Fußball für alle Zeiten unverändert? Er verliert ein bißchen Leder, wenn er getreten wird,

etwas Schmutz wird hinzugefügt, vielleicht auch Schuhcreme, ein Teil seiner Luftfüllung geht verloren, er wird in Bewegung und in Rotation versetzt, etc. Warum betrachten wir ihn als *diesen* Ball? Ähnlich ergeht es uns mit Personen, denen wir ja auch feste Identitäten zuordnen, obwohl sich tagtäglich Körperzellen erneuern, sich Persönlichkeit, Gefühl und Erinnerung verändern. Sie werden morgen nicht mehr die gleichen Menschen sein, denen wir heute begegnet sind. Und schließlich können der beobachtete Fußball und der beobachtete Mensch ohnehin nicht exakt dem unbeobachteten gleichen, weil die Beobachtung selbst das Gegenüber beeinflußt.
Die Lösung dieser Problematik scheint darin zu bestehen, daß das Universum eigentlich unteilbar ist, wir es aber weitgehend in quasi-unabhängige Einheiten aufteilen können, deren Eigenidentität zwar philosophisch bestreitbar, im Alltag aber kaum zu bezweifeln ist. Ganz gleich also, ob wir das Universum als einzelne große Maschine oder als Sammlung mehr oder minder stark untereinander verbundener Maschinen ansehen, im Hinblick auf die Newtonsche Physik scheint seine Wirklichkeit unumstritten zu sein. Obwohl wir selbst in diese Wirklichkeit eingebettet sind, nehmen wir sie als von uns unabhängig an und gehen davon aus, daß sie schon lange vor und noch lange nach unserer Existenz bestehen wird.
Diese Sicht der Wirklichkeit ist von der philosophischen Schule der Logischen Positivisten kritisiert worden, die, vereinfacht gesagt, glauben, daß Aussagen über die Welt, die nicht von Menschen belegt werden können, bedeutungslos sind. Die Behauptung z. B., daß Sonnenfinsternisse stattgefunden haben, bevor jemand lebte, der sie hätte beobachten können, ist in diesem Sinn eine bedeutungslose Aussage, da sie nicht bezeugt werden kann. Für den entschiedenen Positivisten ist nur das Wirklichkeit, was wahrgenommen wird: es gibt keine äußere, vom Beobachter unabhängige Welt. Zugegeben, man kann die Wirklichkeit eines unbeobachteten Ereignisses nicht rechnerisch beweisen, aber seine Nicht-Wirklichkeit ebensowenig. Somit entbehren beide Aussagen einer konkreten Bedeutung. Die positivistische Weltanschauung widerspricht daher – zumindest in ihrer extremen Form – der Alltagserfahrung, und die wenigsten Wissenschaftler stimmen ihr zu. Darüberhinaus hat dieses Denkmodell in sich Schwierigkeiten; wie soll man z. B. beweisen, daß unbeweisbare Aussagen grundsätzlich bedeutungslos sind? Wir wollen darum davon ausgehen, daß die Vorstellung einer von uns unabhängigen Welt in gewisser Hinsicht ihre Berechtigung hat, und daß Dinge auch dann existieren, wenn wir nichts von ihnen wissen.

Wenn wir uns nun der Quantentheorie zuwenden, so können wir schon einige der Probleme ahnen, die sich im Zusammenhang mit der Natur der Wirklichkeit ergeben. Während sich ein beobachteter Fußball nur unwesentlich von einem nicht beobachteten unterscheidet, hat der Vorgang der Beobachtung im Bereich der subatomaren Teilchen deutliche Auswirkungen. Wie wir im dritten Kapitel gesehen haben, löst die Beobachtung eines Elektrons beispielsweise eine große und unkontrollierbare Bahnveränderung aus. Zwar führt diese Störung als solche noch zu keiner Schwierigkeit im Hinblick auf die Natur der Wirklichkeit, wohl aber die Tatsache, daß wir unmöglich die genauen Einzelheiten dieser Störung in Erfahrung bringen können. Wir können nicht gleichzeitig Ort und Bewegung eines Elektrons beliebig genau kennen. Ebenso bereitet uns die Zuordnung einer Identität in einem Teilchenensemble Schwierigkeiten. Da sich Elektronen in nichts voneinander unterscheiden, brauchen sie sich nur so nah zu kommen, daß ihr gegenseitiger Abstand kleiner als die erreichbare Meßgenauigkeit ist, und schon können wir nicht mehr sagen, welches der Elektronen welches ist. Ebensowenig ist es möglich, zu wissen, durch welchen von zwei geöffneten Spalten ein Elektron oder Photon denn nun »wirklich« geflogen ist. Dennoch könnten wir uns eine Mikrowelt vorstellen, in der die Elektronen »wirklich« bestimmte Positionen einnehmen und in wohldefinierten Bahnen fliegen, selbst, wenn wir als makroskopische Wesen dies nicht erkennen können. Immerhin könnte die so entscheidende Unschärfe und Unbestimmbarkeit erst durch die Beobachtung selbst ins Spiel gebracht werden, da das Meßgerät ja unvermeidlich das beobachtete System auf irgendeine Weise verändert. Nach diesem Gedanken haben wir das Prinzip der Unschärfe auf Seite 66 tatsächlich eingeführt, aber wir werden sehen, daß die Dinge nicht so einfach liegen. Auf jeden Fall muß der Störungseffekt auch ohne unsere Messung wirksam sein, da sonst alle nicht beobachteten Atome die Quantengesetze verletzen und in sich zusammenstürzen würden, denn wir hatten ja gesehen, daß die Newtonsche Mechanik zur Beschreibung eines stabilen Atoms nicht ausreicht.
Trotzdem könnten wir an dem Bild festhalten, in dem alle subatomaren Teilchen sowohl exakt beschreibbare Orte als auch wohldefinierte Bewegungen haben, auch wenn sie gestört werden. Etwas ähnliches kennen wir beispielsweise von den Molekülen eines Gases, die sich in einer ständigen schnellen Bewegung befinden und auf diese Weise den Gasdruck bewirken. Es ist uns völlig unmöglich, die komplizierten Bewegungen von Myriaden einzelner Moleküle zu verfol-

gen, so daß wir nicht wissen, wie sich ein bestimmtes Gasmolekül innerhalb des Ensembles verhält. Diese Unbestimmtheit liegt jedoch bloß an unserem Unwissen hinsichtlich ihrer Zustände und ähnelt damit der Situation, die uns schon beim Münzwurf im ersten Kapitel begegnet ist. Unter solchen Umständen bleibt den Wissenschaftlern wenig anderes übrig als der Einsatz statistischer Rechenmethoden. Denn trotz der Ungewißheit über die Bewegung einzelner Partikel kann man sehr wohl etwas über die *durchschnittlichen* Eigenschaften einer Menge von Teilchen erfahren, so wie sich auch bei den Menschen im Park (Seite 30) ein durchschnittliches Verhalten aus der Summe der unterschiedlichsten Verhaltensweisen der einzelnen ergab. Man kann also die Wahrscheinlichkeit für Kopf oder Zahl oder den Grad der Durchmischung zweier zunächst getrennter Gase nach einer bestimmten Zeit durchaus berechnen. Diese Beschreibung von Systemen zufälliger Elemente mit Hilfe der Wahrscheinlichkeitsrechnung ähnelt auf den ersten Blick der Art mit der die Bewegung einzelner subatomarer Teilchen im Bereich der Quantenmechanik durch Wahrscheinlichkeitswellen dargestellt wird. Es drängt sich daher die Frage auf, ob das unvorhersagbare Verhalten eines Elektrons nicht auch auf solche Phänomene zurückgeführt werden kann, die das Ergebnis des Münzwurfs ungewiß machen. Wäre es denkbar, daß Elektronen und andere subatomare Teilchen gar nicht die kleinste Stufe physikalischer Struktur darstellen, sondern ihrerseits noch winzigeren Einflüssen unterliegen? In diesem Fall wäre die Quantenunschärfe lediglich Folge unserer Unwissenheit um die genauen Einzelheiten dieser chaotischen »Unterwelt«.

Eine Reihe von Physikern hat versucht, auf dieser Basis eine Quantentheorie zu entwickeln und die scheinbar zufälligen und unvorhersehbaren Veränderungen im Bereich subatomarer Teilchen nicht als teilcheneigen anzusehen, sondern als Folge einer noch unerkannten, aber völlig bestimmbaren Mikrokraft, die das Elektron und alle anderen Partikel beeinflußt. Die Wechselhaftigkeit der Quantensysteme wäre dann vergleichbar mit der Wechselhaftigkeit des Wetters, die ja auch nur mit einer bestimmten Wahrscheinlichkeit vorausgesagt werden kann; zu ihrer Beschreibung müßte man sich eben auf die Statistik stützen.

Es gibt zwei Gründe dafür, daß diese so verlockende Erklärung sich nicht durchsetzen konnte. Zum einen würde sie notwendigerweise eine Vielzahl neuer Probleme schaffen, weil wir Art und Wirkungsweise dieser Mikrokräfte studieren müßten, die die subatomaren Teilchen hin und her bewegen. Woher kommen sie, wie funktionie-

ren sie, und welchen Gesetzen gehorchen sie? Der zweite Grund ist weitaus fundamentaler und führt in den Kern der Quantenrevolution und ihren Versuchen, der Welt der Elementarteilchen eine objektive Realität zuzuschreiben.
In einem Teil dieses Kapitels werden wir die erstaunlichen Folgerungen durchleuchten, die sich unvermeidlich aus bestimmten experimentellen Untersuchungen des Wesens der Realität ergeben. Das bekannteste dieser Experimente geht auf Albert Einstein, Nathan Rosen und Boris Podolsky zurück; sie haben es theoretisch bereits 1935 durchgeführt, aber erst in den letzten Jahren ist die Meßtechnik soweit entwickelt worden, daß ihre Ideen praktisch überprüft werden konnten. Die Experimente haben bestätigt, daß die Vorstellung einer »Unterwelt«, die für das Zustandekommen der Quantenbestimmtheit verantwortlich wäre, zumindest in dieser einfachen Form nicht haltbar ist.
Das Prinzip des Einstein-Rosen-Podolsky-Paradoxons läßt sich am Beispiel einer Gewehrkugel erläutern. Die Erfahrung zeigt, daß ein Gewehr beim Schuß einen Rückstoß erfährt, der dem nach vorne gerichteten Impuls der Gewehrkugel größenmäßig entspricht, jedoch genau entgegengesetzt gerichtet ist. Wenn die Kugel die gleiche Masse hätte wie das Gewehr, dann würden beide mit der gleichen Geschwindigkeit in entgegengesetzter Richtung davonfliegen. Und wenn die Gewehrkugel bei ihrem Weg durch den Lauf in eine Drehbewegung versetzt wird, muß sich das Gewehr nach dem gleichen Prinzip in Gegenrichtung drehen. Sowohl die vorwärts gerichtete wie auch die Drehbewegung der Kugel bewirken also beim Gewehr entgegengesetzt gerichtete Bewegungen.
Auch einige Elementarteilchen senden rotierende Partikel aus und erfahren einen Rückstoß, und Versuche zeigen, daß die vertrauten Gesetze der Mechanik sich auch auf sie übertragen lassen. Manchmal können Teilchen sogar in zwei identische Partikel mit Drehbewegung (Spin) zerfallen – diese fliegen dann auch in entgegengesetzter Richtung und mit gegenläufigem Spin auseinander. So zerplatzt das elektrisch neutrale Pi-Meson, das selbst keinen Spin besitzt, in einer Billardstel Sekunde zu zwei Photonen, von denen sich eins im Uhrzeigersinn, das andere in entgegengesetzter Richtung dreht. Die Quantengesetze fordern, daß für jedes einzelne Photon die Wahrscheinlichkeit, sich nach »rechts« oder »links« zu drehen, gleich groß ist, da es keinen Grund für die Bevorzugung eines Drehsinns gibt. Wenn sich die Photonen also nach Norden und Süden von ihrem Entstehungsort entfernen, so müssen gleichviel Nordphotonen im Uhrzei-

gersinn rotieren wie gegen den Uhrzeigersinn. Natürlich muß in jedem Einzelfall das Südphoton aus den erwähnten mechanischen Gründen die zum Nordphoton entgegengesetzte Rotationsrichtung aufweisen (vergleiche *Abbildung 14*). Aufgrund dieser Beziehung kann man aus der Rotationsmessung von einem der beiden Photonen direkt auf den Drehsinn des jeweils anderen schließen.

Abbildung 14: Wenn ein neutrales Pi-Meson in zwei Photonen zerfällt, muß die Rotationsrichtung (Spinrichtung) des einen Photons entgegengesetzt zu der des anderen sein. Mißt man also bei einem Photon einen Rechts-Spin, weiß man sofort, daß das andere Photon einen Links-Spin besitzen muß. Paradox wird die Angelegenheit jedoch dadurch, daß die Spinrichtung eines Photons völlig unbestimmt ist, solange man sie nicht gemessen hat.

Ein zentrales Element des Einstein-Rosen-Podolsky-Paradoxons besteht in der Möglichkeit, daß sich die beiden Teilchen sehr weit von ihrem Entstehungsort entfernen können. Wenn der Zerfall des Pi-Mesons im Weltraum erfolgt, können die beiden Photonen sich Millionen Lichtjahre voneinander entfernen. Wenn wir jetzt eine Messung des Spins durchführen und damit gleichzeitig die Drehrichtung des anderen Photons erfahren, dann erhalten wir eine Information über etwas in den Tiefen des Universums. Nun wissen wir allerdings aus der Relativitätstheorie, daß keine Information sich schneller als mit Lichtgeschwindigkeit ausbreiten kann. Verletzt also diese unmittelbare Kenntnisnahme der Rotationsrichtung des anderen Photons dieses fundamentale Prinzip? Im Fall der Kugel und des Gewehrs wird man zweifellos sagen können, daß sie sich »wirklich« schon lange vor der Beobachtung gedreht haben und eine Messung diese Drehbewegung dem Beobachter lediglich »bewußt« macht. Entsprechend braucht man auch keine überlichtschnelle Information, weil sich die beiden Objekte zum Zeitpunkt der Messung nicht gegenseitig beeinflussen. So lange wir also von der wirklichen Existenz einer Welt aus-

gehen, die unabhängig von unserem Wissen oder von unseren Beobachtungen ist und die reale Dinge (Gewehre, Geschosse) mit eindeutigen und sinnvollen Eigenschaften (Fluchtbewegung, Rotation) enthält, geraten wir nicht in Konflikt mit der Relativitätstheorie und ihrer Aussage, daß wir kein Signal schneller als mit Lichtgeschwindigkeit übertragen können.
Man ist geneigt, dieses Modell auch auf die subatomare Welt auszudehnen und anzunehmen, daß die beiden Photonen sich ebenfalls wirklich in dieser und jener Weise drehen, unabhängig davon, ob wir dies durch ein Experiment herausfinden wollen oder nicht. Auf diese Weise hoffte Einstein, die unabhängige Realität der physikalischen Welt zu begründen, doch jede Anstrengung, zu beweisen, daß sich solche Teilchen *wirklich* auf bestimmte Art verhalten, *bevor* man sie beobachtet hat, ist durch jüngste Versuche zunichte gemacht worden.
Wir nehmen nun als auseinanderfliegende Teilchen Lichtphotonen und betrachten anstelle des Spins eine verwandte Eigenschaft, die leichter zu behandeln ist und als Polarisation bezeichnet wird. Sie ist uns aus dem täglichen Leben bekannt und ist auch jene Eigenschaft, die die Physiker im Zusammenhang mit dem Einstein-Rosen-Podolsky-Paradoxon gemessen haben. Viele Sonnenbrillen enthalten heute Polarisationsgläser, und wenn wir deren Funktionsweise verstehen, können wir im Grunde begreifen, warum die Welt nicht so ist, wie sie scheint. Licht ist eine elektromagnetische Schwingung; wir können also fragen, in welcher Richtung sein elektromagnetisches Feld vibriert. Eine mathematische Analyse oder auch einfache Experimente zeigen, daß, wenn sich die Lichtwelle senkrecht nach oben oder unten bewegt, die Schwingungen des elektromagnetischen Felds immer horizontal ausgerichtet sind; die Schwingungsbewegung ist immer »transversal« zur Ausbreitungsrichtung. Aus Symmetriegründen wird ein senkrechter Lichtstrahl keine bevorzugte Schwingungsrichtung aufweisen, er kann in Nord-Süd-Richtung ebensogut schwingen wie in jeder anderen Richtung. Das Besondere an Polarisationsgläsern besteht nun darin, daß sie nur für Licht einer ganz bestimmten Schwingungsrichtung durchlässig sind. Untersuchen wir einen Lichtstrahl, der ein solches Polarisationsglas durchquert hat, so zeigt sich, daß dieses Licht nur in der »Durchlaßrichtung« schwingt; das Glas wirkt also wie ein Filter, der Lichtstrahlen einer ganz bestimmten Schwingungsrichtung auswählt. Solches Licht wird »polarisiert« genannt. Dabei können wir die Polarisationsrichtung frei bestimmen, indem wir den Polarisator (das Glas) drehen.

Nehmen wir an, daß wir hinter den ersten Polarisator noch einen zweiten setzen (vergleiche *Abbildung 15*). Sind sie parallel zueinander ausgerichtet, dann wird alles Licht, das das erste Filter durchdrungen hat, auch das zweite passieren, weil dieser ja genau die Polarisationsrichtung akzeptiert, die das bereits polarisierte Licht besitzt. Wenn dagegen das zweite Filter um 90 Grad verdreht wird, kann das polarisierte Licht es nicht mehr passieren. Ist die Polarisationsrichtung des zweiten Filters irgendwo zwischen diesen beiden Extremen angesiedelt, so wird es einen Teil, aber nicht alles Licht durchlassen.

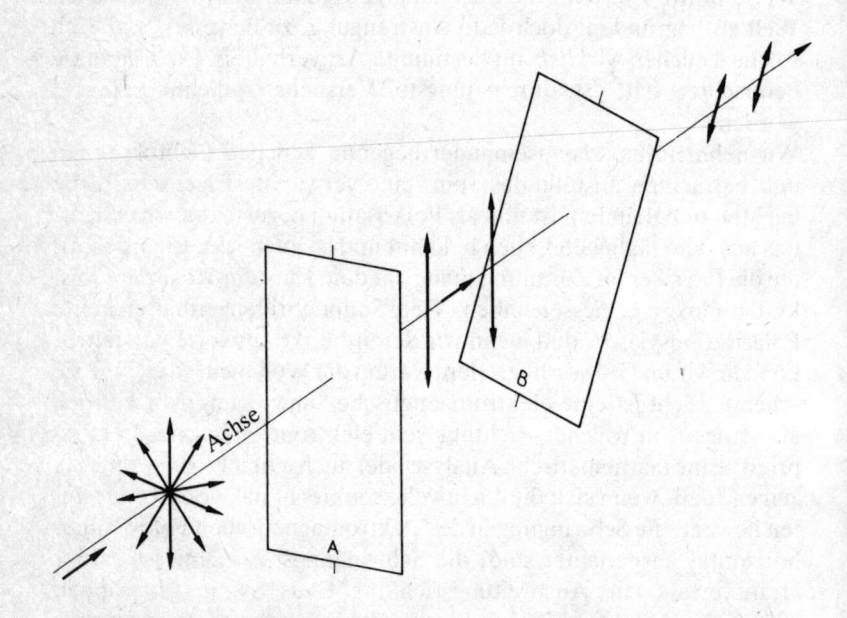

Abbildung 15: Polarisatoren. Lichtwellen schwingen senkrecht zu ihrer Ausbreitungsrichtung. Normalerweise setzt sich ein Lichtstrahl aus Wellen der unterschiedlichsten Schwingungsrichtungen zusammen, doch wenn er ein Polarisationsfilter durchdrungen hat (A), besitzt er nur noch eine Schwingungsrichtung. Solches Licht wird polarisiert genannt. Trifft solchermaßen polarisiertes Licht auf ein zweites Polarisationsfilter (B), dessen Vorzugsrichtung schräg zur Polarisationsrichtung des Lichts orientiert ist, so kann nur ein Teil des Lichts dieses zweite Filter passieren. Die Durchlässigkeit von B hängt von seiner Vorzugsrichtung ab: ist sie parallel zu der von A, so kann das polarisierte Licht ungehindert hindurch, steht sie senkrecht dazu, blockt das Filter die Strahlung ab.

Aus diesem Grund verwendet man Polarisationsgläser in Sonnenbrillen, denn ein Großteil des von Glas, Wasser oder auch von der Atmosphäre reflektierten Lichts wird bei der Reflexion polarisiert und damit von den Polarisationsgläsern weitgehend ausgefiltert – es sei denn, die beiden Polarisationsrichtungen stimmen gerade überein.
Die Tatsache, daß ein Polarisationsfilter von einem schräg zu ihm schwingenden Lichtstrahl zumindest einen bestimmten Anteil durchläßt, hängt mit der Vektoreigenschaft des elektromagnetischen Felds zusammen; sie erklärt sich nach dem gleichen Prinzip, das wir im dritten Kapitel im Zusammenhang mit dem Autoanschieben kennengelernt haben.
Auch die Lichtwelle kann man als Vektor sehen, der den Polarisator passieren kann, wenn er parallel zur Durchlaßrichtung schwingt und abgeblockt wird, wenn er rechtwinklig zu ihr auftrifft. Ein Auto kann man auch effektiv anschieben, wenn man die Schubkraft schräg ansetzt, etwa an der Tür, und je mehr sich der Schubwinkel der Bewegungsrichtung nähert, um so wirkungsvoller schiebt man. Entsprechend ist der Effekt bei schräg polarisiertem Licht: ein Teil von ihm kann das Filter durchdringen.
Um diesen Teilerfolg zu verstehen, ist es hilfreich, sich zu vergegenwärtigen, daß ein Vektor aus zwei Komponenten besteht. Im Fall der Lichtwelle sind das zwei überlagerte Teilwellen; eine schwingt parallel zur Durchlaß- oder Vorzugsrichtung des Polarisators, die andere rechtwinklig dazu.
Je mehr die Schwingungsebene der Lichtwelle mit der Vorzugsrichtung des Polarisators zusammenfällt, desto größer ist der Anteil der parallel zu dieser Richtung schwingenden Komponente, und entsprechend gering ist der Anteil der senkrechten Teilwelle. Jetzt wird der teilweise Durchgang von schräg schwingendem Licht durch ein Polarisationsfilter einsichtig: die parallel zur Polarisationsrichtung schwingende Komponente kann das Filter ungehindert durchdringen, während die dazu senkrechte Welle völlig abgeblockt wird (siehe *Abbildung 16*).
Diese an sich sehr vernünftige Erklärung erhält einen seltsamen Aspekt, wenn wir uns an die Quantennatur des Lichts erinnern. Ein Lichtstrahl setzt sich aus einzelnen Photonen zusammen, und jedes dieser Photonen hat eine eigene Schwingungsrichtung. Da wir davon ausgehen können, daß einzelne Photonen nicht in zwei Komponenten aufgespalten werden können, müssen wir daraus schließen, daß ein schräg schwingendes Photon den Polarisator nur mit einer bestimmten Wahrscheinlichkeit durchdringen kann. So stehen die

a)

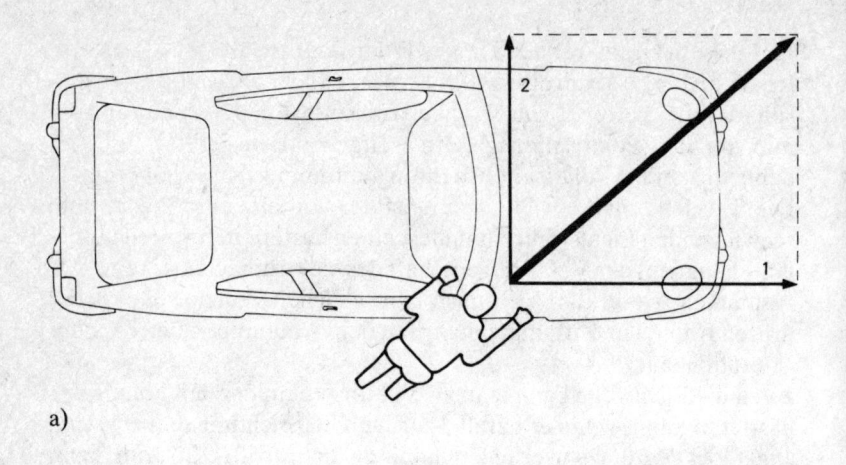

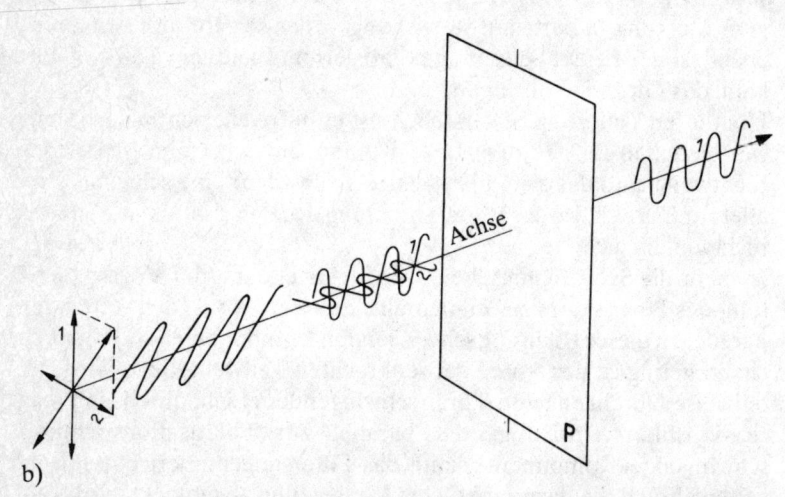

b)

Abbildung 16: Vektorzerlegung. *a*) Die schräg angreifende Kraft (dicker Pfeil) kann als aus zwei schwächeren Kräften zusammengesetzt betrachtet werden: eine Komponente parallel zur Straße (1), die das Auto vorwärts bewegt, und eine senkrecht dazu (2), die »verloren« geht. Das Kräfteverhältnis von 1 und 2 hängt vom Winkel ab, unter dem die Kraft angreift. *b*) Auf gleiche Weise kann man sich einen polarisierten Lichtstrahl aus zwei zueinander senkrecht stehenden schwächeren Wellen zusammengesetzt denken, von denen eine (1) parallel zur Vorzugsrichtung des Polarisationsfilters schwingt, die andere senkrecht dazu (2); nur der Anteil 1 kann das Filter P ungehindert durchdringen, während 2 abgeblockt wird.

Chancen für ein im Winkel von 45° zur Vorzugsrichtung schwingendes Photon 50 zu 50. Das Entscheidende ist dies: Wenn ein schräg schwingendes Photon den Polarisator durchdrungen hat, muß seine Schwingungsrichtung anschließend mit der Vorzugsrichtung des Filters übereinstimmen, denn es kann, wie wir gerade festgestellt haben, nur Licht mit paralleler Schwingungsrichtung ein Polarisationsfilter durchdringen.

Mit anderen Worten: Wenn ein Photon durch das Polarisationsfilter gelangt, wird seine Schwingungsrichtung parallel zur Vorzugsrichtung verändert. Schalten wir noch ein zweites, drittes und viertes Filter dahinter (jedes mit leicht oder auch stärker verdrehter Polarisationsrichtung), so wird das Photon, falls es diese Filter durchdringt, jedesmal mit entsprechend veränderter Richtung weiterfliegen. Man kann die Richtung auf diese Weise sogar senkrecht zur ursprünglichen Polarisationsebene drehen. Es hat also den Anschein, als ob das Photon jedesmal, wenn es auf einen Polarisator trifft, von diesem in einen neuen Polarisationszustand übergeführt wird. Wollten wir einen Polarisator als – wenn auch sehr grobes – Nachweisgerät für Photonen ansehen, dann gäbe es zwei mögliche Meßergebnisse: entweder das Photon passiert oder es wird abgeblockt. Alles, was wir auf diese Weise aus der Messung herauslesen können, ist im positiven Fall die Tatsache, daß das Photon anschließend parallel zur Vorzugsrichtung des Polarisators schwingt. Wollten wir fragen, wie das Photon vorher polarisiert war, so müssen wir eingestehen, daß wir darüber nicht aussagen können, da das Polarisationsfilter den ursprünglichen Zustand des Photons verändert und ihm seine eigene Vorzugsrichtung aufgezwungen haben kann. Dennoch wird man behaupten können, das Photon habe auch vorher »wirklich« einen bestimmten Polarisationswinkel gehabt, nur sei dieser aufgrund des groben Meßapparats verändert worden. Denn immerhin vermag ein solches Polarisationsfilter bei »45-Grad-Photonen« nur die Hälfte der auftreffenden Quanten in seine Richtung umzulenken, während die andere Hälfte im Filter steckenbleibt.

Jetzt kommen wir endlich am zentralen Punkt des Einstein-Rosen-Podolsky-Paradoxons an. Betrachten wir noch einmal zwei Photonen, die beim Zerfall eines Teilchens entstanden und dann in entgegengesetzten Richtungen davonflogen. Wir hatten schon gesehen, daß die Rotationsbewegungen dieser Photonen aufgrund einfacher mechanischer Überlegungen einander entgegengesetzt gerichtet sein müssen, und in ähnlicher Weise sind auch die Polarisationsrichtungen miteinander verknüpft: sie müssen beispielsweise parallel zueinander sein. In diesem Fall würde uns eine Messung des einen Polarisationszustands sofort etwas über die Polarisationsrichtung des anderen Photons aussagen, auch wenn es weit entfernt ist. Wir haben aber andererseits eben gesehen, daß das Ergebnis einer Polarisations- »messung« lediglich »ja« oder »nein« sein kann, je nachdem, ob das Photon den Polarisationsfilter passiert oder nicht. Wir können erst nach der Messung etwas über den Polarisationszustand des Photons aussagen, d. h., wenn es auf der anderen Seite des Filters erscheint, ganz gleich, welchen Winkel wir für die Vorzugsrichtung des Filters wählen. Wir können also nur einen von zwei Photonenzuständen registrieren – parallel oder senkrecht zur Polarisationsrichtung des Filters (entsprechend »ja« oder »nein« der Messung). Dabei bleibt uns die Auswahl dieser beiden Zustände völlig überlassen, denn wir können die Richtung des Filters ohne weiteres verändern. Die verwirrende Konsequenz unserer »Meßfreiheit« wird deutlich, wenn wir zwei parallel zueinander ausgerichtete Polarisationsfilter nehmen und je einen einem der beiden Photonen in den Weg stellen. Da deren Polarisationsrichtungen einander ebenfalls parallel sein müssen, finden wir notgedrungen bei beiden Messungen das gleiche Ergebnis. Weil es aber nur zwei mögliche Zustände gibt, auf die jeder der beiden Polarisationsfilter anspricht (parallel und senkrecht zur Vorzugsrichtung des Filters), muß die »Ja-Nein-Entscheidung« des einen Filters mit der des anderen identisch sein. Mit anderen Worten: ganz gleich, wie sich der eine Polarisator »entscheidet«, der andere muß es ihm

Abbildung 17: Einstein-Rosen-Podolsky-Paradoxon. Ein Atom sendet gleichzeitig zwei Photonen in entgegengesetzte Richtungen aus, wo sie auf parallel ausgerichtete Polarisationsfilter treffen. Wenn A sein Photon passieren läßt, muß auch B sein Photon durchlassen. Woher aber weiß B, was A tut? A und B können Lichtjahre weit auseinanderstehen, und jedes Filter kann sein Photon vor dem anderen durchlassen (vorausgesetzt, sie stehen in unterschiedlicher Entfernung zu dem aussendenden Atom). Bohr löste dieses Paradoxon durch die Annahme, daß die Photonen erst real werden, wenn sie die Polarisationsfilter erreichen.

immer gleich tun – entweder in beiden Fällen »offen« oder »gesperrt« (vergleiche *Abbildung 17*). So verblüffend diese Forderung der Theorie auch sein mag, sie ist in zahlreichen Laborversuchen überprüft und bestätigt worden.

Das Ungewöhnliche an diesem Effekt wird noch deutlicher, wenn man sich vor Augen hält, daß die Polarisatoren Millionen Kilometer voneinander entfernt sein könnten und sich doch gleich verhalten würden. Wenn wir die beiden Messungen gleichzeitig durchführen, können wir aufgrund der Relativitätstheorie sicher sein, daß keine diesbezügliche Botschaft schneller als die Photonen selbst zwischen den beiden Polarisatoren ausgetauscht werden konnte. Aber auch wenn wir die beiden Polarisationsfilter in unterschiedlicher Entfernung zum Entstehungsort der Photonen aufstellen, so daß immer eine Polarisation vor der anderen stattfindet, könnte eine »nur« lichtschnelle Information vom ersten Polarisator das genauso schnelle Photon auf seinem Weg zum zweiten Polarisator niemals einholen. Eine Information zwischen den beiden Meßapparaturen bleibt unmöglich. Darüber hinaus können nach der Relativitätstheorie Beobachter, die sich relativ zu den Meßgeräten mit unterschiedlichen Geschwindigkeiten bewegen, zu jeweils anderen Ergebnissen im Hinblick auf die zeitliche Reihenfolge der beiden Messungen kommen. Unterstellt, Polarisator A wäre in der Lage, sein Gegenstück B zu veranlassen, das Photon abzublocken oder durchzulassen, dann könnte ein Beobachter mit entsprechend anderer relativer Geschwindigkeit sehen, daß B abblockt bzw. durchläßt, *bevor* A überhaupt »weiß«, was er mit seinem Photon tun soll.

Daraus können wir zwingend ableiten, daß die Unbestimmtheit der Mikrowelt nicht durch den Meßapparat ins Spiel gebracht wird. Ebensowenig können die beiden Photonen durch »innere Kräfte« in ihrer Bahn gestört werden, denn wie wäre es dann zu verstehen, daß beide Polarisatoren die Photonen in gleicher Weise behandeln. Würden die Polarisationsrichtungen während des Flugs zufällig verändert, so sollte man allenfalls erwarten, daß, wenn A alle Photonen durchläßt, B im Mittel jeweils die Hälfte passieren läßt und die andere Hälfte abblockt. Dies steht allerdings in deutlichem Widerspruch zur eben beschriebenen quantentheoretischen Vorhersage und den Experimenten, die sie bestätigt haben. Es bleibt uns nichts anderes übrig als einzugestehen, daß die subatomare Unbestimmtheit nicht eine Folge unseres Unwissens in bezug auf irgendwelche »Mikrokräfte« ist, sondern innere Eigenschaft der Natur selbst – eine absolute Unbestimmtheit des Universums.

Dieses von Einstein, Rosen und Podolsky vorgeschlagene Experiment hat fatale Auswirkungen auf die Natur der Wirklichkeit. Wir könnten einen letzten Rest unserer bisherigen Vorstellung von der Wirklichkeit nur dann retten, wenn wir annähmen, daß im Fall eines beiderseitigen Durchlasses die beiden Photonen auch *vorher* schon »wirklich« in der zur Vorzugsrichtung der beiden Filter parallelen Richtung polarisiert waren beziehungsweise im Fall eines beidseitigen Abblockens beide »wirklich« senkrecht dazu ausgerichtet waren. Wie absurd dieser »Rettungsversuch« ist, wird deutlich, wenn wir die beiden Photonen bis zu ihrem Entstehungsort zurückverfolgen: das zerfallende Atom, aus dem sie stammen, müßte dann nämlich »gewußt« haben, wie die beiden Polarisatoren ausgerichtet sind, ja mehr noch – da wir die Richtung der Filter auch noch nach dem Zerfall des Atoms verändern können, müßte dieses Elementarteilchen unsere zukünftigen Absichten vorausgeahnt haben, um die beiden Photonen nun jeweils genau parallel beziehungsweise senkrecht zur Polarisationsrichtung unserer Filter in Schwingung zu versetzen.

Man wird leicht einsehen, daß diese Annahme in eine Sackgasse führen muß, denn wie sollte unsere noch ausstehende Entscheidung über ein Experiment das Verhalten eines Atoms beeinflussen?

Und schließlich schicken alle anderen Atome ebenfalls Photonen aus, die völlig willkürlich alle möglichen Polarisationsrichtungen haben. Da kann kaum erwartet werden, daß unsere zukünftigen experimentellen Launen gerade unser Photon beeinflussen, zumal es uns einfallen könnte, eins in Milliarden Lichtjahren Entfernung zu wählen.

Als ob diese Einwände nicht ausreichen, läßt sich darüber hinaus mathematisch nachweisen, daß die »Ja-Nein-Zusammenarbeit« der Polarisationsfilter dann versagen würde, wenn die Welle, die das Photon beschreibt, tatsächlich nur in *einem* der beiden Zustände schwingen würde, parallel *oder* senkrecht zum Filter, und nicht in einer Kombination aus beiden.

Zwar gibt es inzwischen kompliziertere Theorien, die das gemeinsame Verhalten der Polarisatoren erklären wollen, doch konnten sie durch Experimente mit nicht-parallelen Polarisatoren widerlegt werden.

An dieser Stelle erhält die Wellennatur der Quantenprozesse entscheidende Bedeutung. Um die »absurden« Vorstellungen auszuschließen, daß Atome unsere Experimente vorausahnen können, wollen wir jetzt einen Photonenstrahl betrachten, der bereits durch einen Polarisator gegangen ist, dessen Photonen also alle parallel zur

Vorzugsrichtung dieses Filters polarisiert sind. Treffen diese Photonen auf einen zweiten Polarisationsfilter, dessen Polarisationsrichtung im Verhältnis zu der des ersten Filters verdreht ist, so können die Photonen dieses zweite Filter mit einer ganz bestimmten, berechenbaren Wahrscheinlichkeit passieren; sie ist abhängig vom Drehwinkel. Liegt der Winkel bei 45 Grad, so ist die Wahrscheinlichkeit des Durchgangs 50 zu 50. Bezüglich dieses zweiten Filters kann man sich die Photonen als Überlagerung aus zwei gleich starken Wellen vorstellen, von denen eine parallel zu dessen Vorzugsrichtung schwingt, die andere senkrecht dazu. Beide Teilwellen müssen *zusammen* existieren, um sich zu dem vom ersten Polarisator durchgelassenen Strahl zu überlagern. Wir können also nicht behaupten, es gäbe nur die parallele oder senkrechte Komponente, weil der bereits polarisierte Strahl eben nicht senkrecht oder parallel zur Vorzugsrichtung des zweiten Filters schwingt, sondern unter einem Winkel von 45 Grad. Wenn jetzt nur ein einziges Photon an dem Versuch beteiligt ist, ergibt sich eine erstaunliche Konsequenz: das einzelne Photon kann ebenfalls nicht *entweder* parallel *oder* senkrecht zum zweiten Polarisator schwingen, sondern muß auch eine Überlagerung *beider* Möglichkeiten darstellen. Dabei hängt der Drehwinkel des Filters ganz vom Willen des Experimentators ab und mit ihm auch die relativen Anteile der beiden Komponenten des Photons! Es liegt also nicht an unserer Unfähigkeit, wenn wir nichts über den Polarisationszustand eines Photons vor der Messung aussagen können: es gibt vielmehr gar keine eindeutig definierte Polarisationsrichtung eines Photons. Die Unbestimmtheit liegt im Photon selbst, in seiner Identität begründet, nicht in unserem Unwissen. Ähnliches gilt für die Unbestimmbarkeit eines Elektronenorts; sie bedeutet nicht, daß das Elektron an einer Stelle *ist*, die wir nicht bestimmen können, sondern ist im Wesen des Elektrons selbst begründet.

Mit dem Wissen um die Konzeption des Hyperraums können wir sagen, daß die beiden Photonenwellen zwei Welten repräsentieren, eine, in der das zweite Polarisationsfilter das Photon passieren läßt, und eine andere, in der es das Photon absorbiert. Dabei können diese beiden Welten sich sehr voneinander unterscheiden, wenn zum Beispiel das durchgelassene Photon die Zündung einer Wasserstoffbombe einleitet. Dennoch – und dies ist der Höhepunkt der langen Vorbereitungen in diesem Kapitel – sind die beiden Welten keine voneinander unabhängigen Realitäten, sie sind keine »entweder-oder–Welten«, denn sie *überlappen* sich gegenseitig. Auf dem Weg zum zweiten Polarisator existieren beide Wellenzüge und damit beide

Welten vermischt nebeneinander. Erst die »Entscheidung« des Polarisators läßt beide Welten zu voneinander unabhängigen Möglichkeiten für »Realität« werden, und der Effekt der Messung trennt die einander überlagernden Welten in zwei selbständige alternative Wirklichkeiten.
Damit haben wir eine Grundvorstellung von dem Bild der Wirklichkeit, das uns die übliche Interpretation der Quantentheorie liefert. Mit der landläufigen Vorstellung der wirklichen Welt hat sie nicht mehr viel gemeinsam. Die Unbestimmtheit der Mikrowelt hat sich als unumstößlich erwiesen, sie kann nicht auf eine bloße Unzulänglichkeit unseres Wissens zurückgeführt werden. Wir sehen uns nicht einer simplen Auswahl zwischen Alternativen gegenüber, die der Kopf-Zahl-Ungewißheit unserer Erfahrungswelt entspräche –, wir stehen vielmehr vor einer grundsätzlichen Überlagerung der Möglichkeiten. Solange wir keine eindeutige Beobachtung (Messung) anstellen, ist es sinnlos, der Welt eine eindeutige Realität zuzusprechen, auch nicht mehrere Alternativen – sie ist bis zur Messung eine Überlagerung verschiedener Wirklichkeiten. Niels Bohr, einer der Begründer der Quantentheorie, hat einmal gesagt, daß wir »in der Atomphysik fundamentalen Grenzen begegnen, wenn es darum geht, die objektive Existenz von Erscheinungen unabhängig von ihrer Beobachtung zu beschreiben«. Erst durch die Beobachtung wird aus der schizophren erscheinenden Überlagerung vieler möglicher Welten etwas Reales.
Im vorangegangenen Kapitel haben wir dargestellt, daß die Welt, die wir beobachten, die Projektion eines unendlichdimensionalen Hyperraums ist, einer riesigen Sammlung alternativer Welten. Jetzt zeigt sich, daß diese Projektion, unsere beobachtbare Welt, nicht nur ein willkürlicher Ausschnitt des Hyperraums ist, sondern ganz entscheidend von all den Welten abhängt, die wir nicht sehen. So wie die Ja-Nein-Beziehung zwischen den beiden Polarisatoren wesentlich von der Überlagerung der »Ja-Welt« und der »Nein-Welt« abhängt, so machen sich in jeder anderen Wechselwirkung, in jedem Atom, in jeder Mikrosekunde, alle »Nebenwelten« bemerkbar, hinterlassen sie ein Zeichen ihrer denkbaren Wirklichkeit in unserer Welt, indem sie die Wahrscheinlichkeiten der subatomaren Prozesse steuern. Ohne diese unendlich vielen Welten des Hyperraums würde das Quantenprinzip versagen, und das Universum würde zerfallen. Die zahllosen Konkurrenten im »Kampf um die Wirklichkeit« lenken unser Schicksal.
Folgt man diesen Gedanken, so erhält die Realität ihren Sinn erst im

Zusammenhang mit einer Messung oder Beobachtung. Wir können nicht sagen, das Elektron, Photon oder Atom habe sich wirklich so und so verhalten, ehe wir dies nicht gemessen haben. Die einzig wahre Wirklichkeit ist das Gesamtsystem aller subatomarer Teilchen plus Meßapparat plus Beobachter, denn für den Fall, daß der Beobachter auf den Gedanken kommt, die Vorzugsrichtung seines Polarisationsfilters zu drehen, verändert er damit die Auswahl an alternativen Welten. Wann immer jemand mit Polaroid-Sonnenbrille seinen Kopf dreht, verändert er die Auswahl der Welten des Hyperraums. Er kann sich aussuchen, ob er eine Welt mit Nord-Süd-Photonen schaffen möchte oder eine mit Ost-West-Photonen, oder welche immer ihm beliebt.

Daraus können wir ersehen, daß dem Beobachter im Hinblick auf die Wirklichkeit eine fundamentale Bedeutung zukommt: durch die Wahl seines Experiments bestimmt er gleichzeitig das Angebot an alternativen Welten. Entschließt er sich anders, so führt das entsprechend zu einem anderen Angebot. Natürlich wird sich der Beobachter nicht genau jene Welt herauspicken können, die er gerne möchte, denn auch jetzt behalten die Gesetze der Wahrscheinlichkeit ihre Geltung, aber er kann immerhin die Auswahlmöglichkeiten beeinflussen. Mit anderen Worten, wir können die Karten zwar nicht zinken, aber wir können durchaus bestimmen, welches Spiel wir gerne spielen möchten.

Damit wird deutlich, daß der Beobachter viel stärker in seine eigene Wirklichkeit einbezogen ist als im klassischen Weltbild, in dem er lediglich als vollständig vorausbestimmter Automat, den Gesetzen der Newtonschen Mechanik gehorchend, Teil der Wirklichkeit war. Die Welt der Quanten ist von einer inneren Unbestimmtheit geprägt, so daß die jeweilige Wirklichkeit erst und nur im Zusammenhang mit einer entsprechenden Messung oder Beobachtung wirklich wird. Erst wenn die Meßbedingungen festgelegt sind (beispielsweise die Anordnung der Polarisationsfilter), ist die Auswahl aus den möglichen Welten getroffen. Einige Wissenschaftler sind der Ansicht, daß diese Konsequenzen der Quantentheorie dem »Automatenmenschen« der Newtonschen Welt seinen freien Willen zurückgeben, denn wenn ein Beobachter in gewisser Hinsicht seine eigene Wirklichkeit auswählen kann, so ist dies doch ein Akt des freien Willens, mit dem er die Welt nach seinem eigenen Geschmack umbauen kann. Diese Ansicht ist jedoch nur bedingt richtig, denn wir dürfen nicht vergessen, daß der Beobachter nach der Quantentheorie das Ergebnis einer Messung nie völlig vorausbestimmen kann. Er kann lediglich die möglichen

Alternativen beeinflussen, nicht aber, welche dieser Möglichkeiten dann schließlich »verwirklicht« wird. So können wir zwar auswählen, ob wir eine Welt wollen, in der einige Photonen entweder nord-süd- oder ost-west-polarisiert sind, oder eine Welt, in der sie nordost-südwest- oder nordwest-südost-polarisiert sind, und so weiter. Wir können jedoch nicht sagen, welche dieser jeweils zwei Möglichkeiten dann schließlich eintritt. Wir können ein zufällig polarisiertes Photon nicht dazu bringen, in Nord-Süd-Richtung statt in Ost-West-Richtung zu schwingen, weil wir seinen Durchgang durch einen Nord-Süd-Polarisator nicht erzwingen können. Ebensowenig können wir Ort *und* Bewegungsimpuls eines Teilchens gleichzeitig messen, sondern nur entweder das eine oder das andere. Nach der Messung besitzt das Teilchen dann einen definierten Wert für eine der beiden Größen – je nachdem, welche wir gemessen haben.

Wir stehen jetzt also vor der Situation, daß das Universum so lange in einem undefinierten Schwebezustand verharrt, bis irgend jemand die eine oder andere Messung durchführt. Dann erst bricht diese Vielfalt von Möglichkeiten zu einer Realität zusammen. Wie wir der vorangegangenen, langen Darstellung des Schicksals der beiden Photonen entnehmen konnten, ist diese »Verwirklichung der Wirklichkeit« nicht lokal begrenzt (etwa auf ein Labor), sondern passiert gleichzeitig auch in entlegenen Regionen des Universums. Die Relativitätstheorie hat uns allerdings gezeigt, daß verschiedene Beobachter sich im allgemeinen nicht über den Begriff der Gleichzeitigkeit einigen können, und so erscheint diese Entstehung von Wirklichkeit als rein persönliche Angelegenheit. Man kann daher so ein Ereignis nicht als Signalträger zwischen entfernten Beobachtern nutzen.

Die Relativitätstheorie verbietet überlichtschnelle Signale ohnehin, weil sie das Prinzip zwischen Ursache und Wirkung verletzen würden. Mit solchen überschnellen Signalen könnte man nicht nur einem anderen Beobachter Botschaften in dessen Vergangenheit zukommen lassen, sondern auch sich selbst. Daß dies nicht möglich sein kann, läßt sich aus den sonst möglichen Paradoxa ableiten. Eins davon ist die selbstzerstörerische Maschine, die auf eine Explosion um 14 Uhr programmiert ist, wenn sie um 13 Uhr ein entsprechendes Signal empfängt, das sie selbst erst um 15 Uhr absendet. Wenn sie sich wirklich um 14 Uhr zerstört, kann sie eine Stunde später kein entsprechendes Signal mehr aussenden, dürfte sich also eigentlich gar nicht vernichtet haben. Wenn sie sich aber nicht vernichtet hat, *wird* das entscheidende Signal um 15 Uhr ausgesandt und die Explosion *muß* stattfinden. Dieser unüberwindbare Widerspruch kann nur dadurch aufgehoben werden, daß man überlichtschnelle Botschaften, die in die Vergangenheit reichen können, als unmöglich ansieht. Wir haben zwar gesehen, daß der Durchgang eines Photons durch einen Polarisator uns gleichzeitig Kenntnis davon geben kann, daß ein anderes Photon an einem anderen Ort ebenfalls durch einen Polarisator fliegt (und dies sogar *vor* der eigenen Beobachtung), aber dennoch läßt sich diese Erkenntnis nicht dazu nutzen, Botschaften mit Überlichtgeschwindigkeit durchs Weltall zu transportieren. Man kann nicht mit einem anderen Beobachter, etwa im Andromedanebel, ausmachen, der aufeinanderfolgende Durchgang von drei Photonen durch den Polarisator bedeute, daß Bayern München wieder einmal die Fußballmeisterschaft gewonnen habe – aufgrund der Quantenunbestimmtheit hat man selbst nämlich keine Kontrolle darüber, ob drei aufeinanderfolgende Photonen wirklich den Polarisator passieren. Auch die Quantentheorie verletzt also nicht die Relativitätstheorie und ihre Aussage, daß man Signale nicht mit Überlichtgeschwindigkeit weiterleiten kann. Die Möglichkeit, auf diese Weise die Kausalkette von Ursache und Wirkung durcheinanderzubringen, bleibt Illusion.

Obwohl weit voneinander entfernte Systeme wie etwa unsere beiden Photonen und Polarisatoren nicht durch irgendeinen direkten Informationskanal untereinander verbunden sein können, dürfen wir sie nicht als getrennte Dinge betrachten. Selbst wenn die beiden Polarisatoren in verschiedenen Galaxien stehen, bilden sie doch eine gemeinsame Meßanordnung und schaffen gemeinsam eine bestimmte Form der Wirklichkeit. Normalerweise würden wir zwei getrennten Dingen auch eigene Identitäten zuordnen, vor allem, wenn sie soweit auseinander stehen, daß ihre gegenseitige Wechselwirkung vernachlässigbar ist: zwei Menschen oder auch zwei Planeten werden beispielsweise als solche eigenständigen Identitäten mit jeweils eigenen Eigenschaften betrachtet. Im Gegensatz dazu entwirft die Quantentheorie ein Bild, nach dem zumindest *vor* einer Beobachtung das interessierende System nicht als Ansammlung einzelner Dinge betrachtet werden kann, sondern als unteilbares Ganzes angesehen werden muß. Deshalb bilden die weit voneinander entfernten Polarisatoren und die dazugehörigen Photonen nicht zwei voneinander isolierte Systeme mit voneinander unabhängigen Eigenschaften, sondern sind untrennbar durch die Quantenprozesse miteinander verbunden. Erst nach der Messung hat das entfernte Photon für uns eine eigene Identität und eine unabhängige Existenz.

Wir haben weiter gesehen, daß es sinnlos ist, einem subatomaren

System ohne genaue Meßanordnung irgendwelche Eigenschaften zuordnen zu wollen. Man kann nicht sagen, ein Photon sei auf bestimmte Art polarisiert, bevor man seinen Zustand nicht durch eine Messung festgestellt hat. Entsprechend können wir die Polarisation nicht als eine dem Photon innewohnende Eigenschaft ansehen; sie ist vielmehr auf das Zusammenwirken von Meßanordnung und Photon zurückzuführen. Die Mikrowelt erhält ihre Eigenschaften also nur, indem sie sie mit unserer makroskopischen Erfahrungswelt *teilt*.
Unser alltägliches Wirklichkeitsbild bekommt den entscheidenden Stoß, wenn wir die atomare Beschaffenheit der gesamten Materie in Betracht ziehen. Bisher könnte man noch meinen, die Ergebnisse irgendwelcher seltsamen Experimente mit Photonen würden sich auf unser tägliches Leben kaum auswirken. Wir dürfen aber nicht vergessen, daß alle Dinge um uns herum aus Atomen zusammengesetzt sind, die ebenfalls den Regeln der Quantentheorie folgen. Jeder Fingerhutvoll gewöhnlicher Materie enthält viele Trilliarden Atome, die in jeder Sekunde millionenfach zusammenprallen. Und nach dem, was wir in diesem Kapitel erfahren haben, können wir zwei submikroskopische Teilchen nicht mehr als voneinander unabhängige Identitäten ansehen, wenn sie einmal miteinander in Wechselwirkung getreten sind. Dabei ist ihre Beziehung meist noch viel komplizierter als bei den beiden Photonen, die wir die ganze Zeit betrachtet haben. Mit anderen Worten: im ganzen Universum sind Quantensysteme auf fremdartige Weise zu einer gigantischen, unteilbaren Einheit miteinander verwoben. Die alte Vorstellung der Griechen, Materie bestünde aus einzelnen, voneinander unabhängigen Atomen, wird so zu einer groben Vereinfachung, denn die Atome selbst besitzen keine individuellen Wirklichkeiten. Ihre Realität bekommt erst in Verbindung mit unseren makroskopischen Beobachtungen eine Bedeutung. Unser Beobachtungsvermögen ist jedoch sehr beschränkt, zum einen auf die »Grobstruktur« der Materie (normalerweise betrachten wir keine einzelnen Atome, es sei denn, in speziellen Experimenten) und zum anderen auf unsere »Ecke« im Weltall. Das bedeutet aber, daß wir den größten Teil des Universums gar nicht als wirklich im üblichen Sinn ansehen können. John Wheeler ist sogar so weit gegangen, zu behaupten, das jeder Beobachter sich das Universum durch seine Messung erst schafft: »Ist die Frage nach der Wirklichkeit des Universums sinnlos oder nicht beantwortbar oder beides, solange dieses Universum nicht irgendwann einmal Leben, Bewußtsein und die Fähigkeit zur Beobachtung schafft, und sei dies nur für eine verschwindend kurze Zeit? Aus dem Quantenprinzip

ergibt sich in gewisser Hinsicht, daß die zukünftigen Handlungen eines Beobachters darüber mitentscheiden, was in der Vergangenheit passiert ist – selbst in einer so weit zurückliegenden Vergangenheit, daß Leben damals noch gar nicht existierte. Die Beobachtung wird damit zur Grundvoraussetzung jeglicher Realität.«

Wen wundert es, daß die radikalen Vorstellungen von der Wirklichkeit, die sich aus der Quantentheorie ergeben, eine jahrzehntelange Diskussion angefacht haben? Während die praktische Anwendbarkeit der Quantentheorie außer Zweifel steht – die Physiker können mit der Theorie die Eigenschaften von Atomen, Molekülen und subatomaren Teilchen berechnen und finden diese Ergebnisse bei der Prüfung durch das Experiment immer wieder glänzend bestätigt – bereiten die erkenntnistheoretischen und metaphysischen Aspekte immer wieder Probleme. Die hier beschriebene Interpretation geht im wesentlichen auf Niels Bohr zurück, einen der Mitbegründer der Quantentheorie. Sie wird allgemein als Kopenhagener Interpretation bezeichnet (Bohr und seine Mitarbeiter arbeiteten in der dänischen Hauptstadt) und wohl von den meisten Physikern akzeptiert. Dennoch glauben einige, daß sie Paradoxa enthält und sinnlos oder zumindest unvollständig ist. Albert Einstein hielt die Theorie für unzulänglich, weil er keine Möglichkeit sah, wie sich ein entferntes Photon und ein entfernter Polarisator entsprechend zu einem nahen Photon und einem nahen Polarisator verhalten sollten. Wie kann der entfernte Polarisator wissen, wie er das Photon aufnehmen soll, ohne eine entsprechende Botschaft zu erhalten – (die aber überlichtschnell sein müßte und damit Einsteins eigener Theorie widerspräche)?

In seiner Antwort auf Einsteins Herausforderung betonte Bohr, daß submikroskopische Systeme keine spezifischen Zustände besitzen, so daß es unnötig sei, zu überlegen, wie der Zustand eines Photons einem anderen mitgeteilt werde – als isolierte Photonen seien sie ohne bedeutsame Eigenschaften. Bedeutsam sei allein das gesamte Experiment. Bohr schlug vor, als Wirklichkeit nur das anzuerkennen, was mittels einfacher Sprache ausgetauscht werden könne, zum Beispiel die Beschreibung des Tickens eines Geigerzählers oder der Durchgang eines Photons durch einen Polarisator. Jeder Versuch, zu beschreiben, wie sich ein Photon, Atom, etc. verhält, dürfe nur im Rahmen eines exakten Versuchs geschehen. Und weil diese Versuche durch ihren Aufbau darüber entscheiden, welche Eigenschaft des Systems man mißt, befand Bohr, daß diese Experimente erst »ein Element der ... physikalischen Wirklichkeit schaffen«. Damit umging er Einsteins Einwände.

Ungeachtet der Eingängigkeit der Kopenhagener Interpretation und der Argumente Bohrs halten einige Physiker daran fest, daß die darin enthaltenen Ideen in gewisser Weise paradox sind, weil sie die Realität auf das klassische Konzept der Meßapparaturen stützen, die ihrerseits aber natürlich auch den Quantengesetzen unterliegen. Wir wissen, daß die klassische Newtonsche Physik – die Physik der einfachen Sprache und der alltäglichen, normalen Objekte, die Bohr benutzen wollte – falsch ist. Es erscheint somit unsinnig, mit dieser Physik die mikroskopische Wirklichkeit zu beschreiben. Im nächsten Kapitel werden wir daher einige alternative Interpretationsversuche der Quantentheorie kennenlernen, Interpretationen, die noch phantastischere Konsequenzen haben.

7. Materie, Geist und Mehrfachwelten

Wir haben im letzten Kapitel gesehen, wie die Quantentheorie unser alltägliches Bild von der objektiven Wirklichkeit aushöhlt und dem Beobachter und seinen Experimenten eine zentrale Rolle in der Definition des Wirklichkeitskonzepts einräumt. Allerdings haben wir bisher noch nicht mit der notwendigen Klarheit definiert, was einen »Beobachter« ausmacht und welche physikalischen Prozesse mit seiner »Beobachtung« Hand in Hand gehen. Die Kopenhagener Schule greift in diesem Zusammenhang auf den »Meßapparat« zurück. Was aber genau ist das?
Ein reales Labor ist im Gegensatz zum »idealen Labor eines Gedankenexperiments« mit zahlreichen Meßinstrumenten zur Untersuchung von Atomen und ihren Bausteinen ausgerüstet. Einige davon sind zumindest vom Namen her allgemein bekannt, so zum Beispiel Röntgengeräte, Geigerzähler, Blasenkammern, Teilchenbeschleuniger und photographische Platten. Doch alle diese Geräte bestehen, genau wie die Techniker, die mit ihnen arbeiten, aus Atomen, und selbst Niels Bohr räumte ein, daß sie ebenfalls den winzigen Unbestimmtheiten unterliegen müssen, die für die Quantenphysik charakteristisch sind. Es gibt keine deutliche Trennungslinie zwischen mikroskopischem System und makroskopischem Meßapparat, denn Quantenprozesse können sowohl im Bereich der Elementarteilchen als auch an sichtbaren Mengen von Flüssigkeiten und Metallen beobachtet werden. Zu den makroskopischen Quanteneffekten von technisch bedeutsamer Größenordnung gehört beispielsweise die Supraleitung: hier bilden die Elektronen im Metall Paare, die dann im großen Maßstab »kooperieren« und eine völlig widerstandslose Stromleitung ermöglichen. Man kann also nicht sagen: »Dies ist ein mikroskopisches System und muß deshalb quantentheoretisch betrachtet werden« oder »Dieses System ist makroskopisch und unterliegt den Gesetzen der klassischen Newtonschen Physik.«
Wenn aber alle Systeme im Grunde genommen quantenphysikalischer Natur sind, scheint jede Messung von einem Paradox begleitet zu sein. Zur Verdeutlichung wollen wir eine einfache Beobachtung analysieren, die einen radioaktiven Atomkern zum Gegenstand hat.

So ein Atomkern wird ein oder mehrere Elementarteilchen aussenden, die mit einem Geigerzähler nachgewiesen werden können: wenn der Zähler klickt, hat sich der Atomkern umgewandelt, klickt er nicht, ist der Atomkern noch intakt. Andere Zähler klicken nicht, sondern haben einen Zeiger, der normalerweise in Position A steht. Solange diese Position beibehalten wird, ist der Atomkern noch intakt. Bewegt sich der Zeiger nach B, dann hat das Instrument ein Elementarteilchen nachgewiesen, und wir können annehmen, daß der Atomkern jetzt zerfallen ist. Der Zustand des Zeigers ist also auf einfache Weise mit dem Zustand des Atomkerns verknüpft; eine Beobachtung des Zeigers entspricht demnach der Beobachtung des Atomkerns.

Alle Messungen stellen einen Zusammenhang zwischen einem mikroskopischen System und makroskopisch unterscheidbaren Zuständen des Meßinstruments her; sie verstärken gewissermaßen die winzigen Änderungen der Quantenwelt so weit, daß wir diese Veränderungen erkennen können, beispielsweise als Zeigerausschlag. Wir haben gesehen, daß aufgrund der Quantentheorie der Zustand eines mikroskopischen Systems als Überlagerung von Wellen beschrieben werden muß, wobei jede Welle dem genauen Wert einer Größe (Ort, Bewegung, Rotation oder Polarisation) entspricht. Dabei dürfen wir nicht vergessen, daß diese Überlagerung nicht etwa verschiedene Möglichkeiten widerspiegelt, keine »Entweder/Oder-Auswahl« darstellt, sondern vielmehr eine Kombination sich überlagernder möglicher Wirklichkeiten darstellt. Erst die Messung »wählt« die jeweilige Wirklichkeit aus. Und hier kommen wir an den springenden Punkt: wenn der Meßapparat ebenfalls aus Atomen aufgebaut ist, dann muß auch er durch eine Welle beschrieben werden können, die eine Überlagerung aller möglichen Zustände darstellt. So befindet sich unser Geigerzähler in einem Zustand, der die Zeigerpositionen A und B (Nullstellung und Ausschlag) gleichermaßen einschließt – und das, so müssen wir noch einmal betonen, heißt nicht, daß der Zeiger *entweder* in Nullstellung steht *oder* einen Ausschlag aufweist, sondern, in einer für unsere Begriffe schizophrenen Art, *beides*. Jeder Zustand stellt eine der alternativen Wirklichkeiten dar, die durch den Zerfall des Atomkerns produziert werden können, aber diese Wirklichkeiten existieren nicht einfach nebeneinander, sie überlappen und beeinflussen sich gegenseitig aufgrund der für Wellen typischen Interferenz.

Von dieser Überlagerung anderer Wirklichkeiten mit unserer eigenen merken wir nur deshalb nichts, weil die Interferenz der Quanten-

zustände für einen so großen Brocken wie unseren Meßapparat verschwindend klein ist. Innerhalb der Atome rangeln die alternativen Welten zwar ziemlich heftig um ihre Verwirklichung, aber für das alltägliche Leben sind ihre Einflüsse fast nicht-existent. Aber eben nur fast. Wenn wir wirklich daran festhalten, daß die Quantentheorie auch auf makroskopische Systeme anwendbar ist, dann müssen wir gleichzeitig zugestehen, daß Einflüsse – wenn auch winzige – der einander überlappenden Wirklichkeiten bis in unsere Erfahrungswelt vordringen. Und wenn es um so grundlegende Prinzipien geht wie in diesem Fall, darf die Kleinheit der Auswirkungen kein Grund zur Mißachtung sein, da wir diese Effekte mit entsprechend empfindlicheren Apparaten zumindest prinzipiell nachweisen könnten.
Bisher haben wir das Universum als eine Überlagerung von einander im Hyperraum überlappenden Wirklichkeiten angesehen, die durch eine Beobachtung oder Messung in unabhängige, alternative Welten zertrennt werden. Jetzt müssen wir erkennen, daß diese Trennung nicht vollständig ist, daß wir durch dünne Fäden mit den anderen Welten des Hyperraums verwoben bleiben. Erst der Einsatz eines quantenlosen Meßapparats könnte diese Bindungen wirklich trennen und eine objektive Wirklichkeit schaffen; in jedem anderen Fall bleibt eine Interferenz zwischen den verschiedenen Welten bestehen. Gibt es aber absolut quantenfreie Systeme? Wenn ja, so sollte man mit ihnen die Gesetze der Quantentheorie durchbrechen können, wenn nicht, dann scheint es keine Wirklichkeit geben zu können. Wie sollen wir diesem Dilemma entkommen?
In den 30er Jahren hat der Mathematiker John von Neumann den Meßvorgang von Quantensystemen sehr eingehend untersucht. Aus mathemathischen Berechnungen schloß er, daß bei einer Messung die Verknüpfung zwischen Meßobjekt und Meßapparat dazu führt, daß sich das Quantensystem so verhält, als ob es keine Überlagerung alternativer Welten mehr gäbe: sein Zustand kollabiert von einer Überlagerung einander überlappender Zustände zu einer Reihe von »Entweder-Oder-Möglichkeiten«. Leider ist damit kein »Kollaps in die Wirklichkeit« verbunden, da die Interferenz durch die Messung vom Quantensystem auf den Meßapparat übergeht. Und um diesen in die »Wirklichkeit« kollabieren zu lassen, benötigte man ein weiteres Meßinstrument, mit dem man den ersten Meßapparat vermißt, und so weiter – offenbar ad infinitum.
Wo aber endet diese Kette? Erwin Schrödiger, der »Vater« der Wellenmechanik, hat in diesem Zusammenhang auf eine Besonderheit hingewiesen, die als das Katzenparadox bekannt wurde. Stellen wir

uns vor, wir hätten einen radioaktiven Atomkern, der vielleicht nach einer Minute zerfällt oder nicht – ganz nach den Wahrscheinlichkeitsgesetzen der Quantenphysik –, einen Geigerzähler, einen Hammer und eine Zyanidkapsel. Wenn der Geigerzähler ein Elementarteilchen (und damit den Zerfall des Atomkerns) registriert, soll er einen Schalter auslösen, der den Sturz des Hammers auf die Zyanidkapsel und damit deren Zerstörung und die Freisetzung des Gifts bewirkt. Die ganze Apparatur kommt dann zusammen mit einer Katze in eine verschlossene Kiste. Nach einer Minute stehen die Chancen 50 zu 50, daß der Atomkern zerfallen ist. Jetzt wird die gesamte Apparatur automatisch abgeschaltet. Lebt die Katze jetzt noch oder ist sie bereits vergiftet?

Man sollte meinen, daß die Überlebenschance der Katze ebenfalls 50 zu 50 ist. Wenn wir jedoch von Neumann folgen und akzeptieren, daß die sich überlappenden Wellen, die den intakten bzw. den zerfallenen Atomkern darstellen, mit den Wellen in Wechselwirkung treten, die den Zustand der Katze beschreiben, dann bedeutet eine »Katzenwelle« »tot« und die zweite »lebendig«. Doch diese beiden Katzenwellen sind gleichzeitig gegenwärtig und überlappen sich (geringfügig) wiederum.

Entsprechend kann die Katze nach einer Minute weder »lebendig« noch »tot« sein. Wie aber sollen wir uns eine »lebend-tote« Katze vorstellen?

Nach von Neumanns Interpretation des Meßvorgangs geht also die Katze in einen jener schizophren erscheinenden »Schwebezustände« zwischen den Welten über, die wir im vorigen Kapitel beschrieben haben. Ihr Schicksal wird erst dann entschieden, wenn der Experimentator die Kiste öffnet und nachschaut, wie es der Katze geht. Dabei bleibt es aber ihm überlassen, diese Kontrolle beliebig lange hinauszuschieben. Erst die Beobachtung also befreit die Katze aus ihrem Fegefeuer; sei es nun, daß sie dabei zu »neuem« Leben ersteht oder auch endgültig stirbt.

Das Unbefriedigende an dieser Versuchsanordnung ist, daß die Katze selbst wahrscheinlich lange, bevor der Versuchsleiter die Kiste öffnet, »weiß«, ob sie lebt oder nicht. Man kann einwenden, daß die Katze kein guter Beobachter ist, insofern, als sie nicht das volle Bewußtsein ihrer Existenz empfindet und daher zu »dumm« ist, um zu wissen, ob sie lebendig ist, tot oder lebendig-tot. Um dieses Problem zu umgehen, können wir an Stelle der Katze auch einen freiwilligen Menschen für das Experiment einsetzen – er ist unter Physikern als »Wigners Freund« bekannt, benannt nach dem Physiker Eugene

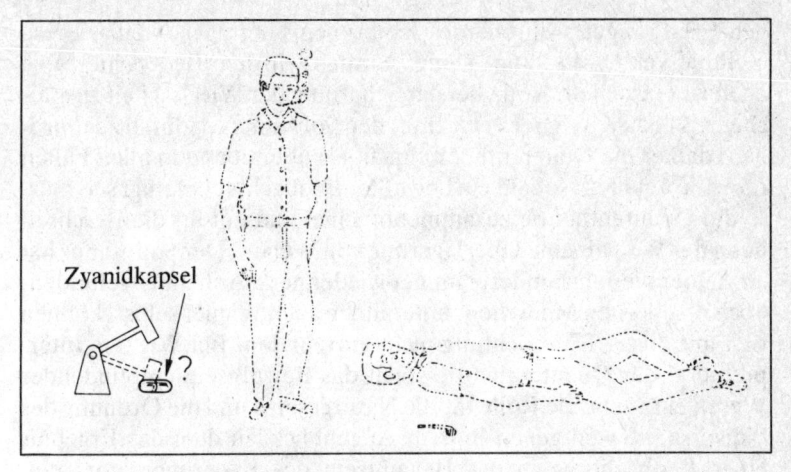

Abbildung 18: Das Paradoxon von Wigners Freund. Der von einem radioaktiven Zerfall gesteuerte Hammer kann die Zyanidkapsel mit einer bestimmten Wahrscheinlichkeit zerstören. Ist der Mann in der Kiste tot oder lebendig? Die Quantentheorie sagt, beides – beide Welten des Hyperraums existieren und überlagern sich. Erst wenn Wigner die Kiste öffnet und nachschaut, wird die Überlagerung der beiden Welten aufgelöst und eine der beiden Welten kollabiert zu Wirklichkeit. Wie aber fühlte sich Wigners Freund in diesem schizophrenen, unwirklichen Zustand?

Wigner, der diese Abwandlung des Katzenparadoxons vorgeschlagen hat. (Siehe *Abbildung 18*). Ihn können wir, wenn er das Experiment lebend übersteht, anschließend fragen, was er vor dem Öffnen der Kiste empfunden hat.
Zweifellos wird er sagen, ›Nichts‹, auch wenn die Beobachter ihn für die Dauer des Experiments in einem lebendig-toten Zustand wähnten, aus dem er glücklich wieder ins Leben »zurückfiel«. Sicher, es gibt Leute, die sich bisweilen ›halbtot‹ fühlen, aber damit dürfte das Phänomen der Quanten-Interferenz kaum etwas zu tun haben.
Wenn wir hundertprozentig an den Quantenprinzipien festhalten wollten, so müßten wir zu Solipsisten werden, zu Menschen, die nur sich selbst für wirklich halten, während alle anderen Menschen für sie Roboter ohne Bewußtsein sind, bloße Statisten der Szenerie. Wenn »Wigners Freund« ein Roboter wäre, könnte man ihn nicht nach sei-

nen Erfahrungen während des Experiments befragen, weil er keine Gefühle verspüren kann. Damit würden wir dem Beobachter eine noch wesentlichere Rolle bei der Schaffung der Wirklichkeit zusprechen als bisher. Wigner versuchte, den Solipsimus dadurch zu umgehen, daß er die Quantentheorie nicht als überall und in allen Fällen für wirksam hielt: sobald ein bewußter Beobachter beteiligt sei, müsse die Quantentheorie zusammenbrechen und mit ihr die Beschreibung der Welt als eine Überlagerung von Wellen. Der Solipsimus hat zwar über die Jahrhunderte immer wieder neue Anhänger gefunden, doch die meisten Menschen, unter ihnen auch Wigner selbst, können sich mit dieser Denkrichtung nicht anfreunden. Bei Wigners Interpretation der Quantentheorie spielt das Bewußtsein empfindender Wesen eine zentrale Rolle für die Naturgesetze und die Ordnung des Universums, weil genau in dem Augenblick, in dem das Ergebnis einer Beobachtung in das Bewußtsein des Experimentators eindringt, die Überlagerung der Wellen zur Wirklichkeit reduziert wird. In gewisser Weise wird also das gesamte kosmische Panorama durch seine Bewohner geschaffen! Wigners Theorie zufolge hat das Universum nicht »wirklich« existiert, bevor es kein intelligentes Leben gab. Damit tragen alle intelligenten Lebensformen eine wirklich kosmische Verantwortung, da das Ende allen Lebens das übrige Universum in den unwirklichen Schwebezustand einander überlagernder Möglichkeiten zurückstoßen würde, es seiner »wirklichen« Realität berauben würde. Der Lohn für diese verantwortungsvolle Rolle ist die Tatsache, daß »Wigners Freund« in der Kiste seine Realität auch ohne die Beobachtung Wigners behält. Er kann also auf die Frage, wie er sich vor dem Öffnen der Kiste gefühlt habe, antworten »gut«, weil er auch ohne *Wigners* Beobachtung wußte, daß er zu einhundert Prozent wirklich war.

Wigners Vorstellungen sind erwartungsgemäß von vielen Seiten kritisiert worden, denn das Bewußtsein läßt sich nur sehr schwer definieren (hat eine Küchenschabe Bewußtsein, eine Ratte, ein Hund?), physikalisch schon gar nicht. Andererseits müssen wir zugeben, daß alle unsere Beobachtungen und damit auch die gesamte Wissenschaft letztlich nur durch unser bewußtes Empfinden der Umwelt möglich werden. Normalerweise geht man davon aus, daß die »äußere Welt« zwar auf das Bewußtsein wirkt, das Bewußtsein umgekehrt aber keinen Einfluß auf diese Umwelt hat, so daß hier das ansonsten universell gültige Prinzip verletzt wird, nach dem jede Wirkung eine Wechselwirkung sein muß (»Aktion gleich Reaktion«). Wigner schlägt vor, dieses Prinzip auch auf das Bewußtsein auszudehnen. Dessen

Reaktion auf die äußere Welt wäre dann, daß es diese aus dem Schwebezustand in die Realität kollabieren läßt.
Ein ernsthafterer Einwand gegen Wigners Interpretation ergibt sich, wenn zwei Beobachter das Experiment verfolgen, weil dann jeder von ihnen das System in die Wirklichkeit überführen kann. Um die Schwierigkeiten, die dann entstehen können, zu erläutern, nehmen wir an, daß der Versuch diesmal nach einer Minute gestoppt und der Zeiger des Geigerzählers arretiert wird, so daß auch beliebig später noch ablesbar ist, ob der Atomkern während dieser einen Minute zerfallen ist oder nicht. Außerdem soll diesmal kein Beobachter den Geigerzähler direkt betrachten, statt dessen fotografiert ihn eine automatische Kamera. Nach Wigners Vorstellungen wird das Ergebnis des Versuchs erst dann wirklich, wenn jemand dieses Foto betrachtet, weil die Wirklichkeit ja erst durch das bewußte Beobachten geschaffen wird. Also müssen wir annehmen, daß bis zur Betrachtung des Fotos der Atomkern, der Geigerzähler und das Foto selbst alle in den schizophren erscheinenden Überlappungszuständen alternativer Ergebnisse gewesen sein müssen, auch wenn Jahre bis zur Entwicklung und Betrachtung des Bilds verstrichen sein mögen. Mit anderen Worten, dieser kleine Ausschnitt des Universums bleibt solange unwirklich, bis irgendein neugieriger Betrachter sich herabläßt, die Aufnahme anzusehen.
Problematisch wird es nun, wenn zwei Beobachter ins Spiel kommen, nennen wir sie Albert und Bertram. Für sie wollen wir zwei Fotos nacheinander aufnehmen, erst Bild A und dann Bild B. Weil der Zeiger des Geigerzählers arretiert wurde, müssen beide Aufnahmen dasselbe Bild zeigen. Wenn nun Bertram eher auf Bild B schaut als Albert auf Bild A, wird das Problem offenkundig: B wurde nach A aufgenommen, aber zuerst entwickelt. Nach Wigner ist es jetzt Bertram, der eine Realität schafft. Angenommen, er sieht den Zeiger in der Stellung, die anzeigt, daß der Atomkern zerfallen ist, dann muß Albert irgendwann später auf seinem Bild A dasselbe sehen. A wurde aber aufgenommen, als B noch gar nicht existierte – das heißt, auf rätselhafte Weise bewirkt Bertrams Blick auf B, daß A identisch mit B wird, obwohl es vor ihm entstand. Wiederum scheint es, als müßten wir an die Umkehrung der Kausalkette glauben: Bertrams Beobachtung, die vielleicht erst nach Jahren stattfindet, bestimmt, was die Kamera beim ersten Bild aufnimmt.
Es gibt nicht viele Physiker, die mit Wigner dem Bewußtsein diese zentrale Rolle für die Schaffung der Wirklichkeit aus der unvorstellbaren Überlagerung alternativer Welten zubilligen wollen, doch die

Kette von Neumanns scheint zu keinem anderen Ende zu führen. Gewiß, wir könnten immer größere und größere Systeme betrachten, von denen jedes der Beobachter des nächst unteren »Meßapparats« wäre, doch irgendwann stoßen wir damit an die »Grenzen« des Universums. Und dann? In Kapitel 5 haben wir gesehen, daß wir das Universum durch einen Hyperraum unendlich vieler Universen beschreiben müssen, eine unendlichfache Überlagerung einander überlappender Welten. Wenn aber unsere Welt eine dreidimensionale Projektion dieses Hyperraums darstellt, dann müssen wir herausfinden, was zu dieser Auswahl aus unendlich vielen Möglichkeiten geführt hat. Wir wissen aber auch, daß dieser Kollaps in die Wirklichkeit ein äußeres, quantenfreies Beobachtungssystem erfordert. Außerhalb des Universums – der gesamten Schöpfung – gibt es aber definitionsgemäß nichts mehr, was dieses Universum beobachten könnte. Schließlich soll das Universum alles umfassen, und wenn alles quantisiert ist, auch die Raumzeit, was kann dann dieses Universum wirklich werden lassen, wenn nicht das Bewußtsein?

Einen bemerkenswerten Lösungsvorschlag, der sogar einigen »Erfolg« bei den Physikerkollegen hatte, machte 1957 Hugh Everett; Bryce DeWitt von der University of Texas hat seine Idee aufgegriffen und weiterentwickelt. Der Grundgedanke ist die Ablehnung aller erkenntnistheoretischen und metaphysischen Aspekte der Quantentheorie und eine Beschränkung auf die mathematische Beschreibung, wobei diese dann aber »wörtlich« genommen wird. Was das bedeutet, soll im folgenden erläutert werden. Wenn wir mit Hilfe der Mathematik vertraute Dinge beschreiben, beispielsweise die Bahn einer Gewehrkugel, die Entwicklung eines Wirtschaftssystems oder auch bloß die Größe einer Schafherde, dann stehen die mathematischen Symbole für die wirklichen Dinge, die wir betrachten (für die Gewehrkugel, das Geld oder die Schafe). Dies gilt weitgehend für die moderne Physik und ganz sicher für die Newtonsche. Anders ist es allerdings bei der konventionellen Interpretation der Quantentheorie. Wie wir gesehen haben, muß die Bewegung eines mikroskopischen Teilchens durch eine Welle beschrieben werden. Die Welle ist aber kein physikalisches »Ding«, das wir beobachten können, da es sich um eine Wahrscheinlichkeitswelle handelt. Nicht einmal das Teilchen selbst können wir als selbständiges Objekt mit unabhängigen Eigenschaften ansehen. So beschreibt die Mathematik im Bereich der Quantenphysik reichlich abstrakte Dinge, ja ist letztlich eine Rechenmethode, mit deren Hilfe man Beobachtungsergebnisse lediglich kalkulieren kann. Niels Bohr hat die Materiewelle tatsächlich nie als ein objektives Etwas angesehen, sondern nur als Rechenmodell. Er sagte, Physik habe nicht die Aufgabe herauszufinden, wie die Natur *ist*, sondern lediglich, was wir über die Natur aussagen können. Und Heisenberg meinte, daß die Mathematik »nicht länger das Verhalten der Elementarteilchen beschreibt, sondern einzig und allein unser Wissen um dieses Verhalten«.

Everett und DeWitt schlugen dagegen vor, die Materiewelle wieder als wirklich anzuerkennen, als Beschreibung der wahren Welt. In diesem Fall löst sich das Meßparadoxon von allein, weil dann der Moment der Beobachtung keine Wirklichkeitsschaffung mehr ist – die Wirklichkeit existiert auch schon vorher. Mit Everett können wir die Elementarteilchen demnach als wirklich existente Dinge ansehen, die sogar einen wohldefinierten Zustand besitzen, aber trotzdem den bekannten quantenmechanischen Unbestimmtheiten unterliegen. Dieses Bild unterscheidet sich sehr von der Kopenhagener Interpretation.

Im Hinblick auf die Diskussion des vorangegangenen Kapitels, die uns die Schwierigkeiten im Zusammenhang mit unserer alltäglichen Vorstellung von der Wirklichkeit gezeigt hat, erscheint es verblüffend, daß eine veränderte Sicht der Mathematik die Wirklichkeit wiederbringen soll. Der springende Punkt dabei ist jedoch, daß die Everettsche Vorstellung von der Wirklichkeit ebensoweit vom alltäglichen Bild entfernt ist wie das Kopenhagener Modell. An der Überlagerungsfähigkeit von Wellen und der Tatsache, daß sich quantenmechanische Zustände als Überlagerung anderer Zustände verstehen lassen, kommt auch Everett nicht vorbei – es sind unüberwindbare Grundzüge der Quantentheorie. Everett lehnt diese Prinzipien daher auch nicht ab, sondern zieht im Gegenteil eine logische Konsequenz daraus: wenn die wellenähnliche Überlagerung real ist (und davon geht er aus), dann ist auch der Hyperraum real. Für Everett sind all die anderen Welten nicht bloße Möglichkeiten, die nicht verwirklicht worden sind, weil sie im »Kampf« um die »beobachtete Wirklichkeit« unterlagen – er sieht diese anderen Welten als ebenso real an, wie die Welt, in der wir leben – Mehrfachwelten. Dann aber, so folgt daraus, leben wir nicht länger in einer speziellen Welt dieses Hyperraums, dann ist der Hyperraum selbst unsere Heimat.

Diese Everettsche Vorstellung wird auch die Vielwelten-Interpretation der Quantentheorie genannt. Sie hat eine Reihe interessanter Konsequenzen; eine davon läßt sich am Beispiel des Polarisators und des Photons gut erläutern. Wie wir wissen, wird ein Photon einen beliebig ausgerichteten Polarisator entweder passieren (und dann parallel zu dessen Vorzugsrichtung polarisiert sein) oder aber absorbiert werden. Entsprechend dem wellenmechanischen Bild kann der Zustand des Photons vor Erreichen des Polarisationsfilters als Überlagerung zweier Welten angesehen werden; in der einen schwingt das Photon parallel zur Vorzugsrichtung des Polarisators, in der anderen senkrecht dazu. Nach der Kopenhagener Vorstellung wird nur eine der beiden Welten aus dem Hyperraum in unsere Welt projiziert, wird Wirklichkeit, wenn das Photon den Polarisator erreicht. In der Vielwelten-Theorie sind dagegen beide Welten real. Wenn ein Photon einen Polarisator erreicht, wird unsere Welt buchstäblich in zwei Welten geteilt: eine, in der das Photon den Polarisator durchdringt, und eine, in der es absorbiert wird.

In diesem einfachen Beispiel gibt es nur zwei mögliche Alternativen. Normalerweise wird es aber viele Möglichkeiten für das Ergebnis eines Experiments geben, mitunter sogar unendlich viele. Das heißt aber, daß die Welt beständig in zahllose, einander fast gleiche Welten zersplittert. DeWitt formulierte diesen Tatbestand mit: »Unser Universum verästelt sich fortwährend weiter.« Jeder subatomare Prozeß ist in der Lage, die Zahl der Welten zu vergrößern, vielleicht unendlich oft. DeWitt schreibt dazu: »Jedes Quantenereignis, auf jedem Stern, jeder Galaxie und in jedem Winkel des Universums zerteilt auch unsere hiesige Welt in Myriaden von Kopien. Das ist Schizophrenie im Extrem.« Und nicht nur die Welten werden fortlaufend »kopiert«, auch wir selbst als Teil dieser Welt, unser Körper, unser Gehirn und wahrscheinlich auch unser Bewußtsein. All dies wird immer und immer wieder verdoppelt, und jede Kopie wird zu einem denkenden und fühlenden menschlichen Wesen, das eine andere Welt bewohnt, eine Welt, die der unsrigen sehr ähnlich ist.

Die Vorstellung, daß man selbst, mit Körper und Bewußtsein, zu Billiarden und Aberbilliarden Kopien vervielfacht wird, ist, gelinde gesagt, ungewöhnlich. Die Verfechter dieser Theorie führen jedoch ins Feld, daß dieser Teilungsprozeß völlig unbeobachtbar sein muß, da ein solchermaßen kopiertes Bewußtsein mit dem Original nicht in Verbindung treten kann. Nach ihrem Modell sind die einzelnen Welten des Hyperraums völlig voneinander getrennt, zumindest im Hinblick auf irgendwelche Kommunikationsmöglichkeiten. Es ist niemandem möglich, seine Welt zu verlassen und eine Kopie von sich in einer der vielen Nachbarwelten zu besuchen, genausowenig wie beobachtet werden kann, wie das Leben in einer solchen Nachbarwelt aussieht.

Wenn wir aber all diese anderen Welten weder sehen noch besuchen können, wo sind sie dann? Science-Fiction-Autoren haben oft »Parallel-Welten« erfunden, Welten, die »neben« unserer Welt koexistieren oder unsere Welt sogar durchdringen. Ähnliches gilt für den Himmel, der in der Vorstellung mancher Menschen als alternative Welt zusammen mit unserer Welt existiert, ohne jedoch den gleichen Raum oder die gleiche Zeit einzunehmen. Manchmal wird versucht, Geistererscheinungen als vermeintliche Abbilder einer solchen Nachbarwelt zu erklären, die von Menschen mit außergewöhnlichen sensitiven Fähigkeiten »gesehen« werden.

Ein Physiker sieht unsere Welt als vierdimensional (drei Raumdimensionen, eine Zeitdimension), aber nicht selten werden noch weitere Dimensionen hinzugefügt, sei es aufgrund mathematischer Erfordernisse oder – wie im Fall der Everettschen Theorie des Hyperraums – als Modell der Wirklichkeit. Innerhalb der Mathematik lassen sich solche vieldimensionalen Räume einfach behandeln, nur vorstellen kann man sie sich nicht so recht. Übrigens sind solche »unsichtbaren« Extradimensionen mathematisch betrachtet nicht parallel zu unserer Welt, sondern stehen im Gegenteil senkrecht auf unseren Dimensionen.

Um dies zu verstehen, wollen wir uns die Erfahrungswelt eines vollkommen flachen Wesens ansehen – nennen wir es Pfannkuchen. Pfannkuchen soll in einer zweidimensionalen Fläche leben, der Oberfläche eines Tischs oder eines Balls. Für ihn ist diese Fläche seine ganze Welt, und »oben« oder »unten« kann er sich nicht vorstellen. Die Dinge in seiner Welt haben unterschiedliche Längen und Flächen, ein Volumen aber ist Pfannkuchen unbekannt. Aus unserer »überlegenen« Sicht ist klar, daß Pfannkuchens Welt in einen größeren Raum eingebettet ist, der sich senkrecht zu ihr erstreckt. Wir sehen auch, daß Pfannkuchens Ball ein Inneres und ein Äußeres besitzt. Mathematisch könnte er dies vielleicht begreifen, aber vorstellen und mit seinen vertrauten physikalischen Begriffen beschreiben könnte er das nicht.

Entsprechend ergeht es uns mit unserem dreidimensionalen Empfindungsvermögen. Gäbe es neben Länge, Breite und Höhe noch eine vierte oder weitere Raumdimensionen, so würden wir sie zwar nicht direkt erkennen, wohl aber mathematisch und experimentell. In Everetts Weltmodell ist unser Raum lediglich eine dreidimensionale Unterabteilung eines Raums, der unendlich viele zueinander senkrechte Richtungen aufweist. Vorstellen können wir uns das zwar nicht, aber mathematisch gibt es an diesem Modell nichts auszusetzen.

Obwohl wir diese anderen Welten nicht konkret sehen können, führt uns ihre Existenz nahezu automatisch auf die statistischen Eigenschaften der Quantensysteme, die von der normalen Interpretation der Quantentheorie als innere Unbestimmtheit der Natur angesehen werden, für die es keine Begründung gibt. Auf Seite 128 haben wir gesehen, daß man statistische Methoden normalerweise dort benutzt, wo man nicht genügend Informationen über ein System besitzt. So wissen wir beispielsweise beim Münzwurf zu wenig über die genaue Rotationsgeschwindigkeit der Münze und über die Höhe des Wurfs, über die Stärke der Luftbewegung und die Härte des Bodens, und so weiter, so daß wir lediglich sagen können, die Chancen für Kopf (oder Zahl) stehen 50 zu 50. In diesem Fall ist die Unbestimmtheit nur auf unsere Unkenntnis zurückzuführen. Anders in der Quantentheorie. Hier ist die Unbestimmtheit absolut. Selbst wenn wir den momentanen Zustand eines radioaktiven Atomkerns bis ins letzte Detail kennen würden, könnten wir nicht vorhersagen, wann er zerfällt. Die Mehrfachweltentheorie läßt diese Unbestimmtheit in einem anderen Licht erscheinen. Die Information, die zur völligen Vorhersagbarkeit z. B. des Atomkernverhaltens ausreichen würde, ist – vereinfacht gesagt – in den anderen Welten verborgen, zu denen wir keinen Zugang haben. Damit wird der Hyperraum als Ganzes wieder völlig vorhersagbar, und der Einfluß des Zufalls in unserer Welt ist in Wirklichkeit auf unsere begrenzte Erfahrung eines winzigen Teilbereichs dieses Hyperraums zurückzuführen. Wenn man die Gesamtheit des Hyperraums als wirkliches Universum ansieht, dann wird sofort klar, daß Gott keineswegs »würfelt«. Der Zufall ist nicht weiter wesenhaft mit der Natur verwoben, sondern rührt von unserer begrenzten Erfahrung dieser Natur her. Unser Bewußtsein geht einen Zufallspfad durch die sich ständig weiter verästelnden Wege des Kosmos. Nicht Gott würfelt, sondern wir!
Viele dieser anderen Welten sind unserer sehr ähnlich und weichen lediglich im Zustand einiger Atome von ihr ab. Sie enthalten bewußte Individuen, die sich von uns selbst nicht wahrnehmbar unterscheiden, weder in körperlicher noch in geistiger Hinsicht. In der Tat teilen sie mit uns ja auch gemeinsame »Vorläufer«, denn die einzelnen Welten haben sich in der Vergangenheit von einem gemeinsamen Stamm ausgehend verästelt. Was also bei der Geburt als ein Bewußtsein begann, hat sich bis zum Tod unzählbar oft vervielfacht.
Nicht alle anderen Welten sind jedoch von unseren »Ebenbildern« bewohnt. In manchen wurden sie vorzeitig vom Tod ereilt, in anderen gar nicht erst geboren, abhängig davon, wie früh sich die jeweili-

gen Welten von unserer Welt abgespalten und wie sie sich dann weiterentwickelt haben. Es wird sogar Welten geben, in denen Leben in unserem Sinn gar nicht möglich ist. Im nächsten Kapitel werden wir darauf näher eingehen.
Was können wir über diese anderen Regionen des Hyperraums aussagen? Was geht in all diesen anderen Welten vor? Im ersten Kapitel haben wir gesehen, daß manche Vorgänge nur wenig auf leicht veränderte Anfangsbedingungen reagieren (der Wurf eines Balls), andere dagegen sehr stark (der erste Stoß beim Billardspiel mit 10 Kugeln). Im Hyperraum sorgt die Unbestimmtheit der Quanten dafür, daß Bälle und alles andere nicht eindeutig bestimmbaren Bahnen folgen. Jede Welt des Hyperraums ist eine eigene Wirklichkeit mit einer anderen Flugbahn für den geworfenen Ball. Jeder Punkt in Abbildung 2 (S. 27) steht daher für eine eigene Welt, die sich von ihren Nachbarwelten geringfügig unterscheidet. Vielfach werden solche Nachbarwelten kaum zu unterscheiden sein, vor allem dann, wenn geringfügige Veränderungen der Anfangsbedingungen sich nicht drastisch auf den entsprechenden Ablauf auswirken. Dort aber, wo ein sehr empfindliches Gleichgewicht vieler Einflüsse die Bewegung oder den Ablauf steuert, führen bereits kleinste Störungen zu stark voneinander abweichenden, weit entfernten Nachbarwelten.
Wie sehr Quanteneffekte unsere Erfahrungswelt beeinflussen können, zeigt sich drastisch, wenn radioaktive Strahlung auf Erbsubstanz trifft. Alles organische Leben der Erde wird durch das lange Kettenmolekül der DNS (Desoxyribonukleinsäure) bestimmt, einer Doppelspirale mit komplizierter Atomanordnung. Wird diese Anordnung irgendwie verändert, dann ändert sich auch der genetische Code, die Erbmasse, und die DNS kann ihren vorherigen Zustand nicht mehr reproduzieren. Wenn die veränderte DNS zu einer weiblichen Eizelle oder einer männlichen Samenzelle gehört, wird der Nachkomme ein Mutant sein. DNS kann auf vielerlei Weise beschädigt werden, auch und vor allem durch die kosmische Strahlung – hochenergetische Elementarteilchen, die aus dem Kosmos auf die Erde prasseln. Der Zusammenstoß eines solchen Teilchens mit einem DNS-Molekül kann also zu einer Veränderung des genetischen Codes führen.
Mutationen sind ein wichtiger Bestandteil der Evolution, weil sie der Natur ein ständiges Angebot an alternativen Lebensformen unterbreiten, die dann gemäß ihrer Überlebensfähigkeit beibehalten oder wieder zerstört werden. Für einen einzelnen Menschen dagegen kann eine Mutation zur Katastrophe werden, wenn seine Lebensfähigkeit

dadurch eingeschränkt wird. Man kann sich leicht vorstellen, daß das Auftreten einer Mutation von vielen unwägbaren Voraussetzungen abhängt, da ein energiereiches Elementarteilchen einen bestimmten Abschnitt des DNS-Moleküls treffen muß. Das Teilchen selbst kann auch das Folgeprodukt der kosmischen Strahlung sein, das hoch in der Atmosphäre beim Zusammenstoß eines Teilchens der Primärstrahlung mit einem Luftmolekül entstand. Selbst eine noch so geringfügige Veränderung des Streuwinkels dort oben würde ausreichen, das Teilchen an einer ganz anderen Stelle der Erde aufprallen zu lassen, so daß die Mutation nicht stattfände. Genetische Veränderungen dieser Art sind also von winzigsten Änderungen der Anfangsbedingungen abhängig und können somit zu sehr unterschiedlichen Nachbarwelten führen, zumindest was die betroffene Person angeht. Wenn durch die Mutation gar noch eine überragende Eigenschaft entsteht – wenn dadurch ein großer Dichter, Wissenschaftler oder Politiker »geboren« wird –, dann könnte dieser Mutant seine Welt tiefgreifend verändern. Entsprechend haben historisch »große« Persönlichkeiten unserer Welt in Nachbarwelten vielleicht negative Mutationen erfahren und sind dort daher unbedeutend geblieben.
Je weiter die kleinen Veränderungen in der Vergangenheit zurückliegen, desto stärker werden ihre Auswirkungen inzwischen angewachsen sein. Wenn beispielsweise vor einigen tausend Jahren in einer dieser Nachbarwelten einer unserer Vorfahren frühzeitig starb, dann werden dort alle seine Nachkommen heute fehlen. Oder die geringfügige Änderung der Laufbahn eines Meteors in einer Nachbarwelt vor Zehntausenden von Jahren könnte dort zu einem gigantischen Zusammenprall mit der ›Erde‹ führen, während es in unserer Welt bei einem knappen Verfehlen bliebe.
Wenn wir uns die Möglichkeiten des Hyperraums bis ins letzte vorstellen, dann müssen wir annehmen, daß jede nur denkbare Möglichkeit, die sich in der Entwicklung unseres Universums ergeben hat, in irgendeiner anderen Welt verwirklicht worden ist. Jedem Atom werden durch den Quantenzufall Millionen und Abermillionen unterschiedliche Bahnen angeboten, die es nach der Vielwelten-Theorie alle akzeptiert und verwirklicht. Entsprechend muß es Welten geben ohne Erde, ohne Sonne, ja selbst ohne Milchstraße. Andere mögen sich so sehr von unserer Welt unterscheiden, daß sie überhaupt keine Sterne oder Galaxien enthalten. Wieder andere zeichnen sich durch ein dunkles Chaos aus, in dem Schwarze Löcher die letzten Reste noch verbliebener Materie verschlucken, während anderswo die Welten in überheller Strahlung verglühen.

Es wird Welten geben, die genauso aussehen wie unsere Welt, aber andere Sterne und Planeten enthalten. Selbst jene, die den gleichen astronomischen Aufbau aufweisen wie die Welt, in der wir leben, können ganz andere Lebensformen enthalten: in manchen wird die Erde unbewohnt sein, in anderen wird sich unsere Zivilisation viel rascher entwickelt und ein für uns utopisch erscheinendes Niveau erreicht haben. In weiteren »alternativen« Welten haben wir uns durch Kriege längst selbst ausgerottet, während wieder »anderswo« die ganze Milchstraße und auch die Erde von fremden Wesen kolonisiert wurde. Die Liste möglicher Alternativen ist unbegrenzt.
Diese gewaltige Vielfalt an Wirklichkeiten führt zu einer immer dringender erscheinenden Frage: Warum finden wir uns in *dieser* speziellen Welt wieder und nicht in einer der unzähligen anderen Möglichkeiten? Gibt es irgend etwas Besonderes an dieser Welt, oder ist unsere Gegenwart hier rein zufällig? Sicher, nach der Everettschen Theorie leben wir auch in vielen anderen Welten, aber dennoch ist nur ein geringer Bruchteil des Hyperraums wirklich bewohnt, weil viele Alternativwelten gar kein Leben ermöglichen. Wieviele Bestandteile und Eigenschaften unserer Umwelt sind lebensnotwendig, sind erforderlich, um Leben in unserem Sinn zu ermöglichen? Mit diesen Fragen wollen wir uns im nächsten Kapitel auseinandersetzen.

8. Das anthropische Prinzip

Warum ist die Welt so, wie sie ist? Unser Universum ist ein sehr spezieller Ort, voll von hochentwickelten Strukturen und komplexen Vorgängen. Ist diese Anordnung von Materie und Energie, die wir wahrnehmen, irgendwie »besonders«, im Verhältnis zu anderen Möglichkeiten, die auch hätten sein können? Oder anders gefragt: Warum erleben wir von der Unendlichkeit alternativer Welten ausgerechnet diese eine und keine andere?
Fragen nach einer Auswahl und der damit verbundenen Wahrscheinlichkeit müssen sehr vorsichtig angegangen werden. Wenn man ein Kartenspiel mischt und austeilt, so ist das Blatt, das der einzelne Spieler bekommt, *a priori* äußerst unwahrscheinlich – müßte man dieses Blatt vor dem Mischen voraussagen, wäre die Trefferquote sicher sehr gering. Trotzdem erscheint uns das Blatt, das der einzelne Spieler erhält, meist nicht als Wunder, denn normalerweise enthält es eine Mischung vieler Farben und Werte, ohne besondere Häufung. Wenn wir dagegen eine komplette Farbsequenz zugeteilt bekommen, halten wir das für extrem ungewöhnlich, da eine Sequenz mehr bedeutet als jede andere Ordnung der Karten. Genauso wird das »große Los« als glückliches, seltenes Ereignis betrachtet, weil die gewinnende Zahlenkombination für uns eine besondere Bedeutung hat, auch wenn sie nicht bemerkenswerter ist, als andere Zahlenkombinationen.
Die Antworten der klassischen Religionen auf die Frage nach der kosmischen Ordnung besagen meist, daß Gott die Welt so schuf, wie sie ist, damit Menschen sie bewohnen können. Die Bibel beschreibt detailliert, wie das geschah: Zunächst wurde das Licht geschaffen, dann ein Firmament; danach wurde das Wasser auf Erde und Firmament verteilt, wobei sich das irdische Wasser an einem Ort sammelte; dadurch wurde das Festland frei, und schließlich konnten sich Pflanzen und Tiere auf der Erde ausbreiten. Damit waren die Voraussetzungen für den Erhalt menschlichen Lebens geschaffen.
Das Studium irdischer Lebensformen macht deutlich, wie empfindlich unsere Existenz gegenüber dem Zufall ist. Die Liste der unabdingbaren Voraussetzungen für das Überleben unserer Spezies ist

lang. Zunächst müssen genügend »Rohstoffe« für unsere Körper vorhanden sein: Kohlenstoff, Wasserstoff, Sauerstoff und einige kleine, wenn auch lebenswichtige Mengen schwerer Elemente wie Kalzium und Phosphor. Weiter darf die Gefahr, von anderen chemischen Elementen vergiftet zu werden, nicht groß sein: mit einer Atmosphäre aus Ammoniak und Methan, wie wir sie auf anderen Planeten im Sonnensystem finden, könnten wir nicht leben. Als Drittes benötigen wir einen sehr engen Temperaturbereich, der unseren Stoffwechsel mit der richtigen Geschwindigkeit ablaufen läßt. Es ist unwahrscheinlich, daß Menschen ohne besondere Kleidung über längere Zeit Temperaturen unter 5 Grad Celsius oder über 40 Grad Celsius ertragen können. Viertens brauchen wir genügend »kostenlose« Energie, die in unserem Fall durch die Sonne bereitgestellt wird. Dabei ist wichtig, daß diese Energieversorgung möglichst stabil und gleichbleibend ist; es muß also einerseits die Sonne extrem gleichmäßig brennen, andererseits muß die Bahn der Erde möglichst kreisförmig um die Sonne führen. Schließlich muß auch noch das Schwerefeld der Erde die richtige Stärke aufweisen: stark genug, um eine Atmosphäre »festhalten« zu können, aber auch so schwach, daß wir uns ohne große Anstrengungen auf der Erdoberfläche bewegen können und nicht gleich bei jedem Sturz schwere Verletzungen davontragen.

Darüber hinaus besitzt die Erde noch weitere »Annehmlichkeiten« für das Leben. Ohne die Ozonschicht der Atmosphäre würde uns die Ultraviolettstrahlung der Sonne töten, und ohne schützendes Magnetfeld könnten die energiereichen Partikel der kosmischen Strahlung ungehindert bis zur Erdoberfläche vordringen. Wenn man bedenkt, daß das Universum voller Gefahren und Katastrophen ist, erscheint einem die Erde als sicheres und friedliches Eckchen. Für jene, die glauben, daß Gott die Welt für uns Menschen geschaffen hat, muß all dies Beweis für eine sorgfältige Planung sein, für eine »maßgeschneiderte« Welt, und nicht für eine zufällige Verknüpfung glücklicher Umstände.

Das Bild veränderte sich vollkommen, als sich zeigte, daß das Leben der Erde nicht statisch ist, sondern einem Entwicklungsprozeß unterliegt. Auf der Basis von Darwins Evolutionstheorie fragte man nicht mehr, warum die Erde so viele »lebensfreundliche« Eigenschaften hat, sondern umgekehrt, warum die Lebensformen so gut an die äußeren Umstände angepaßt sind. Mutation und natürliche Auslese lieferten die Erklärung. So erkannte man, daß Organismen, die aufgrund einer zufälligen Erbveränderung etwas besser an die vorgege-

benen Bedingungen angepaßt waren, im Überlebenskampf eine etwas größere Chance besitzen mußten und sich entsprechend zu Lasten ihrer »unterlegenen« Artgenossen allmählich ausbreiten konnten. Wäre beispielsweise die Anziehungskraft der Erde größer, dann hätte die Evolution wahrscheinlich kleinere Tiere mit stärkeren Knochen bevorzugt. Höheren Durchschnittstemperaturen wäre mit der Entwicklung von »Kühlrippen« begegnet worden, und so weiter. Was das Leben betrifft, so sehen wir also, daß die Erde ihm eigentlich weniger optimale Voraussetzungen angeboten hat, sondern daß sich die Lebensformen optimal an die vorgegebenen Umweltbedingungen angepaßt haben – wären sie anders gewesen, dann würden auch wir anders sein. Insofern ist die Erde nichts »Besonderes«.
Allerdings können wir nicht behaupten, das Leben hätte sich an jede beliebige Umwelt anpassen können. Es gibt einige Grenzen und Forderungen, die man für Leben als absolut notwendig ansehen muß. Man wird beispielsweise bezweifeln dürfen, daß sich auf einem atmosphärelosen Himmelskörper (etwa dem Mond) Lebensformen entwickeln können, ebensowenig dort, wo die Temperaturen den Siedepunkt des Wassers überschreiten. Schwer vorstellbar sind bewohnte Planeten auch im Umfeld sogenannter veränderlicher Sterne, deren Temperatur unvermittelt oder rhythmisch schwanken kann. Nehmen wir die Sonne als typischen Stern, so können wir das Leben auf der Erde in einem mehr kosmischen Rahmen betrachten. Sterne gibt es in allen Größen, Massen und Temperaturen. Obwohl unsere Sonne zu den Zwergsternen gehört, vertritt sie einen Sterntyp, der durchaus häufig im Weltall anzutreffen ist. Im Universum gibt es so viele Billionen und Aberbillionen Sterne, daß selbst dann, wenn man Leben als eine äußerst seltene Erscheinung ansieht, in etlichen anderen »Ekken« des Weltalls ebenfalls Leben entstanden sein muß. Daß die Erde zu diesen »Ecken« gehört, liegt dann daran, daß die Entstehung von Leben bevorzugt dort abläuft, wo die Voraussetzungen am günstigsten sind. Daraus können wir schließen, daß unser Platz im Kosmos nicht zufällig ist, sondern dadurch festgelegt, daß hier die notwendigen Voraussetzungen für unsere Existenz gegeben waren. Diese Schlußfolgerung, die oft für selbstverständlich gehalten wird, könnte entscheidend für unsere Sicht von uns selbst und unseren Platz im Gesamten sein.
Wenn wir die gleiche Argumentationskette auf die Frage nach unserem Standort im Hyperraum anwenden, dann können wir vermuten, daß noch viele andere Eigenschaften der Welt auf diese biologische Selektion zurückzuführen sind. Da nur ein winziger Bruchteil aller

denkbaren Welten Leben enthalten kann, muß der überwiegende Teil des Hyperraums unbelebt sein. Die Welt, die wir bewohnen, ist also aus diesen Auswahlprozessen heraus unvermeidlich die Welt, in der wir *leben*.
Diese Argumentationsweise wird, etwas großartig, als »anthropisches Prinzip« bezeichnet. Seine Aussagekraft hängt davon ab, welche Interpretation der Quantentheorie man akzeptiert. Nach der herkömmlichen Kopenhagener Erklärung, die wir in früheren Kapiteln kennengelernt haben, ist nur unsere Welt »wirklich«, und die anderen Welten des Hyperraums sind mögliche Alternativen, die aufgrund der Launenhaftigkeit der Quantensysteme nicht verwirklicht wurden. In diesem Fall können wir nicht behaupten, unsere Existenz würde die Struktur des Universums erklären, weil wir uns dann im Kreis drehen müßten: wir existieren, weil die Voraussetzung für die Entwicklung intelligenter Lebensformen gegeben waren, und die Voraussetzungen waren gegeben, weil wir existieren. In diesem Fall kann das anthropische Prinzip lediglich feststellen, was für ein Glück wir haben, daß wir existieren. Wenn nämlich die meisten der denkbaren Alternativwelten unbelebt sind, dann müssen sie auch »unbeobachtet« vergehen, ohne Kosmologen, die sich über die Unwahrscheinlichkeit ihrer Existenz Gedanken machen. Wir müßten dann also sehr glücklich darüber sein, daß es uns gibt, da die Existenz von Leben äußerst selten ist.
Befürworten wir dagegen die Everettsche Vielwelten-Theorie, dann haben auch die übrigen Welten des Hyperraums eine gleichberechtigte, wirkliche Existenz. Unter der Annahme, daß Leben von der Erfüllung vieler Voraussetzungen abhängt, sind die meisten dieser Alternativwelten jedoch auch jetzt unbewohnt, und nur unsere und ihr sehr ähnliche Welten besitzen Beobachter. In diesem Fall haben wir durch unsere bloße Existenz eben diese Welt aus den unendlichen Möglichkeiten ausgewählt. Ob man dies als »vernünftige« Erklärung der Welt ansieht, hängt davon ab, welche Bedeutung man dem Wort Erklärung beimißt. Wenn man darunter eine Begründung versteht, dann können wir – ausgehend von der üblichen Kausalitätskette – nicht behaupten, das Universum sei durch die Existenz von Leben »begründet«, weil sich das Leben erst in diesem Universum und damit später als dieses entwickelte. Wenn Erklärung aber soviel heißen soll wie »Verständnisgrundlage«, dann führt die Vielwelten-Theorie wirklich zu einer Erklärung dafür, warum viele Dinge um uns herum so sind, wie sie sind. So wie wir erklären können, warum wir auf einem Planeten in der Umgebung eines stabilen Sterns leben, indem

wir zeigen, daß sich nur in solchen Bereichen Leben entwickeln kann, können wir vielleicht auch viele andere allgemeingültige Eigenschaften unseres Universums durch das anthropische Auswahlprinzip erklären. Mit anderen Worten: Die beiden Interpretationen der Quantentheorie erklären die Welt durch Zufall beziehungsweise durch Auswahl.

Wie sehr hängt das Leben aber von einem zufälligen Gleichgewicht ab, und wie weit dürften die Eigenschaften des Universums von den beobachteten Eigenschaften abweichen, ohne seine Existenz zu gefährden? Und wie weit unterscheiden sich die anderen Welten des Hyperraums von unserer Welt? Sollten sie vielleicht am Ende trotz der Vielfalt der denkbaren Möglichkeiten gar nicht so sehr von unserer Welt verschieden sein? Zur Beantwortung der ersten Frage müssen wir bestimmen, ein wie großer Teil aller möglichen Welten bewohnbar ist. Dazu erinnern wir uns daran, daß die Natur der einzelnen Welten von zwei Dingen abhängt: von den physikalischen Gesetzen und von den Anfangsbedingungen. Wir hatten ja schon zu Beginn gesehen, wie die Bahn eines geworfenen Balls zum einen von den Newtonschen Bewegungsgleichungen und zum anderen von Anfangsgeschwindigkeit und Abwurfwinkel bestimmt wird. Da wir die Naturgesetze als absolut gültig annehmen, sollten wir erwarten, daß sie auch in den anderen Welten des Hyperraums ihre Gültigkeit behalten. Im Gegensatz dazu werden die Anfangsbedingungen jedes beliebigen Ablaufs jeweils verschieden sein, denn genau diese Unterschiede machen ja die einzelnen Alternativwelten aus.

Die Zuordnung von Phänomenen zu den Naturgesetzen oder den Anfangsbedingungen ist nicht ganz einfach. Da die Kosmologie das Universum als Ganzes erfassen will, macht es wenig Sinn, nach einem Naturgesetz zu suchen. Ein Naturgesetz ist dadurch charakterisiert, daß es beliebig oft und ohne Ausnahme auf eine große Zahl identischer Systeme angewandt werden kann. Da wir jedoch nur ein Universum kennen, wissen wir nicht, ob es sich als Ganzes nach irgendeinem Gesetz verhält. Ist die Temperatur des Raums, die bei rund 3 Grad über dem absoluten Nullpunkt ($-273{,}16\,°C$) liegt, ein Naturgesetz oder eine zufällige Eigenschaft? Könnte der Raum auch eine andere Temperatur haben? Nur wenn wir auch die anderen Welten des Hyperraums beobachten könnten und unsere hypothetischen kosmologischen Gesetze dort ebenfalls verwirklicht sähen, könnten wir ihnen echte Gesetzesnatur zuerkennen.

Eine weitere Schwierigkeit ergibt sich daraus, daß etwas, was uns heute als fundamentales Naturgesetz erscheint, von späteren Physikergenerationen aufgrund ihrer weiterentwickelten Kenntnisse lediglich als ein Spezialfall eines noch grundlegenderen Gesetzes erkannt werden mag. Ein vertrautes Beispiel ist unser 24-Stunden-Tag. Früher hielt man die Tageslänge von 24 Stunden für ein Naturgesetz, doch heute wissen wir, daß es keine fundamentale Begründung für diese Tageslänge gibt und daß sie sogar Schwankungen unterworfen sein kann und tatsächlich auch ist. Die Abweichungen sind zwar innerhalb einer Lebensspanne sehr gering, können aber mit modernen Atomuhren eindeutig nachgewiesen werden. Über geologische Zeiträume machen sie sich jedoch deutlich bemerkbar – in den letzten 400 Millionen Jahren hat die Tageslänge um einige Stunden zugenommen.

Wenn wir die anderen Welten des Hyperraums betrachten wollen, müssen wir also entscheiden, was an unserer Welt veränderlich sein könnte (wie etwa die Tageslänge) und was wirklich fundamental ist. Da wir aber nicht wissen, welches unserer Naturgesetze bloß die Spezialform eines allgemeineren Gesetzes ist, ist es sicherer, zunächst die Variationsmöglichkeiten der Eigenschaften zu untersuchen, von denen wir wissen, daß sie zufällig sind und dann mögliche Abweichungen der gegenwärtig akzeptierten Naturgesetze zu durchdenken – immer im Bewußtsein, wie spekulativ diese Art der Analyse ist.

Eine der nach dieser Strategie möglichen Fragen könnte sein, ob wir auch in einem Universum leben könnten, dessen Temperatur bei 300 Grad über dem absoluten Nullpunkt liegt und nicht bei 3 Kelvin? (Vom absoluten Nullpunkt aus gerechnet stellt man die Temperatur anhand der Kelvinskala dar, deren Einheit das Celsiusgrad ist. Absoluter Nullpunkt = $-273,16\ °C = 0\ K$ (Kelvin); $0\ °C = 273,16\ K$; $300\ K$ daher $= 26,84\ °C$). Ehe wir eine solche Frage beantworten können, müssen wir uns klar darüber sein, was mit »wir« gemeint ist. Wenn damit intelligentes Leben, wie das der Erde, gemeint ist, muß die Antwort wahrscheinlich »nein« lauten, weil es für irdische Lebensformen dann überall im Universum zu heiß wäre. Dagegen könnte es Lebensformen geben, die möglicherweise auf einer ganz anderen Biochemie basieren und die in einer Umgebung existieren können, die von der Erde grundverschieden ist.

Das irdische Leben basiert auf Kohlenstoff. Dieser hat die Besonderheit, große Molekülgruppen zu bilden, sowohl allein als auch zusammen mit Wasserstoff und Sauerstoff, wobei die Zahl der Kombinationsmöglichkeiten riesig ist. Damit ist der Kohlenstoff für die Entwicklung des Lebens prädestiniert, denn komplexe Molekülverbindungen bilden den Schlüssel zum Leben: ohne ausreichende Vielfalt möglicher Organismen würde die Evolution zum Erliegen kommen. Das Leben muß in der Lage sein, sich möglichst vielfältig an vorgegebene Umweltbedingungen anzupassen. Dies geschieht, wie erwähnt, durch zufällige Veränderungen bei der Weitergabe des genetischen Materials. Nach einer immensen Zahl »fehlgeschlagener Versuche« erfährt eine Spezies irgendwann eine kleine Veränderung, die das betroffene Individuum mit einer Eigenschaft ausstattet, die den Anforderungen der Umwelt besser gerecht wird, als die bisherigen Fähigkeiten. Das intelligente Leben der Erde hat sich auf diese Art in Milliarden kleiner Schritte entwickelt.

Diese notwendige Komplexität begrenzt die Zahl möglicher chemischer »Lebensträger« sehr; vielleicht ist Kohlenstoff das einzige Element, obwohl auch Silizium und Zinn manchmal als denkbare Kandidaten genannt werden. Die Schwierigkeit liegt darin, daß Leben nicht eindeutig definiert ist. Lebende Organismen sind Systeme, in denen Materie und Energie auf höchst komplexe Weise strukturiert sind – aber es gibt zwischen Leben und Nicht-Leben keine feste Grenze. Kristalle sind z. B. komplexe Systeme, die sich selbst reproduzieren können, und doch betrachten wir sie nicht als lebendig. Auch Sterne sind kompliziert aufgebaut und haben ein empfindliches Gleichgewicht, und dennoch käme kaum ein Mensch auf den Gedanken, sie als lebendig zu bezeichnen. Vielleicht ziehen wir die Grenzen zu eng, wenn es um Lebensformen geht. In anderen Regionen des Weltalls mag es komplexe Systeme geben, die in keiner Weise Ähnlichkeiten mit irdischen Lebensformen aufweisen und trotzdem so lebendig sind wie wir.

Der Astronom Fred Hoyle spekulierte 1957 in seinem Science-Fiction-Roman »Die schwarze Wolke« über solche bizarren, uns fremden Lebensformen. Er beschäftigt sich darin mit den gigantischen Wasserstoffwolken, die es im interstellaren Raum gibt. Mit irdischen Wolken sind diese Gasgebilde nicht zu vergleichen, da sie für unsere Verhältnisse extrem dünn sind. Sie enthalten nur rund tausend Atome pro Kubikzentimeter, und wir würden sie im Labor als ausgezeichnetes Vakuum ansehen, denn Luft ist trilliardenfach dichter. Im Verhältnis zum fast vollkommen leeren Raum sind solche Gaswolken jedoch durchaus substantielle Gebilde, die sich beispielsweise dadurch bemerkbar machen, daß sie das Licht dahinterliegender Regionen verschlucken. Hoyle baut seinen Roman auf der Annahme auf, daß diese Gaswolken leben, und zwar in dem Sinne, daß sie Ziele verfolgen, ihre Bewegung amöbenartig kontrollieren können, eine komplexe innere Struktur aufweisen und intellektuelle Fähigkeiten besitzen, die weit über unsere hinausgehen.

Alle Formen chemischen Lebens beruhen im Grunde auf der elektromagnetischen Kraft, denn sie kontrolliert die chemischen Prozesse, indem sie die elektrischen und magnetischen Wechselwirkungen der einzelnen Atome und Moleküle in unseren Körpern steuert. Die elektromagnetische Kraft ist aber nur eine von vier uns bekannten Naturkräften. Es gibt außerdem die Gravitation und zwei Kernkräfte, die sogenannte starke und die schwache Wechselwirkung. Wenn wir über mögliche Lebensformen ganz allgemein diskutieren, dürfen wir Leben, das von diesen anderen Kräften gesteuert wird, nicht von vornherein ausschließen. Es scheint jedoch, wenigstens oberflächlich gesehen, als wären diese drei anderen Kräfte ungeeignet, Leben aufzubauen. Die Gravitation ist so schwach, daß erst astronomische Massen sich genügend bemerkbar machen. Eine Galaxie oder allenfalls noch ein Sternhaufen dürften die niedrigste Organisationsstufe auf Gravitationsbasis sein. Kann man einer Galaxie Leben zusprechen? Wir können es uns nur sehr schwer vorstellen und schon gar nicht überprüfen, denn selbst das Licht als schnellste Verbindung unter den einzelnen »Zellen« eines solchen Organismus braucht rund 100 000 Jahre vom einen Rand unserer Milchstraße bis zum anderen. Und das wäre nur die »Reaktionszeit« dieses Wesens – jede Aktivität als Ganzes müßte entsprechend langsamer sein. Eine Schnecke wäre ein Wirbelwind dagegen.

Aber auch ein Leben auf der Basis von Kernkräften ist schwer vorstellbar. Atomkerne sind zusammengesetzte Körper, die durch starke Kräfte zusammengehalten werden und erinnern damit auf den ersten Blick an Moleküle, in denen Atome durch elektromagnetische Kräfte zusammengehalten werden. Doch dieser Vergleich ist oberflächlich. Atomkerne enthalten nur zwei Sorten von Teilchen: elektrisch positiv geladene Protonen und elektrisch neutrale Neutronen. Beide unterliegen der starken Kernkraft, die sie auf engem Raum zusammendrängt. Ein schwerer Atomkern wie etwa der des Urans vereint über 230 solcher Kernteilchen in sich. Trotzdem ist die Vorstellung von lebendigen Atomkernen nicht haltbar, denn das Kräftegleichgewicht im Innern eines Atomkerns ist sehr empfindlich. Während die Kernkraft die Teilchen aneinanderbindet, treibt die elektromagnetische Kraft, die auf die Protonen wirkt, sie auseinander, da sich gleichnamige Ladungen gegenseitig abstoßen. Zwar ist die Anziehungskraft des Atomkerns viel stärker als die elektromagnetische Abstoßung, aber sie reicht nicht sehr weit und wird fast unwirksam, wenn die Teilchen weiter als ein Billionstel Zentimeter vom Kern entfernt sind. Das bedeutet, daß ein Neutron oder Proton nur seine nächsten Nachbarn an sich fesseln kann, während die Abstoßungskraft der Protonen auf alle anderen Protonen wirkt, denn sie läßt nur allmählich mit der Entfernung nach. Entsprechend gewinnt die elektromagnetische Kraft in Atomkernen mit vielen Protonen sehr bald die Oberhand.

Dies kann dazu führen, daß die elektrische Abstoßung stärker wird als die Kernkraft, so daß der Atomkern explodiert. Bei der Aufrechterhaltung des Gleichgewichts in schweren Atomkernen mit vielen Protonen helfen die Neutronen mit. Sie verstärken den Zusammenhalt, ohne der Abstoßung zu unterliegen, da sie elektrisch neutral sind. Aus diesem Grund ist bei leichten Atomkernen die Zahl der Protonen und Neutronen normalerweise gleich (Sauerstoff beispielsweise enthält acht Protonen und acht Neutronen), während Uran, das schwerste auf der Erde vorkommende Element, neben seinen 92 Protonen noch bis zu 148 Neutronen enthält. Wir kennen zwar auch Atome mit noch mehr Protonen, doch sind sie – wie auch das Uran – alle radioaktiv und zerfallen nach vergleichsweise kurzen Zeiten. Daraus können wir ableiten, daß die mögliche Zahl der »Helfer«, der Neutronen, begrenzt ist, und das wiederum liegt an der zweiten Kernkraft, der sogenannten schwachen Wechselwirkung.

Die schwache Wechselwirkung ist viel schwächer als die elektromagnetische Kraft, und auch ihre Reichweite ist wie die der starken Kernkraft sehr gering – so gering, daß sie bislang noch nicht genau gemessen werden konnte. Sie spielt bei der Aneinanderbindung von Elementarteilchen keine Rolle – im Gegenteil: ihr Wirken scheint darauf beschränkt zu sein, Elementarteilchen zerfallen zu lassen. Besonders kraß macht sie sich beim Neutron bemerkbar. Wenn ein Neutron von einem Atomkern gelöst wird, zerfällt es nach rund 15 Minuten in ein Proton, ein Elektron und ein drittes Teilchen, das Neutrino genannt wird. Im Atomkernverbund wird der Zerfall durch ein grundlegendes Quantenprinzip verhindert, das Pauli-Prinzip, das wir bereits im vierten Kapitel kennengelernt haben. Es besagt, etwas vereinfacht, daß alle Protonen identisch sind und nicht den gleichen Quantenzustand besetzen können. Das heißt, daß sich die Materiewellen der Protonen nicht zu sehr überlagern dürfen; daher können sie sich nicht beliebig nahe kommen. Wenn also ein Neutron innerhalb eines Atomkerns in ein Proton und die beiden anderen Teilchen zu zerfallen versucht, kann es sein, daß für dieses zusätzliche Proton im Kern kein »Platz« ist, weil alle möglichen Quantenzustände be-

reits besetzt sind. In diesem Fall wird der Zerfall des Neutrons verhindert.
Der Aufbau eines Atomkerns ähnelt in einem Punkt dem eines Atoms: die Elektronen um den Atomkern herum sind auf bestimmte Energieniveaus verteilt, und auch die Protonen und Neutronen des Atomkerns sind an solche Energieebenen gebunden. Wenn die unteren »Etagen« besetzt sind, kann ein hinzukommendes Teilchen nur in einer höheren Etage Platz finden. Normalerweise hat ein Neutron nicht genügend Energie, das aus ihm entstehende Proton ein Stockwerk höher zu befördern. Wenn aber ein Atomkern eine große Zahl an Neutronen enthält, löst sich dieses Problem, denn auch die Neutronen unterliegen dem Pauli-Prinzip. Je mehr Neutronen vorhanden sind, desto mehr von ihnen müssen von vornherein in den oberen Energie-Etagen angesiedelt werden, und dort sind sie von vornherein energiereich genug, um beim Zerfall das entstehende Proton auf der unbesetzten Ebene zu hinterlassen. Neutronenüberreiche Atomkerne sind also nicht stabil und wandeln sich in Kerne mit mehr Protonen um, während protonenüberreiche Kerne aufgrund der elektrischen Abstoßung zum Zerfall neigen. Diese beiden Arten atomarer Umwandlung führen zu zwei Arten von Radioaktivität, die als Beta- und Alpha-Aktivität bekannt sind. Zusammen sorgen sie dafür, daß Atomkerne mit mehr als einigen hundert Bausteinen nicht sehr stabil sind; einige hundert Bausteine sind aber zu wenig im Hinblick auf die notwendige Komplexität und Vielfältigkeit, die einer lebenden Materie als Grundlage dienen sollte.
Wir kommen also zu dem Schluß, daß allein die elektromagnetische Kraft die Voraussetzungen für das Entstehen genügend komplexer Strukturen schafft, wie sie für eine sinnvolle Definition von Leben notwendig sind. Diese Definition besagt dann, daß Leben eine organisierte Form elektromagnetischer Energie ist, die wahrscheinlich auf chemischen Bindungen aufbaut. Im folgenden wollen wir an einer eher konservativen Auffassung festhalten und annehmen, daß alle möglichen Lebensformen eine gewisse Ähnlichkeit zu dem auf der Erde anzutreffenden Leben haben müssen.
Wenn wir uns nun den Lebensbedingungen und -möglichkeiten in anderen Welten des Hyperraums zuwenden, müssen wir die Diskussion zunächst in eine kosmische Dimension verlagern.
Es geht uns nicht um solche Universen, in denen die Erde unbelebt ist, Leben aber an anderen Stellen vorkommt, sondern vielmehr darum, ob Leben sich irgendwo in bestimmten Alternativuniversen bilden *kann*. Da wir die Sonne als »normalen« Stern ansehen, sollten

wir grundsätzlich annehmen dürfen, daß auch andere Sterne dieses Typs von Planeten umgeben sind. Planeten sind zu klein, als daß sie selbst mit den größten Fernrohren direkt gesehen werden könnten; wir haben allenfalls indirekte Hinweise auf ihre Existenz. Dennoch können wir aus unserem Wissen über die Sternentstehung und aus den Miniatursonnensystemen um Jupiter und Saturn (beide haben mehrere Monde) schließen, daß viele andere Sterne ebenfalls über Planeten verfügen, einige davon unvermeidlich der Erde ähnlich. Unsere Milchstraße, enthält rund 100 Milliarden Sonnen, die zu einer gewaltigen Spiralstruktur gruppiert sind; man schätzt die Zahl vergleichbarer Spiralgalaxien ebenfalls auf einige 10 bis 100 Milliarden. Die Erde nimmt also keine Sonderrolle ein, und ähnliches dürfte für das Leben gelten. Wir haben zwar keine definitiven Beweise für die Existenz des Lebens im Weltall, doch es wäre erstaunlich, wenn es nicht wenigstens bisweilen auftreten würde. Die Zahl der Sterne ist so groß, daß, selbst wenn Leben extrem selten wäre, es hin und wieder entstehen müßte. Wenn es andere Universen gibt, in denen kein Leben entstand, so kann das darum nur daran liegen, daß die Grundvoraussetzungen nirgends erfüllt waren und entsprechend die Gesamtstruktur so einer Welt sich von unserem Universum grundlegend unterscheiden muß. Der jeweilige Zustand von Erde und Sonne allein ist im Rahmen des anthropischen Prinzips viel zu nebensächlich, um Leben in anderen Welten unmöglich zu machen.

Wenn wir davon ausgehen, daß die Gesamtstruktur des Kosmos für die Entstehung des Lebens verantwortlich ist, dann brauchen wir uns um die Alternativwelten des Hyperraums, die sich gerade jetzt oder erst in jüngerer Vergangenheit von unserer Welt abgespalten haben, keine Gedanken zu machen, denn sie entsprechen in ihrem Aufbau im wesentlichen unserer Welt. Die (relativ) geringe Veränderung im Verhalten einiger Atome mag zwar die Erbmasse eines zukünftigen Politikers so verändern, daß ein Weltkrieg entsteht oder verhindert wird – aber sie kann nicht die gesamte Galaxis umformen.

Wenn wir Welten untersuchen wollen, die sich bereits sehr weitgehend von unserer unterscheiden, dann müssen wir bis zum gemeinsamen »Schnittpunkt« in die Vergangenheit zurückgehen, und zwar um so weiter, je größer die Unterschiede sind. Die Situation ist ähnlich wie bei den evolutionären Prozessen des Lebens. Das Leben begann auf der Erde vor knapp 4 Milliarden Jahren mit sehr einfachen Organismen, aus denen sich allmählich neue Formen entwickelten. Mit steigender Komplexität stieg auch die Zahl der Formen, so daß wir heute Elefanten neben Ameisen finden und Algen neben Bäumen. In

jeder Generation gibt es neue »Verästelungen« von der Hauptspezies, aber die Schritte sind so winzig und das Tempo ist so gering, daß man selbst nach einigen Generationen kaum auffallende Unterschiede registrieren kann. Um den gemeinsamen Ursprung von Menschen und Affen oder von Schafen und Ziegen zu finden, braucht man nur einige Millionen Jahre weit in die Vergangenheit vorstoßen. Die gemeinsamen Vorfahren von Mensch und Maus lebten dagegen bereits vor rund 200 Millionen Jahren. Noch einmal soweit zurück müssen wir gehen, um den Urahn von Mensch und Frosch zu finden, und wenn wir schließlich den Ursprung von Tier und Pflanze suchen, dürfte eine Milliarde Jahre nicht mehr ausreichen.
Ähnlich ist es, wenn wir die gemeinsamen Quellen der einzelnen Welten des Hyperraums aufspüren wollen. Die Kosmologen nehmen, wie wir im zweiten und fünften Kapitel gesehen haben, an, daß das Universum vor rund 15 Milliarden Jahren ebenfalls einen Anfang hatte. Auf Seite 117 sahen wir, daß der Ursprung des Weltalls eventuell eine Raumzeit-Singularität gewesen sein könnte; wenn diese Vermutung stimmt, dann hat das Weltall keine weiter erforschbare Vergangenheit. Im unmittelbaren Anschluß an diese Raumzeit-Singularität hat sich dann der Urknall ereignet, die Anfangsphase, in der sich das Weltall explosionsartig ausbreitete. Um das Schicksal der anderen Alternativwelten zu untersuchen, müssen wir bis zu diesem Urknall zurückgehen und herausfinden, wie sich aus diesem Chaos die ersten Welten gebildet haben. Ähnlich wie kleinste Veränderungen vor drei Milliarden Jahren zu völlig verschiedenen Lebensformen auf der Erde führten, hätten zufällige Veränderungen in der Anfangsphase des Universums die Welt in eine Entwicklungsrichtung bringen können, die zu einem heutigen Zustand geführt hätte, der uns völlig fremd wäre. Der Anhäufungseffekt der zahllosen kleinen Veränderungen treibt die einzelnen Welten des Hyperraums immer weiter voneinander fort.
Die wirklich entscheidenden Änderungen betreffen die Geometrie des Raums. Im fünften Kapitel haben wir die Vorstellung eines Hyperraums als Raum aus Räumen kennengelernt. Wir können jede Alternativwelt als Welt mit einer etwas veränderten Raumgeometrie ansehen; einmal kaum verändert, dann wieder so stark, daß selbst die Topologie verändert ist. Unter den unzähligen Welten des Hyperraums muß es Universen in allen denkbaren Formen geben. Uns interessiert daher die Frage, ob unsere Welt eine ganz spezielle Form besitzt und ob diese Form möglicherweise irgendeinen Einfluß auf die Existenz von Leben in diesem Universum hat.

Der Begriff »Form des Raums« ist recht vage, und es muß eine Möglichkeit gefunden werden, ihn mathematisch präzise darzustellen. Die Mathematiker haben Eigenschaften gefunden, mit deren Hilfe sie die Abweichung des Raums von der »Ebene« messen können. Sie bestimmen gewissermaßen das Maß der Störungen – der Höcker, der Verdrehungen oder Scherungen – an jedem einzelnen Ort. Zwei Arten dieser »Störungen« lassen sich leicht erkennen. Die eine nennt man Anisotropie; sie ist ein Maß dafür, wie stark die Form oder Geometrie des Raums sich in verschiedenen Richtungen verändert. Wenn sich das Universum beispielsweise entlang einer Blickrichtung sehr rasch, senkrecht dazu aber langsamer ausdehnte oder sogar zusammenzöge, dann würden wir sagen, das Universum sei höchst anisotrop. Die andere leicht erkennbare Störung der Raumgeometrie wird Inhomogenität genannt – sie ist ein Maß dafür, wie sehr die Geometrie des Universums sich von Ort zu Ort verändert. Wenn ein Raum sehr viele Unregelmäßigkeiten enthält und sich an verschiedenen Stellen unterschiedlich schnell ausbreitet, dann ist er sehr inhomogen.

Schon ein Blick auf den Himmel zeigt, daß das Universum weder völlig isotrop noch homogen ist. Die Existenz der Sonne beispielsweise schafft eine Delle im Raum, die eine lokale Inhomogenität darstellt. Die Milchstraße bezeichnet eine bestimmte Richtung am Himmel und stellt eine Art von Anisotropie dar, die allerdings nicht so lokal begrenzt ist wie die Störung durch die Sonne. Wenn man allerdings die großen Teleskope in die Tiefen des Raums richtet, wird eine bemerkenswerte Tatsache ersichtlich. In sehr großem Maßstab, das heißt, über Entfernungen, die mit dem Durchmesser großer Milchstraßenhaufen vergleichbar sind, scheint der Raum extrem gleichmäßig zu sein, sowohl isotrop als auch homogen. Ganz gleich, wohin die Astronomen blicken – sie sehen in jeder beliebigen Richtung und Entfernung in etwa die gleiche Anzahl von Galaxien, die sich noch dazu alle mit etwa der gleichen Geschwindigkeit von uns entfernen. Die Homogenität läßt sich nicht so einfach nachweisen, aber sie ergibt sich indirekt aus der folgenden geometrischen Beziehung zwischen Homogenität und Isotropie: solange die Erde nicht im Mittelpunkt des Weltalls steht (und es gibt heute keine Begründung mehr für dieses geozentrische Weltbild), muß ein Weltall, das uns isotrop erscheint, überall isotrop sein. Es läßt sich aber zeigen, daß ein völlig isotropes Weltall gleichzeitig homogen sein muß. Entweder stehen wir also im Mittelpunkt des Universums oder das Weltall ist isotrop und homogen – zumindest im kosmologischen Maßstab.

Wenn das Universum wirklich überall homogen ist und nicht nur in dem engen Bereich, den wir mit unseren Teleskopen überblicken können, dann kann dieses Universum auch keinen Mittelpunkt und keinen Rand haben, denn dies wären Orte mit Eigenschaften, die im Widerspruch zur Homogenität stehen. Wir haben im zweiten Kapitel bereits gesehen, daß dies nicht unbedingt gleichbedeutend mit einem unendlichen Universum sein muß, da der Raum gekrümmt sein und nach Art einer Hyperkugelfläche in sich selbst zurückführen kann. Damit aber geraten wir auf das Feld der Topologie, die für die Diskussion des anthropischen Prinzips und die Frage nach den Grundvoraussetzungen des Lebens wahrscheinlich ohne große Bedeutung ist, auch wenn es für Kosmologen und Philosophen aus anderen Gründen hochinteressant ist.

Angesichts der unbegrenzten Vielfalt an komplexen Formen, die ein Universum haben könnte, dürfen wir die extrem symmetrische Struktur unseres Weltalls als durchaus überraschend ansehen. Diese Gleichförmigkeit ist so bemerkenswert, daß die meisten Kosmologen sie nicht einfach hinnehmen, sondern Gründe dafür suchen. Diese Symmetrie wird noch erstaunlicher, wenn man die Relativitätstheorie mit einbezieht. Wir wissen, daß das Licht in ihr eine besondere Rolle einnimmt, weil sich kein physikalischer Effekt schneller als mit Lichtgeschwindigkeit ausbreiten kann. Wenn sich der Raum ausdehnt, kann das Verhalten von Licht sehr seltsam werden. Das Licht muß wie ein Läufer auf einem Fließband den sich entfernenden Galaxien hinterherjagen. Die Galaxien aber entfernen sich voneinander, weil sich der Raum zwischen ihnen in allen Richtungen ausdehnt, also auch der Raum, den das Licht auf seiner Reise durchquert. Entsprechend wird auch der Lichtstrahl auseinandergezogen. Seine Wellenlänge wird gedehnt und damit »röter«. Dies ist der Ursprung der berühmten kosmischen Rotverschiebung, die Hubble in den 20er Jahren entdeckte und aus der er ableiten konnte, daß sich das Weltall ausdehnt.

Je länger der Lichtstrahl unterwegs ist, desto mehr wird seine Wellenlänge gestreckt, und es erhebt sich die Frage, ob sie irgendwann einmal bis zur Unendlichkeit verzerrt werden kann. In diesem Fall könnte sie überhaupt keine Information mehr übermitteln. Anhand einer mathematischen Analyse kann man ableiten, unter welchen Umständen so eine unendliche Rotverschiebung entstehen müßte. Es zeigt sich, daß es genau von der Art und Weise abhängt, mit der sich das Universum von der Singularität ausbreitet. Läuft die Expansion mit gleichbleibender Geschwindigkeit ab, dann kann ein Lichtstrahl jeden Winkel des Universums erreichen, ohne bis zur Unkenntlichkeit rotverschoben zu sein. Ist die Expansionsrate dagegen nicht konstant, können solche unendlichen Wellenlängen auftreten. In dem besonderen Fall, daß die Expansionsrate abnimmt, entsteht um jeden Ort des Universums eine Art »unsichtbarer Blase«, die jene Region einhüllt, die von einem Beobachter überblickt werden kann. Die Raumbereiche außerhalb dieser »Blase« bleiben für ihn unsichtbar, ganz gleich, wie starke Teleskope er einsetzt, denn das Licht dieser Bereiche ist unendlich rotverschoben. Die Oberfläche dieser Blase bildete in gewisser Weise einen Horizont, über den hinaus man nicht blicken kann. Da jeder Beobachter immer im Mittelpunkt »seiner« Blase steht, überlappen sich die Horizonte benachbarter Orte. Ein Astronom im Andromedanebel würde am Horizont seines sichtbaren Universums Objekte erkennen können, die für uns unsichtbar blieben, und umgekehrt. Sind die beiden Beobachter dagegen sehr weit voneinander entfernt, überlappen sich ihre Blasen nicht mehr gegenseitig, und dann leben sie in jeder Beziehung in physikalisch verschiedenen Universen.

Die Mathematik ermöglicht uns eine Antwort auf die Frage, ob unsere Welt einen solchen Horizont besitzt. Aus der Allgemeinen Relativitätstheorie Einsteins erhält man eine Gleichung, die die Bewegung des Raums mit der in ihm enthaltenen Materie verknüpft. Wenn wir diese Gleichung unter der vereinfachenden Annahme eines gleichförmigen Universums lösen, so kommen wir zu dem Ergebnis, daß die Expansionsrate abnehmen muß, solange die Energie und der Materiedruck positiv bleiben – und gegenteilige Fälle sind uns nicht bekannt. Die explosive Expansion des Urknalls hat sich inzwischen immer weiter verlangsamt und läuft heute nur noch etwa trillionenfach langsamer ab als eine Sekunde nach dem Urknall. Das aber heißt, daß es tatsächlich einen Horizont in unserem Universum geben muß.

Die Blasen sind nicht statisch – sie dehnen sich mit Lichtgeschwindigkeit aus; entsprechend wächst unser Horizont, und im Lauf der Zeit werden immer weitere Bereiche des Universums für uns sichtbar. Die Entfernung zum Horizont muß also so groß sein wie die Strecke, die das Licht seit der Entstehung des Weltalls vom Zentrum der Blase hat zurücklegen können. Derzeit ist dieser Blasenhorizont daher etwa 15 Milliarden Lichtjahre von uns entfernt. Könnten wir direkt bis zum Horizont sehen, würden wir die Geburt des Universums beobachten. Leider war das Weltall aber während der ersten 100000 Jahre für Licht undurchlässig, so daß wir nicht weiter in die Vergangenheit zurückblicken können als bis zu dieser Epoche. Wollen wir etwas über die früheren Epochen des Universums erfahren, so sind wir auf indirekte Informationen angewiesen.

Welche Bedeutung dieser Horizont für die Natur der kosmischen Ausdehnung hat, läßt sich am besten verstehen, wenn man sich immer frühere Augenblicke vorstellt. Eine Sekunde nach dem Urknall hatte der Horizont einen Radius von 300000 Kilometern (entsprechend einer Lichtsekunde); eine Nanosekunde (Milliardstelsekunde) nach dem Urknall war er nur rund 30 Zentimeter groß, und wenn wir bis auf ein »Jiffy« an den Urknall herankommen, dann lassen sich bereits mehr dieser Blasen in einen Fingerhut füllen als es Atome im Universum gibt: die Zahl liegt in der Größenordnung von einer 1 mit hundert Nullen. Diese Bläschen stellen Räume dar, die keine physikalische Verbindung mit irgendwelchen außerhalb gelegenen Räumen haben können: die »Hülle« des Bläschens ist die weiteste Entfernung, über die sein Zentrum etwas erfahren kann. Was jenseits dieser Grenze passiert, kann das Innere physikalisch nicht beeinflussen.

Wenn wir also die Uhr bis auf ein Jiffy nach dem Urknall zurückdrehen, erreichen wir den Punkt, an dem die Raumzeit durch Quanteneffekte so stark zerrissen wird, daß sie nicht länger als Kontinuum existieren kann, sondern sich eher wie Schaum verhält. Innerhalb eines solchen Jiffybläschens von einer Everett-Aufspaltung der Welten zu reden ergibt keinen Sinn, so daß wir den Zeitpunkt »ein Jiffy nach dem Urknall« als Anfang des großen kosmischen Schauspiels annehmen können.

Zu welcher Form wird sich Jiffyland entwickeln, wenn in ihm alle denkbaren Geometrien in wellenartiger Überlagerung existieren? Da die Horizonte zu diesem Zeitpunkt so winzig sind, erreicht jedes Wurmloch, jede Brücke und jeder Tunnel sehr rasch die Dimension einer solchen Jiffyblase, und das Muster der anfänglichen Expansion spiegelt daher das lokale Muster des Quantenchaos wider. Im größeren Maßstab dagegen kann der Raum jede beliebige Form haben. Da die einzelnen Blasen von ihrer gegenseitigen Existenz nichts wissen können, ist kaum zu erwarten, daß sie alle mit der gleichen Geschwindigkeit expandieren.

Hier stoßen wir auf eins der großen kosmologischen Rätsel. Es wurde schon gesagt, daß unsere Beobachtungen auf ein extrem einheitliches und symmetrisches Universum hindeuten, sowohl was die Verteilung der Galaxien angeht als auch in bezug auf das Muster ihrer Expansionsbewegung. Wenn das Universum, das sich aus Jiffyland entwikkelte, aus unzähligen voneinander unabhängigen Regionen bestand, warum sollten diese dann alle so zusammengewirkt haben, daß wir heute eine geordnete Bewegung erkennen können? Wenn das Universum am Anfang von Zufällen bestimmt wurde, dann hätte es sich höchst turbulent und chaotisch ausdehnen müssen, weil jede der einzelnen Jiffyblasen eine andere Expansionsrate gehabt haben dürfte. Und weil diese Blasen ohne gegenseitigen physikalischen Kontakt waren, konnten sie auch nicht in einer gleichmäßigen Bewegung zusammenwirken. Wenn die gesamte Energie zufällig auf alle möglichen Expansionsweisen verteilt ist, dann muß der größte Teil von ihr zu chaotischen Bewegungen innerhalb des Universums führen, und unsere Welt mit ihrer beobachteten gleichmäßigen und isotropen Expansion wäre denkbar unwahrscheinlich. Warum also hat sich unsere Welt aus all den möglichen Expansionsweisen, von denen sich die meisten in ihrem Chaos durch nichts voneinander unterscheiden, gerade dieses wohlgeordnete Muster ausgesucht?

Wie bemerkenswert diese gleichmäßige Expansion ist, läßt sich anhand der Erörterung von Seite 26 verdeutlichen. Wenn wir uns ein Diagramm vorstellen, in dem jeder Punkt für ein mögliches Anfangsverhalten des Universums steht, dann entspricht nur ein einziger Punkt einer vollkommen homogenen und isotropen Expansion. Da wir aus beobachtungstechnischen Gründen nur Abweichungen von dieser Homogenität und Isotropie nachweisen können, die oberhalb einer Mindestgrenze liegen, können wir nur mit einer gewissen Fehlerquote sagen, das Universum sei homogen und isotrop (im Falle der Isotropie liegt die Abweichung bei maximal 0,1 Prozent); in unserem Diagramm werden wir daher realistisch einen kleinen Kreis um den Punkt ziehen müssen, der einer exakt homogenen und isotropen Expansion entspricht. Außerhalb dieses Kreises liegende Punkte stehen dann für ungeordnetere Expansionsbewegungen. Wenn das Universum also bloß zufällig aus dieser Vielzahl möglicher Expansionen ausgewählt wurde, dann wäre das so, als ob wir mit verbundenen Augen eine Nadel in dieses Diagramm stechen und dabei den winzigen Kreis um den Punkt der homogenen und isotropen Expansion treffen. Zugegeben, wir haben keine Vorstellung darüber, wie groß das gesamte Diagramm im Verhältnis zu dieser Kreisfläche sein müßte, aber dennoch stimmt die Überlegung zumindest qualitativ: die Wahrscheinlichkeit, den »richtigen« Punkt – die geordnete Expansionsbewegung – zufällig zu treffen, ist vernachlässigbar gering.

Mit einem Beispiel läßt sich diese Aussage verdeutlichen. Denken wir uns eine große, dicht zusammengedrängte Menschenmenge, bei

der jede einzelne Person ein Raumbläschen darstellt. Weil die Bläschen keinen Kontakt zueinander haben können, werden den Menschen die Augen verbunden. Die ganze Gruppe repräsentiert die Singularität, und auf einen Pfiff soll jeder einzelne geradlinig aus dem Gedränge fortlaufen – das Universum expandiert.
Die Gruppe verteilt sich zunächst ungefähr ringförmig und die Läufer haben die Anweisung, ihr Tempo so auszurichten, daß dieser Ring möglichst rund bleibt. Es weiß aber natürlich niemand, wie schnell die anderen laufen und so wählt jeder ein zufälliges Tempo. Das Ergebnis ist mit größter Wahrscheinlichkeit eine deformierte, zerrissene Linie, weit entfernt von der Kreisform. Natürlich gibt es die Möglichkeit, daß alle Läufer zufällig mit der gleichen Geschwindigkeit laufen, aber sie ist offensichtlich äußerst unwahrscheinlich. Wir dagegen beobachten heute ein Universum, das entsprechend diesem Vergleich eine nahezu perfekte Ringform besitzt, mit Abweichungen unterhalb der Nachweisgrenze. Wie ist das möglich? Ist es ein Wunder?
Vor etwa zehn Jahren wurde ein genialer Vorschlag gemacht, um diese unwahrscheinliche Symmetrie zu erklären. Im Vergleich mit den Läufern besagt es folgendes: Wenn die Gruppe losrennt, sind unvermeidlich einige schneller als ihre Nachbarn. Nach einer Weile jedoch ermüden sie und werden langsamer, so daß die Zurückgebliebenen, die noch mehr Kraft übrig haben, aufholen. Nach ausreichend langer Zeit wird sich eine ungefähre Ringform erschöpfter Läufer entwickeln, die immer langsamer werden.
Übersetzt in die Sprache der Kosmologie hieße dies, daß sich in der Anfangsphase einige Regionen des Universums mit mehr Energie, d. h. schneller, ausgebreitet haben als andere, so daß manche Richtungen sehr stark gedehnt wurden und manche zurückblieben. Bremsende Effekte begannen dann die Energie der stärkeren Bewegungen aufzuzehren, so daß sie langsamer wurden und von den gemächlicheren eingeholt werden konnten. Schließlich wurde aus dem anfangs turbulenten Zustand eine eher ruhige und langsamere Bewegung von großer Gleichförmigkeit – genau wie wir sie beobachten.
Damit diese Erklärung funktionieren kann, müssen wir zunächst solche energieaufzehrenden Mechanismen finden, die der Ermüdung der Läufer entsprechen. Sie müssen vor allem dafür sorgen, daß sie den energiereicheren Regionen mehr Energie wegnehmen als den »Nachzüglern«. Wir kennen einige mögliche Kandidaten für diesen Prozeß. Da ist beispielsweise die gewöhnliche Viskosität, die »Zähigkeit« von Flüssigkeiten oder Gasen, die etwa an einem Boot oder

Flugzeug »zieht«. Eine andere Möglichkeit, die in den letzten Jahren häufig untersucht worden ist, ergibt sich dadurch, daß ständig neue Elementarteilchen aus dem Vakuum entstehen können, weil die Bewegungsenergie des Raums sich in Materie umwandeln kann, wie wir im vierten Kapitel sahen. Berechnungen zeigen, daß dabei alle Arten von Teilchen entstehen können – Elektronen, Neutrinos, Protonen, Neutronen, Photonen, Mesonen und sogar Gravitonen. Durch das Erscheinen dieser neuen Teilchen wird dem sich ausdehnenden Raum Energie genommen, so daß seine Expansion allmählich gedämpft wird. Ein entscheidender Punkt dieses Mechanismus' liegt darin, daß seine Wirksamkeit – die Umwandlung von Energie in Materie – in den ersten Momenten, wenn die Expansionsgeschwindigkeit noch extrem hoch ist, größer ist als später. (Darum nimmt man nicht an, daß die Ur-Turbulenzen sehr lange angehalten haben – ihre Energie wurde zu Partikeln.)

Doch ganz gleich, welchen Prozeß wir in Erwägung ziehen, er wird in jedem Fall zu einer Aufheizung geführt haben. Nach dem Zweiten Hauptsatz der Thermodynamik, der das System aller Energieformen beschreibt, entsteht überall dort, wo Energie umgewandelt wird, unvermeidlich am Ende Wärme. Auf der Erde hat die verschwenderische Wärmefreisetzung bereits solche Ausmaße angenommen, daß einige Wissenschaftler das Abschmelzen der Poleiskappen voraussagen. Nach dem Urknall war die Hitzeproduktion aufgrund der Teilchenentstehung und anderer Prozesse so gewaltig, daß das Universum die Eigenschaften eines kosmischen Ofens annahm, mit Temperaturen, wie sie uns heute unvorstellbar erscheinen und wie wir sie auch an keiner Stelle im Universum mehr antreffen, nicht einmal im Innern der heißesten Sterne. Im Jahre 1965 gelang eine der sensationellsten wissenschaftlichen Entdeckungen aller Zeiten, als zwei amerikanische Ingenieure die Reste dieses anfänglichen Feuerballs zufällig aufspürten, während sie die Möglichkeiten von Kommunikationssatelliten für die Bell Telephone Company untersuchten. Weil sich das Universum seit seiner Entstehung so weit ausgedehnt hat, ist auch diese anfängliche Temperatur bereits bis nahe an den absoluten Nullpunkt gesunken, aber das »Nachglühen« macht immer noch eine Temperatur von rund 3 Kelvin aus. Diese kosmische Hintergrundstrahlung durchdringt das Universum anscheinend vollkommen und ist damit ein starkes Indiz dafür, daß die Vorstellung von einem heißen Urknall prinzipiell richtig ist. Die kosmische Wärmestrahlung ermöglicht aber auch Untersuchungen der Isotropie des frühen Weltalls, da sie »verschlüsselte« Informationen über den Zustand des

Universums 100000 Jahre nach dem Urknall enthält, als der Raum durchsichtig wurde. Zu diesem Zeitpunkt war die Temperatur bereits auf einige tausend Grad gesunken, so daß die Gase die Strahlung nicht mehr absorbierten. So weit wir die entsprechenden Messungen bis heute verstehen, war das Universum schon zu diesem frühen Zeitpunkt mit einer Abweichung von maximal 0,1 Prozent isotrop.

Die Temperatur des frühen Universums enthält auch entscheidende Hinweise für unser Verständnis der Dinge, die in diesen ersten hunderttausend Jahren abgelaufen sein müssen. Dabei wissen wir über die allererste Sekunde nur sehr wenig, so daß uns nur einige grundlegende Prinzipien und mathematische Analysen weiterhelfen. Wir können beispielsweise versuchen auszurechnen, wieviel Hitze freigesetzt wird, wenn eine bestimmte Energiemenge in neue Teilchen umgesetzt wird, und diese Temperatur mit der heute beobachteten 3-Kelvin-Strahlung vergleichen. Daraus lassen sich dann Rückschlüsse auf das Maß an Turbulenz ziehen, das anfangs geherrscht hat. Es stellt sich dabei jedoch heraus, daß die Wärme, die bei diesem Prozeß freigesetzt wird, ganz entscheidend vom Zeitpunkt der Umwandlung abhängt. Dies liegt daran, daß die Umwandlung in einem expandierenden Universum stattfindet und die Expansionsbewegung sowohl die Wärme als auch die Turbulenz reduziert (die Temperatur nimmt ab, weil das vorgegebene Volumen durch die Expansion immer größer wird, die Wärmeenergie sich also auf einen immer größer werdenden Raum verteilen muß; deshalb ist die Temperatur inzwischen auch auf 3 Kelvin gesunken). Eine genaue Analyse zeigt, daß die Turbulenzenergie aufgrund der Teilchenentstehung viel schneller abnimmt als die Wärme aufgrund der Expansion – je früher also die Teilchenumwandlung stattgefunden hat, desto heißer muß das Universum geworden sein und auch heute noch sein. Diese Information aber führt uns vor ein unerwartetes Paradoxon, weil doch die Umwandlungsprozesse um so wirkungsvoller sind, je früher sie haben stattfinden können. Wenn wir Zahlenwerte einsetzen, erhalten wir als überraschendes Resultat, daß fast jede anfängliche Anisotropie mehr Hitze bei ihrer Abbremsung hätte erzeugen müssen, als wir heute im Universum vorfinden. Es sieht also so aus, als sei unser Universum mit der geringstmöglichen Hitzemenge ausgekommen.

Ganz ohne Hitzeproduktion läßt sich die Entstehung des Universums nicht vorstellen, denn am Ende des ersten Jiffy muß es Quantenfluktuationen gegeben haben, die notgedrungen eine gewisse Turbulenz nach sich zogen. Die sich daraus ergebende Hitze läßt sich ungefähr berechnen, und sie entspricht im wesentlichen dem beobachteten

Wert. Demzufolge darf durch die Umwandlung weiterer Turbulenzen nicht mehr sehr viel Hitze hinzugekommen sein.

Selbst wenn unsere Vorstellungen über die energieabführenden Prozesse falsch sind, gibt es noch einen weiteren Grund für die Annahme, daß es anfangs keine extrem großen Turbulenzen gegeben haben dürfte. Der in solchen Turbulenzen steckende Energie-Anteil des Gesamtenergiegehalts des Universums (unter Berücksichtigung der Masse) kann berechnet werden, ebenso seine Auswirkung auf die Expansionsrate: je größer der Turbulenzanteil ist, desto langsamer muß die Expansion abgelaufen sein, etwa so, als würde sich dieses durcheinanderwirbelnde frühe Universum gegen eine allgemeine Ausdehnung sträuben. Damit würde sich aber die Abkühlung verlangsamen, und daher müßte man allein aufgrund der Hitzeentstehung durch die Quantenturbulenz am Ende des ersten Jiffy heute eine höhere Temperatur erwarten als beobachtet. Ganz gleich also, ob diese zusätzliche Turbulenz direkt in Wärme umgewandelt wird oder aber die Expansionsbewegung unterläuft und damit die Abkühlung der Quantenwärme hinauszögert – in beiden Fällen haben wir am Ende ein Universum, das heißer sein müßte als 3 Kelvin. Es deutet daher vieles darauf hin, daß unser Universum in gleichmäßiger Ruhe geboren wurde, ohne jegliche Turbulenz (mit Ausnahme der Quantenturbulenz am Ende des ersten Jiffy) – all dies läßt sich aus der Untersuchung der kosmischen Hintergrundstrahlung ablesen, die sich damit wahrlich als Testament des Urknalls erwiesen hat.

Wenn diese Argumentation richtig ist – und es sollte nicht verschwiegen werden, daß nicht alle Kosmologen ihr bedingungslos folgen –, dann ergibt sich erneut die Frage, warum das Universum so »glatt und problemlos« entstand, warum es eine solch »sanfte Geburt« erlebte. Hier könnte uns das anthropische Prinzip helfen. Obwohl die Reste des anfänglichen Feuerballs heute nur noch mit Spezialinstrumenten nachzuweisen sind, würde eine nur rund hundertfache höhere Temperatur drastische Konsequenzen haben. Läge sie heute noch bei mehr als 100 Grad Celsius, so gäbe es nirgendwo im Universum flüssiges Wasser. Leben auf der Erde wäre in seiner heutigen Form unmöglich, und man darf sogar bezweifeln, ob sich überhaupt Lebensformen entwickelt haben könnten. Eine zweitausendfach höhere Temperatur würde sogar die Existenz der Sterne bedrohen, weil sie dann bereits in die Größenordnung der Temperatur der Sternoberflächen käme und die Sterne ihre Energie nicht mehr an die Umwelt abgeben könnten. Man darf sogar bezweifeln, daß sich Sterne oder Galaxien in einem derart »feindlichen« Strahlungsumfeld über-

haupt hätten bilden können. Soweit wir die Vorgänge im frühen Universum verstehen, würde aber bereits jede winzige zusätzliche Turbulenz die anfängliche Temperatur milliardenfach erhöhen; mit anderen Worten: die Temperatur ist ein sehr empfindlicher Indikator für die anfängliche Turbulenz. Daran ändert auch die Tatsache nicht viel, daß die Temperatur mit fortschreitender Expansion sinkt. Es dauert Milliarden von Jahren, ehe sich die gegenwärtige Temperatur noch einmal um die Hälfte verringert hat, und bis zu dem Zeitpunkt, da sie bis auf 1 Prozent des heutigen Werts abgesunken ist, werden alle heute existierenden Sterne verglüht sein. Wenn die Entstehung des Lebens bis zu jenem Zeitpunkt warten müßte, dann stünde ihm die lebenswichtige Energiequelle des Sternenlichts nicht mehr zur Verfügung.
Sofern wir den Zusammenhang zwischen anfänglichen Turbulenzen und der kosmischen Hintergrundstrahlung nicht völlig mißverstehen, kann es uns also nicht überraschen, daß sich das Universum so gleichmäßig ausdehnt, wie wir das beobachten. Wenn es sich ungleichförmiger verhalten würde, dann gäbe es uns gar nicht, und wir könnten uns auch nicht über die Expansionsweise wundern. Wir können also unsere Existenz als Folge des extrem unwahrscheinlichen Zufalls ansehen, daß das Universum aus allen möglichen Anfangszuständen gerade den ausgewählt hat, der extrem glatt und ohne Turbulenzen ablief, so daß das Weltall kalt genug für die Entstehung von Leben blieb. Wir können uns aber auch die Mehrfachwelten-Theorie des Hyperraums zu eigen machen und dann feststellen, daß aus der unvorstellbaren Vielfalt der einzelnen Welten nur sehr wenige kalt genug für die Entstehung von Leben sind. Die besten Voraussetzungen dafür bieten die Welten mit den geringsten Turbulenzanteilen, so daß dort auch die Wahrscheinlichkeit für weitverbreitete Lebensformen aller Art am größten ist. So ist es nicht länger Zufall, daß wir uns in einer Welt wiederfinden, die einen denkbar niedrigen Wärmeinhalt besitzt, denn die meisten anderen Welten sind unbewohnt. Nur in einem winzigen Bruchteil aller existierenden Universen können intelligente Wesen tiefschürfende Fragen über Kosmologie und Existenz stellen. Alle übrigen Welten durchleben ihre »heiße« Geschichte »unerkannt« – steril, stürmisch und offenbar sinnlos.

9. Das Universum – ein Versehen?

Im letzten Kapitel haben wir gesehen, daß ein Beobachter zahlreiche Besonderheiten seiner Welt letztlich auf seine eigene Existenz zurückführen kann. Wenn wir an der Existenz nur einer Welt festhalten, dann müssen einem die bemerkenswert gleichmäßige Struktur dieses Universums und die damit verbundene niedrige Temperatur beinahe wie ein Wunder vorkommen, und man ist dann nicht mehr weit von den traditionellen religiösen Interpretationen entfernt, nach denen die Welt gezielt von Gott geschaffen wurde, um den Menschen Heimat zu sein. Greifen wir andererseits auf die Vielwelten-Theorie Everetts zurück, dann erscheint uns dieselbe Struktur unseres Universums nicht mehr als glücklicher Zufall, sondern als das Ergebnis einer biologischen Selektion: wir Beobachter haben uns nur in einem Universum entwickeln können, das die notwendige einheitliche Struktur besaß. Nach der Vielwelten-Theorie sind alle Welten des Hyperraums real, aber nur ein winziger Bruchteil ist bewohnt. Die Wahl zwischen beiden Modellen scheint eher philosophisch denn physikalisch zu sein und führt vielleicht nur auf einen sprachlichen Unterschied zurück. Wenn der eine für seinen Lottogewinn Gott dankbar ist und der andere seinem Glück, sagen beide dann wirklich etwas Verschiedenes?

In den letzten Jahren ist das anthropische Prinzip auch an vielen anderen Eigenschaften unseres Universums getestet worden, die möglicherweise Einfluß auf die Entwicklung des Lebens gehabt haben könnten. Das Universum ist nicht nur sehr isotrop, sondern im großen Maßstab auch homogen – verhältnismäßig gleichmäßig mit Materie gefüllt. Wäre es zu homogen und würde die Materie als Gas fein verteilt das Universum erfüllen, dann gäbe es keine Galaxien, keine Sterne und wahrscheinlich auch kein Leben. Wäre die Materie andererseits noch stärker konzentriert, so bestünde die Gefahr, daß sie unter dem Einfluß der Gravitation völlig verschwände. Um Leben zu ermöglichen, muß das Universum also das richtige Maß an Dichte haben.

Die Schwerkraft bindet als universelle Kraft Materie an jede andere Materie. Ihre Auswirkung auf einen großen Gasball führt zu einer

Kontraktion dieser Masse. Während sie schrumpft, wird Gravitationsenergie freigesetzt und in Wärme umgewandelt, besonders in ihrem Zentrum. Nach einiger Zeit ist die Temperatur im Zentralbereich so weit angestiegen und der Gasdruck so stark, daß der Zentralbereich die Last der darüberliegenden Schichten tragen kann: jetzt hört die Kontraktion auf. In diesem stabilen Stadium befinden sich die Sonne und die meisten anderen Sterne. Natürlich kann die Hitze nicht für immer im Innern des Sterns festgehalten werden – sie dringt nach außen und wird in den Weltraum abgestrahlt. Wenn der Wärmeverlust nicht ausgeglichen werden kann, gewinnt die Schwerkraft erneut die Oberhand, und die Kontraktion setzt sich fort.
Bei den Sternen wird die Schrumpfung jedoch für einige Jahrmillionen oder Jahrmilliarden durch eine andere Energiequelle verzögert, nämlich durch die Kernenergie, das nukleare Brennen.
Die Materie des Universums besteht zum überwiegenden Teil aus Wasserstoff, dem leichtesten chemischen Element. Sein Atom enthält nur zwei Elementarteilchen, ein Proton und ein Elektron. Entsprechend ist der Wasserstoff-Atomkern keine Verbindung aus mehreren Bausteinen, wie wir das von den anderen Elementen her kennen. Wasserstoff ist im Hinblick auf die Kernstruktur nicht das stabilste Element. Im achten Kapitel wurde erklärt, wie Kerne, die aus vielen Protonen und Neutronen bestehen, durch die Kernkraft zusammengehalten werden, solange diese stärker ist als die elektrische Abstoßung zwischen den Protonen.
In leichten Atomkernen wie denen von Helium, Sauerstoff, Kohlenstoff und Stickstoff sind nur wenige Protonen enthalten; wenn man solche Atomkerne aus ihren Einzelteilen zusammensetzt, wird Energie frei, weil die Teilchen im Verbund stabiler sind als einzeln. Umgekehrt erfordert es viel Energie, solche leichten Atomkerne in ihre Bestandteile aufzuspalten. Bei schweren Elementen wie Blei, Radium und Uran ist es umgekehrt: sie enthalten bereits sehr viele Protonen, und jeder Zuwachs an weiteren Bausteinen führt zu einem Energieverlust, da die elektrische Abstoßung der bereits vorhandenen Protonen größer ist als die Anziehungskraft des Kerns. Entsprechend wird Energie frei, wenn ein schwerer Atomkern zerfällt.
Auf diesen Erkenntnissen baut die Nutzung der Kernenergie auf. Die Kernspaltung schwerer Atome wie Uran wird in den Kernkraftwerken als Energiequelle genutzt (sie ist auch der »Sprengstoff« der Atombombe), während sich die Verschmelzung leichter Kerne, bei der noch mehr Energie freigesetzt wird, noch im Entwicklungsstadium befindet. Die unkontrollierte Kernfusion läuft in einer Wasser-

stoffbombe ab, aber ebenso in der Sonne und in den anderen Sternen. Im Innern der Sonne werden die Wasserstoff-Atomkerne zu Kernen des nächst schwereren Elements verschmolzen: Helium. Seine Atomkerne enthalten zwei Protonen und zwei Neutronen – für jeden neuen Heliumkern müssen also zwei Neutronen beschafft werden. Im achten Kapitel haben wir gezeigt, daß ein freies Neutron nach rund 15 Minuten in ein Proton und zwei weitere Teilchen zerfällt. Im Innern der Sonne läuft der umgekehrte Prozeß ab: Protonen werden in Neutronen umgewandelt, um die Synthese von Helium zu ermöglichen. Die dazu notwendigen Reaktionen sind kompliziert, doch führen sie letztlich dazu, daß die Ladung des Protons auf ein Positron, das Antimaterie-Gegenstück eines Elektrons, übertragen wird. Dieses zerstrahlt dann sehr rasch mit einem der vielen vorhandenen Elektronen zu Gamma-Photonen. Ein weiteres Nebenprodukt dieses Vorgangs ist das sogenannte Neutrino, das den Schauplatz seiner Entstehung ungehindert verlassen kann und daher für die weitere Betrachtung der Vorgänge im Innern der Sonne unwesentlich ist. Das entstandene Neutron verbindet sich dann mit einem weiteren Neutron und zwei Protonen zu einem Heliumkern, wobei weitere Gammastrahlen freigesetzt werden. Diese Gamma-Photonen irren für einige Jahrtausende im Innern der Sonne umher, bis sie sich schließlich in Hitzeenergie umwandeln, die dem Stern hilft, den Gravitationskollaps aufzuhalten.

Wenn der Kernbrennstoff jedoch eines Tages aufgebraucht ist, beginnt der Schrumpfungsprozeß von neuem. Mit Hilfe der Allgemeinen Relativitätstheorie Einsteins läßt sich berechnen, wie die Entwicklung des Sterns dann weitergeht. Solange der Stern weniger als etwa drei Sonnenmassen in sich vereint, werden andere »Träger« die Last der außenliegenden Sternschichten auffangen und die Kontraktion bremsen können. So ist beispielsweise in Pulsaren die Materie so dicht gepackt, daß selbst die Atome zerbrochen und Elektronen und Protonen zusammen zu Neutronen geworden sind. Mit den ohnehin schon vorhandenen Neutronen bilden sie nun einen Neutronenstern, dessen Durchmesser nur einige Kilometer ausmacht.

Übersteigt die Masse des Sterns dagegen drei Sonnenmassen, so ist sein Schicksal noch extremer. Jetzt kann nichts mehr den Gravitationskollaps aufhalten, und so stürzen solche Sterne binnen Bruchteilen von Sekunden in sich zusammen. In der unmittelbaren Umgebung der immer kleiner werdenden Oberfläche verbiegt die immer stärker werdende Schwerkraft die Raumzeit so sehr, daß die Zeit buchstäblich stillsteht.

Weder Licht noch Materie oder sonst eine Information kann von der »eingefrorenen« Oberfläche eines solchen Objekts entkommen, sie erscheint schwarz – ein Schwarzes Loch ist entstanden. Der Stern in diesem Schwarzen Loch ist aus unserem Universum verschwunden. Er mag sogar den Zustand einer Singularität erreichen und damit selbst aus der Raumzeit verschwinden, aber auf jeden Fall ist seine Materie für den Bereich außerhalb des Schwarzen Lochs verloren, denn nichts kann einem Schwarzen Loch entkommen.

Schwarze Löcher spielen wahrscheinlich in ferner Zukunft eine große Rolle, dann nämlich, wenn die meisten Sterne einem von ihnen zum Opfer fallen. Sie können aber auch in der Anfangsphase des Universums von Bedeutung gewesen sein. Ihre Entstehung hängt von der Masse und dem Durchmesser ab – es gibt also eine kritische Dichte für jede Masse. Im Fall einer Galaxie würde es genügen, das gesamte Material so weit zu komprimieren, daß die mittlere Dichte von Wasser erreicht wird. Für die Sonne dagegen muß die mittlere Dichte bereits bei einigen Billion Kilogramm pro Kubikzentimeter liegen. Und damit noch kleinere Schwarze Löcher entstehen können, muß selbst dieser gewaltige Wert übertroffen werden. Solch enorme Dichten waren nur einmal im Universum anzutreffen, nämlich während des Urknalls, als das Universum aus einem Zustand unbegrenzter Dichte explodierte. Eine Reihe von Kosmologen hat die Möglichkeit der Bildung von Schwarzen Löchern während dieser Zeit untersucht, doch sind ihre Ergebnisse nicht sehr schlüssig, da die Entstehung solcher Objekte sehr stark vom Zustand der Materie unter den damals herrschenden Dichten abhängt, und darüber wissen wir gegenwärtig noch nicht viel. Man kann jedoch vermuten, daß die Bildung solcher Schwarzen Löcher während der Anfangsphase um so wahrscheinlicher war, je mehr die Materie in »Klumpen« vorlag. Entsprechend wird man annehmen dürfen, daß ein solchermaßen inhomogenes Universum nicht Sterne hervorbrachte, sondern Schwarze Löcher.

Könnte in einem solchen Universum voller Schwarzer Löcher Leben entstehen? Wohl kaum. Das Leben auf der Erde hängt von der Wärme der Sonne und vom Sonnenlicht ab, ein Schwarzes Loch dagegen sendet aufgrund seiner besonderen Eigenschaften keine Strahlung aus (wir werden allerdings noch sehen, daß dies für Schwarze Minilöcher nicht zutreffen muß). Außerdem würde ein planetarer Körper, der einem Schwarzen Loch zu nahe kommt, sich auf einer Spiralbahn unaufhaltsam der Gravitationsfalle nähern und schließlich hineinstürzen.

Wieviele Schwarze Löcher mögen in der Anfangszeit entstanden sein? Bis jetzt haben wir Schwarze Löcher überhaupt noch nicht eindeutig identifizieren können, obwohl es einige Kandidaten gibt. Die Schwierigkeit liegt darin, daß sie eben schwarz und damit unsichtbar sind, so daß man auf ihre Existenz nur indirekt schließen kann. Das einzige anwendbare Verfahren ist, nach Gravitationsstörungen bei besser sichtbaren Körpern zu suchen, die durch die Nähe zu einem Schwarzen Loch bewirkt werden.

Einzelne Schwarze Löcher innerhalb einer Galaxis könnten aufgrund ihrer Störwirkung auf die Bewegung anderer Sterne aufgespürt werden, während intergalaktische »Superlöcher« das Verhalten ganzer Milchstraßen beeinflussen könnten.

Einen Schätzwert für die Gesamtmasse der Schwarzen Löcher bekommen wir, wenn wir die Gesamtgravitation des Universums bestimmen. Dazu müssen wir herausfinden, wie stark die Expansionsbewegung des Weltalls gebremst wird. Dabei zeigt sich, daß die sichtbare Materie (Sterne, Gas, und so weiter) einen beachtlichen Anteil der Gesamtmasse des Weltalls ausmacht, so daß wir sagen können, daß Schwarze Löcher in unserem heutigen Universum nicht die Hauptrolle spielen.

Aber auch ohne genaue Kenntnis der Voraussetzungen für die Entstehung Schwarzer Löcher in der Frühphase des Universum können wir mit einigen allgemeineren Überlegungen zeigen, daß das Weltall den Urknall ohne die Bildung allzu vieler dieser bizarren Objekte überstanden haben muß. Diese Überlegungen gehen auf die bemerkenswerten Ergebnisse mathematischer Untersuchungen Schwarzer Löcher zurück, bei denen die Quantentheorie angewandt wurde. Stephen Hawking von der Universität Cambridge konnte 1974 zeigen, daß Schwarze Löcher nicht völlig schwarz sind, sondern Wärmestrahlung aussenden, deren Temperatur von der Masse des jeweiligen Schwarzen Lochs abhängt. Aufgrund dieser Erkenntnis kann man Schwarze Löcher eher als Wärmemaschinen ansehen und daher ihre Eigenschaften mit Hilfe der Thermodynamik studieren.

Einer der großen Erfolge der theoretischen Physik in der zweiten Hälfte des 19. Jahrhunderts war die Entdeckung eines Zusammenhangs zwischen dem thermodynamischen Verhalten eines Systems und der Wahrscheinlichkeit der Anordnung seiner atomaren Bausteine. Betrachten wir als einfaches Beispiel eine gasgefüllte Flasche. Die Gasmoleküle rasen wild durcheinander und stoßen dabei miteinander und mit den Wänden der Flasche zusammen. Der Gasdruck ist die Summe dieser Stöße, während die Temperatur des Gases ein Maß für die Geschwindigkeit der Moleküle ist; die Wärmeenergie entspricht einfach ihrer Bewegungsenergie. Thermodynamische Eigenschaften wie Druck, Temperatur und Wärme können im Laboratorium gemessen werden, doch über die Zustände der einzelnen Moleküle läßt sich nichts in Erfahrung bringen – sie sind zu klein und zu zahlreich, als daß sie alle untersucht werden könnten. Nur Durchschnittswerte von Trilliarden und Abertrilliarden von ihnen sind meßbar, während uns ihre individuellen Bewegungen verborgen bleiben. Dabei gibt es enorm viele mögliche Anordnungen, die zur gleichen Temperatur oder zum gleichen Druck führen, denn der Positionswechsel einiger weniger Moleküle wirkt sich auf die Messung nicht aus.

Allerdings führen nicht alle beliebigen Molekülanordnungen zum gleichen makroskopischen Zustand. Wenn beispielsweise alle Moleküle plötzlich nach links sausten, würde sich das Gas an der linken Gefäßwand sammeln. Warum kann man ein derartiges Verhalten nicht zumindest gelegentlich beobachten, da sich doch alle Moleküle zufällig bewegen? Die Antwort erhalten wir aus den elementaren Gesetzen der Wahrscheinlichkeit und Statistik. Die Chancen für eine derart abgestimmte Bewegung von Myriaden von Teilchen sind zwar nicht völlig gleich Null, aber doch verschwindend gering. Viel wahrscheinlicher ist die ungeordnete Verteilung, bei der alle Moleküle mehr oder minder gleichmäßig in der Flasche verstreut sind – ähnlich wie bei einem gemischten Kartenspiel ein »durchwachsenes« Blatt wahrscheinlicher ist als eine nach Farben geordnete Serie. Die ständigen Zusammenstöße der Moleküle untereinander sorgen dafür, daß eine gleichmäßig geordnete Bewegung immer wieder zerstört würde, so daß Trillionen und Abertrillionen Moleküle so gut wie nie in einen »Gleichschritt« verfallen können. Dies führt zu der generellen physikalischen Erkenntnis, daß das Chaos einfacher zu erreichen ist als ein geordneter Zustand – entsprechend wahrscheinlicher tritt es auf. Diesem Grundsatz sind wir bereits begegnet, als wir sagten, ein geordnetes und »sanftes« Universum sei so sehr viel unwahrscheinlicher als eine turbulente, chaotische Anfangsphase mit all ihren Konsequenzen. Aber warum ist das so?

Der Grund für diese Bevorzugung der Unordnung liegt in der Statistik der Molekülverteilung. Es wurde schon erwähnt, daß geringfügige Veränderungen einzelner Molekülpositionen die meßbaren Werte eines Gases nicht beeinträchtigen. Es gibt jedoch Anordnungen, die empfindlicher auf solche winzigen Änderungen reagieren als andere. Wenn beispielsweise alle Moleküle im »Gleichschritt« nach links wandern, genügt schon eine kleine Störung, um diesen Gleichschritt

aufzulösen. Eine mathematische Durchleuchtung zeigt, daß die Störanfälligkeit geordneter Zustände immens größer ist als die ungeordneter Zustände. Wenn man eine ungeordnete Verteilung der Moleküle im Gefäß durcheinanderwirbelt, erhält man höchstwahrscheinlich eine andere Unordnung, kaum aber eine geordnetere Verteilung. Schüttelt man dagegen »ordentlich sortierte« Moleküle durcheinander, so wird man fast mit Sicherheit danach ein Durcheinander vorfinden. Unordnung wird also deshalb »bevorzugt«, weil man sie auf viel mehr Wegen erreichen kann als Ordnung.
Ausgerüstet mit diesem Wissen um die Zusammenhänge zwischen dem Grad der Unordnung eines Systems und der Wahrscheinlichkeit, mit der dieses System aus einem zufälligen Ablauf heraus entstehen kann, können wir untersuchen, wie wahrscheinlich Schwarze Löcher in dieses thermodynamische Schema hineinpassen und mit welcher Wahrscheinlichkeit sie aus einem rein zufälligen Verhalten des anfänglichen Universums entstehen müßten. Auf den ersten Blick erscheint eine thermodynamische Behandlung der Schwarzen Löcher nach dem eben vorgestellten Prinzip fragwürdig. Während das Gas in der Flasche Trilliarden Moleküle enthält, ist ein Schwarzes Loch – Relikt von aus dem Weltall verschwundener Materie – eine stark gestörte Region leeren Raums. Bei genauerem Hinsehen stoßen wir jedoch auf eine tiefreichende Ähnlichkeit zwischen beiden Systemen. In beiden Fällen haben wir keine Informationen über den inneren Aufbau: die Gasmoleküle sind zu klein, als daß wir sie registrieren könnten, und irgendwelche Inhalte des Schwarzen Lochs können keinerlei Informationen an die Außenwelt geben. In beiden Fällen kann man lediglich die Gesamteigenschaften messen, zum Beispiel die Masse, das Volumen, die elektrische Ladung, das Maß einer möglichen Rotation, und so weiter. Für das Zustandekommen dieser Werte gibt es unzählige Möglichkeiten innerer Zustände: die Moleküle können auf vielerlei Weise angeordnet sein und dennoch etwa den gleichen Druck erzeugen, und ein Schwarzes Loch kann aus den Sternen unterschiedlichster Typen entstanden sein.
Die wirklich entscheidende Ähnlichkeit zwischen einem Gas und einem Schwarzen Loch ist jedoch darauf zurückzuführen, daß ein Schwarzes Loch einem Gesetz gehorcht, das offensichtlich ein Pendant zum Zweiten Hauptsatz der Thermodynamik ist. Dieser Zweite Hauptsatz besagt, daß die Unordnung eines Systems mit voranschreitender Zeit immer größer wird. Ein Schwarzes Loch unterliegt dem Gesetz, immer größer zu werden, so daß man seinen Durchmesser als Maß für den Grad seiner Unordnung ansehen kann. Diese Vermu-

tung bestätigte sich, als man den Zusammenhang zwischen der von Hawking errechneten Temperatur eines Schwarzen Lochs und seiner Masse entdeckte: wenn man die »Oberfläche« eines Schwarzen Lochs als Maß für den Grad seiner Unordnung nimmt, dann besteht zwischen dieser so definierten Unordnung und der Temperatur des Schwarzen Lochs der gleiche Zusammenhang wie bei einem Gas. Da die Oberfläche des Schwarzen Lochs ihrerseits von der Masse abhängt, können wir aus der Masse eines bestimmten Objekts bestimmen, welcher Grad an Unordnung erreicht würde, wenn diese Masse in ein Schwarzes Loch stürzte. Ließe man beispielsweise die Sonne in ein solches Loch versinken, dann wäre dessen innere Unordnung einige trillionenmal größer als die der wirklichen Sonne. Daraus aber ergibt sich eine erdrückende Erkenntnis: unter gleichen Umständen ist die Wahrscheinlichkeit, daß eine Gaswolke mit der Masse der Sonne zu einem Schwarzen Loch wird viel größer als die, daß ein »normaler« Stern entsteht. Entscheidend ist hier »unter gleichen Umständen«. Offenbar sind in unserem Universum nicht alle Umstände gleich, denn sonst würde es weder die Sonne noch andere Sterne geben. Wenn die Ur-Materie sich nur zufällig bewegt hätte, dann wäre es erheblich wahrscheinlicher gewesen, daß sie zu Schwarzen Löchern geworden wäre, als zu Sternen, denn die Löcher können mit ihrem großen Grad an Unordnung auf weitaus mehr Wegen zustande kommen, so daß heute auf jeden Stern eine unvorstellbare Zahl an Schwarzen Löchern kommen müßte.

Die Schlüssigkeit dieser Argumentationsweise wird deutlich, wenn man den exakten mathematischen Zusammenhang zwischen Unordnung und Wahrscheinlichkeit bestimmt. Er besteht in einer sogenannten Exponentialbeziehung, mit der man auch die Entwicklung einer gedachten Bevölkerung beschreibt: sie wird sich jeweils innerhalb eines vorgegebenen Zeitintervalls verdoppeln, unabhängig davon, wie groß sie bereits ist. Wenn also das Maß an Unordnung um einen bestimmten Betrag wächst, verdoppelt sich die Wahrscheinlichkeit für das Auftreten dieses Zustands. Je größer die Unordnung bereits ist, desto kleiner braucht die hinzukommende Störung zu sein, um den noch unordentlicheren Zustand sehr viel wahrscheinlicher zu machen.

Die Sonne ist im Verhältnis zu einem entsprechenden Schwarzen Loch hunderttrillionenmal »geordneter«. Die Chance, daß sie aus einem zufälligen Prozeß hervorgeht und nicht ein Schwarzes Loch wird, ist demgemäß winzig: sie steht etwa 1 zu einer Zahl mit 100trillionen Nullen gegen die Sonne!

Wollte man die gleiche Rechnung auf die Entstehung aller Sterne im Universum anwenden, so wüchse die Zahl erst recht über jedes Vorstellungsvermögen hinaus: eine 1 mit einer Quintillion Nullen dahinter spricht gegen die Entstehung der Welt, wie wir sie beobachten. Selbst wenn dieser Zusammenhang zwischen Unordnung und Wahrscheinlichkeit nur annähernd richtig ist, müssen wir folgern, daß wir in einem äußerst unwahrscheinlichen Universum leben. Wieder einmal helfen uns nur das anthropische Prinzip und die Vielwelten-Theorie, die – miteinander verknüpft – aussagen, daß unter der gewaltigen Zahl alternativer Welten eben nur ein winziger Bruchteil dieser so wahrscheinlichen »Schwarz-Loch-Katastrophe« entkommen ist und sich zu Universen entwickeln konnte, in denen Sterne und damit lebenserhaltende Systeme entstanden.
Aus diesen Überlegungen ergibt sich ein wahrhaft bizarres Bild des Hyperraums: eine Unzahl von Universen in chaotischer Bewegung, durchsetzt mit wandernden Schwarzen Löchern, die beim Zusammentreffen gigantische Raumzeitexplosionen verursachen, das Ganze in sengende Hitze getaucht, die aus der Quantenfluktuation entstand und von frühen Turbulenzen verstärkt wurde. Wer könnte sich unter dieser unendlichen Zahl wahrer Horror-Universen eine unbedeutende Gruppe von Welten vorstellen, die wie durch ein Wunder diesem infernalischen Chaos entgangen sind und sich zu belebten Regionen entwickelt haben? Wir können es, denn wir sind dieses Leben.
Am Anfang dieses Kapitels wurde gesagt, daß das Universum schon zu Beginn einige »Klumpen« in Form von Gasanhäufungen enthalten mußte, aus denen sich Galaxien und Sterne bilden konnten. Solche Gaswolken neigen dazu, sich unter ihrer eigenen Anziehungskraft zusammenzuziehen, gleichzeitig müssen sie aber auch gegen die Expansion des Universums ankämpfen, die sie langsam aber sicher zerstreuen würde. Eine Zeitlang glaubten die Astronomen, sie könnten die Existenz von Galaxien auch dann erklären, wenn die Materie nach dem Urknall anfänglich sehr »glatt« war, dann aber zufällige Strömungen zu den benötigten Materiewolken führten. Diese hätten dann als »Kondensationskeime« für weitere Materie gedient, die sie durch ihre Gravitationskraft anziehen konnten, bis schließlich die Materie im Weltall auf einzelne Wolken, die sogenannten Proto-Galaxien, verteilt war, aus denen sich dann die einzelnen Sternsysteme entwickelten. Es scheint jedoch, als habe die Zeit seit dem Anfang der Welt für diese allmähliche und »natürliche« Entstehung der Galaxien nicht ausgereicht.

Die Existenz der Galaxien wird also nur dann möglich, wenn es schon zu Beginn einige dichtere Regionen gegeben hat. Mit anderen Worten – zu »glatt« durfte die Materie anfangs auch nicht verteilt gewesen sein, sonst hätte das Leben genausowenig entstehen können wie nach einem zu klumpigen Anfangsstadium.
Bisher haben wir das anthropische Prinzip nur auf die Verteilung von Materie und Energie im Weltall bezogen. Wir können auch weitergehen und es auf die Naturgesetze anwenden, indem wir fragen, inwieweit die grundlegenden physikalischen Eigenschaften der Materie in den einzelnen Welten des Hyperraums variieren können. Im achten Kapitel haben wir gesehen, daß wir nicht wissen können, ob unsere physikalischen Gesetze vielleicht nur Spezialfälle viel allgemeinerer Zusammenhänge sind. Entsprechend könnte manche physikalische Beziehung, die wir für unumstößlich halten, in einer anderen Welt des Hyperraums ganz anders aussehen. Die Gravitationstheorie (Einsteins Allgemeine Relativitätstheorie) zum Beispiel setzt stillschweigend voraus, daß die Anziehungskraft zwischen zwei Standardmassen mit festgelegtem Abstand überall und zu jeder Zeit gleich groß ist. So muß die Erde einen Apfel immer mit der gleichen Stärke anziehen, ganz gleich, ob sie in unserer Milchstraße steht oder im Andromedanebel, ganz gleich, ob heute oder in der Zukunft. Die Konstanz der Gravitation scheint uns durch Experimente hinreichend überprüft, obwohl einige Wissenschaftler immer noch genügend Ansatzpunkte für ihre Zweifel finden und abweichende Gravitationstheorien aufgestellt haben, in denen die Schwerkraft von Ort zu Ort und von Augenblick zu Augenblick variieren kann. Wenn aber die Stärke der Schwerkraft nicht ein für allemal durch fundamentale physikalische Prinzipien festgelegt ist, wird sie erst recht von einer Welt des Hyperraums zur anderen wechseln können. Dann aber müssen wir erklären, warum die Schwerkraft ausgerechnet die beobachtete Stärke hat und vor allem, warum sie soviel schwächer ist als die übrigen Naturkräfte.
Jeder, der sich mit elementarer Physik beschäftigt, weiß, daß in den mathematischen Gleichungen, die das Verhalten grundlegender physikalischer Systeme beschreiben, immer wieder Werte wie 4π oder 12 auftauchen. Oft haben solche Werte einen geometrischen Ursprung oder stehen in Zusammenhang mit der Dimension des zugrundegelegten Raums. Vor rund 50 Jahren versuchten viele Physiker, einen Zusammenhang zwischen der gerade bekannt gewordenen Allgemeinen Relativitätstheorie und der Maxwellschen Theorie des Elektromagnetismus herzustellen. Sie hofften damals (und tun es auch heu-

te noch), daß Gravitations- und elektromagnetische Wechselwirkung nur zwei verschiedene »Ausdrucksweisen« eines einheitlichen Kraftfelds seien. Bis jetzt ist die »einheitliche Feldtheorie« noch nicht gefunden worden, aber die Suche geht weiter.

Eine der unüberwindbar erscheinenden Schwierigkeiten, denen sich die Theoretiker bei dieser Suche gegenübersehen, ist der gewaltige Unterschied zwischen den Stärken der elektromagnetischen Kraft und der Gravitation. Die Anziehungskraft zwischen dem Proton und dem Elektron eines Wasserstoffatoms ist rund 10 Sextilliarden (10^{40}) Mal schwächer als die elektrische Anziehung. Welche physikalische Theorie könnte eine so große Zahl erklären?

Der Astronom Arthur Eddington und der Physiker Paul Dirac entdeckten in diesem Zusammenhang etwas Merkwürdiges. Wenn wir Zeitintervalle messen, dann vergleichen wir sie mit irgendwelchen natürlichen Perioden, etwa mit der Rotationsdauer der Erde oder den Schwingungen eines Quarzkristalls oder der Frequenz eines Lichtstrahls. Wollen wir die kürzeste Zeiteinheit finden, die für die Struktur der Materie bedeutsam ist, so müssen wir die Schwingungen der Atome und Atomkerne studieren. Elementarteilchen schwingen im Atomkern mit einer Periode, die im Maßstab des Alltäglichen unvorstellbar kurz ist – sie liegt bei einer quadrillionstel Sekunde und entspricht damit der Zeit, die das Licht braucht, um Distanzen innerhalb eines Atomkerns zu überbrücken. Diese winzige Spanne bildet eine fundamentale Zeiteinheit, an der wir alle anderen Zeitintervalle messen können (obwohl sie immer noch 10^{20} mal länger ist als die natürliche Zeiteinheit der Quantengravitation, das Jiffy). Wenn wir andererseits nach der längsten natürlichen Zeiteinheit fragen, stoßen wir auf das Alter des Universums, das mit etwa 15 Milliarden Jahre bestimmt wurde. Das ist ungefähr der gleiche Zeitraum wie 10^{40} unserer subatomaren Zeiteinheiten – dasselbe Verhältnis wie zwischen der elektromagnetischen Kraft und der Gravitation.

Warum aber leben wir gerade in einer Zeit, in der das Verhältnis von elektromagnetischer Kraft zu Gravitationskraft ebenso groß ist wie das des Alters der Welt zur Elementarzeit: 10^{40}? Dirac meinte, diese Übereinstimmung könne nicht zufällig sein – dafür sei die Zahl zu groß. Er nahm vielmehr an, daß die beiden Werte durch eine physikalische Theorie miteinander verknüpft sein müßten, die eine Gleichheit für alle Zeit verlange. Um diese Beziehung zu erfüllen müßte die Intensität der Schwerkraft allmählich abnehmen. In weit zurückliegender Vergangenheit wäre dann die Schwerkraft stärker gewesen als heute.

Leider finden sich kaum Hinweise für eine wirkliche Abnahme der Gravitationskraft, doch eine andere Erklärung für den »Zufall« bietet das anthropische Prinzip an. Die folgende Argumentationskette wurde zuerst von dem amerikanischen Astrophysiker Robert Dicke und dem britischen Mathematiker Brandon Carter entwickelt.
Wir wissen, daß das Leben entscheidend von der Existenz schwererer Elemente wie Kohlenstoff abhängt. Kohlenstoff war aber in den Anfängen des Universums nicht vorhanden – er ist erst später in Sternen entstanden, die inzwischen längst ausgebrannt sind; als einige von ihnen explodierten, wurde ein Teil des »erbrüteten« Kohlenstoffs in den Raum abgegeben.
Dort konnte er sich mit den interstellaren Gaswolken vermischen und schließlich bei der Entstehung neuer Sterne und Planeten gleich »eingelagert« werden. Man wird also davon ausgehen können, daß das Leben frühestens nach dem Tod der ersten Sterngeneration entstehen konnte. Andererseits ist Leben in der Nähe eines Sterns sehr unwahrscheinlich, der zu einem Schwarzen Loch oder einem kalten, kompakten Ball geworden ist. Da vermutlich nur eine kleine Zahl von Sterngenerationen aufeinanderfolgen kann, bevor alle Materie des Universums ausgebrannt ist, folgt, daß Leben im Universum nur in einer Phase zwischen mindestens einer, aber höchstens ein paar Sternlebensaltern entstehen kann.
Die Lebenserwartung eines Sterns läßt sich aus der Theorie der Sternentwicklung ableiten. Sie hängt sowohl von der Stärke der Schwerkraft ab, die den Stern zusammenhält, als auch von der Intensität der elektromagnetischen Kraft, die bestimmt, in welchem Maß der Stern Energie in den Raum abgibt. Die Einzelheiten der physikalischen Berechnungen sind kompliziert, doch erhält man als Ergebnis, daß die Lebenserwartung eines durchschnittlichen Sterns gerade dem Verhältnis der beiden Kräfte, ausgedrückt in Einheiten der Elementarzeit, entspricht – 10^{40} – plus/minus einem Faktor von etwa 10. Das heißt: Ganz gleich, *wie* groß die Zahl dieses Verhältnisses ist – intelligente Wesen können nur dann in Erscheinung treten und sich darüber wundern, wenn das Universum ungefähr so lange existiert hat, wie diese Zahl in Einheiten der Elementarzeit ausmacht.
Wir können noch weiter gehen und fragen, warum diese Zahl so groß ist, warum also die Gravitationskraft so schwach ist im Verhältnis zur elektromagnetischen Kraft. Unsere Existenz auf der Erde ist wesentlich abhängig von einer über viele Milliarden Jahre gleichmäßig strahlenden Sonne, denn andernfalls wäre eine biologische Evolution bis hin zu intelligenten Lebewesen unwahrscheinlich. Ein typischer

Stern wie die Sonne muß also wenigstens eine Lebensdauer von diesen notwendigen Jahrmilliarden besitzen, was gleichzeitig bedeutet, daß die Schwerkraft in dieser Zeit nicht wesentlich stärker sein darf, als sie es ist, denn sonst würde die Sonne ausbrennen, bevor sich Menschen entwickeln könnten.

Die Intensität der Schwerkraft ist auch noch mit einer anderen grundlegenden Eigenschaft unseres Universums eng verknüpft – seiner Größe. Den meisten Menschen ist klar, daß das Weltall »groß« ist. Schon die Entfernungen zwischen den einzelnen Sternen sind gewaltig. Selbst der nächste Stern ist über 40 Billionen Kilometer von uns entfernt (oder mehr als 4 Lichtjahre), und unsere Galaxis, die Milchstraße, hat einen Durchmesser von etwa 100000 Lichtjahren. Mit unseren großen Teleskopen können wir Galaxien erkennen, die einige Milliarden Lichtjahre entfernt sind. Auch die Anzahl der Sterne ist unvorstellbar: unsere durchaus typische Galaxis enthält rund 100 Milliarden Sonnen, und man weiß, daß wiederum Milliarden von Galaxien existieren.

Dennoch ist das Universum in gewisser Weise begrenzt. In rund 15 Milliarden Lichtjahren Entfernung ist sein »Rand« – es ist der Horizont, den wir auf Seite 177 kennengelernt haben und über den wir aufgrund der Raumzeit-Krümmung nicht hinausblicken können. Wir stoßen an dieser Stelle also auf eine »natürliche Grenze« des Weltalls und können daher seine Größe in Einheiten der kleinsten physikalischen Elementargröße, dem Durchmesser eines Atomkerns, angeben. Die Antwort ist wiederum 10^{40}, doch brauchen wir uns diesmal nicht darüber zu wundern, denn wir haben eigentlich noch einmal das Alter des Weltalls berechnet und dabei lediglich Entfernungen (Lichtjahre) für Zeiteinheiten (Jahre) eingesetzt, müssen also zwangsläufig zum selben Ergebnis kommen. Das Universum ist also so groß, weil es so alt ist, und es ist so alt, weil die Entwicklung von Leben diese Zeit benötigt.

Wenden wir uns nun dem Inhalt des Universums zu: wir können die Menge seiner Materie anhand der kleinsten Materieeinheit darstellen – dem Atom. Die Anzahl der Atome innerhalb unseres »Horizonts« erweist sich als 10^{80} – und das ist das Quadrat von 10^{40}. Auch dieser »Zufall« läßt sich mit dem anthropischen Prinzip erklären, denn die Gesamtmenge der Materie des Universums steht in Beziehung zu seinem Alter, und zwar deshalb, weil das Universum expandiert und die Dichte der Materie die Expansionsbewegung bestimmt. Wäre viel mehr Materie im Universum enthalten, dann hätte deren Schwerkraft die Expansionsbewegung irgendwann gestoppt und das

Universum wäre in sich zusammengestürzt, ehe intelligentes Leben hätte entstehen können. Enthielte andererseits das Universum erheblich weniger Materie, dann wäre die Expansionsgeschwindigkeit größer und es wäre überaus unwahrscheinlich, daß sich ausreichend viele Galaxien oder Sterne gebildet hätten. Die Gravitation einer »dünnen« Gaswolke hätte dann nicht ausgereicht, um mehr und mehr Materie anzuziehen und die Wolke wäre von der großen Ausdehnungsgeschwindigkeit zerstreut worden. Es scheint also, als könnten wir in einem Universum mit stark abweichender Masse nicht existieren.

Wenn Leben möglich sein soll, muß also die Materiedichte des Universums groß genug sein, um Sterne entstehen zu lassen, aber nicht so groß, daß der Kosmos zu früh in sich zusammenstürzt. Wenn wir mit der Allgemeinen Relativitätstheorie Einsteins die optimale Dichte eines solchen Universums berechnen und sie mit der beobachteten Größe unseres »Horizonts« verbinden, können wir daraus die »optimale« Zahl der Atome berechnen. Die Rechnung selbst ist einfach und kann als das Alter der Welt dividiert durch die Anziehungskraft eines Atoms dargestellt werden. Das Ergebnis ist zahlenmäßig nahezu identisch mit dem Produkt aus den beiden Verhältnissen von Seite 196: Das Alter der Welt (in Elementarzeiten) multipliziert mit dem Verhältnis von elektromagnetischer Anziehungskraft und Gravitationskraft im Atom = $10^{40} \times 10^{40} = 10^{80}$. Diese Zahl entspricht wiederum der Zahl der Atome im Universum. Eine weitere »verblüffende« Übereinstimmung entpuppt sich damit als überhaupt nicht überraschend, wenn man davon ausgeht, daß wir leben müssen, um sie als solche zu erkennen.

Ähnliche Argumente sind im Hinblick auf die Kernkraft vorgeschlagen worden. Im achten Kapitel haben wir gesehen, daß die Stabilität der Atomkerne vom Gleichgewicht zwischen der Kernanziehung und der elektrischen Abstoßung abhängt; eine Änderung der Intensität einer der beiden Kräfte würde die Struktur der zusammengesetzten Atomkerne verändern, aus denen sich das Leben aufbaut. Wenn die elektrische Abstoßung zwischen den Protonen nur zehnmal größer wäre, würde sie ausreichen, um Kohlenstoff zerfallen zu lassen; eine entsprechend schwächere Kernkraft hätte die gleiche Folge.

Fred Hoyle hat darauf hingewiesen, daß die Existenz von Kohlenstoff noch auf eine andere, viel entscheidendere Weise von den Kernkräften abhängen könnte. Die Wissenschaftler sind sich einig darüber, daß das Universum in seiner gegenwärtigen Struktur die Umweltbedingungen während des Urknalls nicht ausgehalten hätte, da selbst Atome und Atomkerne in der gewaltigen Hitze zerstört worden wären. Es kann also am Anfang auch keinen Kohlenstoff gegeben haben. Während der ersten Minuten des Weltalls, als die Temperaturen noch über der Milliardengrenze lagen, gab es allenfalls einzelne Protonen, Neutronen und andere Elementarteilchen, nicht aber aus mehreren Teilchen zusammengesetzte Atomkerne. Je mehr sich das Universum abkühlte, desto leichter konnten diese Teilchen sich zu Gruppen zusammenlagern, und es entstand vor allem Helium durch die Verschmelzung von Protonen und Neutronen. Entsprechende Rechnungen zeigen, daß etwa ein Viertel der vorhandenen Materie zu Helium wurde; schwerere Elemente dagegen entstanden so gut wie gar nicht. Dies lag daran, daß bereits wenige Minuten nach dem Beginn der Kernsynthese die Temperatur zu weit abgesunken war, um das nukleare Brennen noch länger in Gang zu halten. Dem Universum blieben also nur einige Minuten zwischen der zerstörerischen Hitze und den stürzenden Temperaturen, in denen es komplexe Atomkerne zusammenbacken konnte. Diese Zeit reichte nicht für eine komplexere Produktion, was erklärt, warum das Weltall hauptsächlich Wasserstoff und Helium enthält.

Der lebenswichtige Kohlenstoff entstand erst sehr viel später, als die Temperaturen der Frühphase des Weltalls in den Sternen wiedererstanden. Kohlenstoff entsteht erst, wenn bereits sehr viel vom Wasserstoffvorrat eines Sterns in Helium umgewandelt ist. Da ein Kohlenstoffkern sechs Protonen und sechs Neutronen enthält, kann er aus dem gleichzeitigen Zusammenstoß dreier Heliumkerne entstehen. Zwar stoßen die Atomkerne im Innern eines Sterns aufgrund der hohen Temperatur und ihrer damit verbundenen raschen Bewegung laufend zusammen, doch ist einleuchtend, daß Dreier-Kollisionen viel seltener sind als solche von zwei Kernen. Die Verschmelzung von drei Heliumkernen zu einem Kohlenstoffkern läuft daher ziemlich langsam ab, und man könnte sich darüber wundern, daß bereits soviel Kohlenstoff entstanden ist, wenn es nicht den günstigen Umstand gäbe, daß die Fusion in zwei Phasen abläuft. Zunächst entsteht aus der Verschmelzung zweier Heliumkerne ein Berylliumkern, der jedoch nicht sehr stabil ist. Die Kohlenstoff-Fusion hängt darum davon ab, ob ein dritter Heliumkern eingefangen werden kann. Die Möglichkeit dazu kann je nach der vorhandenen Energie stark variieren und ist am größten, wenn der zusammengesetzte Körper in einem Energiezustand ist, der sehr nah bei einem seiner inneren Quantenenergieniveaus liegt.

Hoyle wies darauf hin, daß die durchschnittliche Temperatur im Innern heißer Sterne in der Tat einem Energieniveau von Beryllium und Helium sehr nahe kommt und daß diese anscheinend zufällige Übereinstimmung die reichliche Entstehung von Kohlenstoff bewirkt, der bei einer späteren Explosion des Sterns in den Raum geschleudert wird. Darüber hinaus muß für eine ausreichende Kohlenstoffproduktion sichergestellt sein, daß der bereits entstandene Kohlenstoff nicht bald wieder durch weitere Anlagerung von Helium zerstört wird.

Zum Glück existiert kein entsprechendes Energieniveau des Kohlenstoff-Helium-Produkts (Sauerstoff), so daß die Verringerung des Kohlenstoffs durch die Bildung noch schwerer Elemente recht gering ist. Da die einzelnen Energieniveaus von der Stärke der Kernkraft bestimmt werden, würde schon eine geringe Veränderung ihrer Intensität um nur wenige Prozent eine Katastrophe für die Entstehung von Leben auf Kohlenstoffbasis bedeuten, weil dann nicht genügend Atome dieses Elements »erbrütet« würden. Wenn daher die Kernkraft in anderen Welten des Hyperraums alle beliebigen Stärken hat, kann kohlenstoffabhängiges Leben nur in jenen Alternativwelten entstanden sein, in denen sie ganz bestimmte Werte besitzt.

Freeman Dyson hat auf eine weitere, sehr empfindliche Abhängigkeit des Lebens von der Stärke der Kernkräfte aufmerksam gemacht. Neben dem normalen Wasserstoff gibt es noch einen kleinen Anteil sogenannten schweren Wasserstoffs, der Deuterium genannt wird. Chemisch sind diese beiden Wasserstoffarten identisch, doch im Deuteriumkern finden wir neben dem charakteristischen einen Proton noch ein Neutron. Aus der Theorie läßt sich ableiten, daß zwischen der untersten Energiestufe (die wir auf Seite 75 beschrieben haben) und der Kernkraft ein heftiger Wettstreit stattfindet: die eine möchte die Anlagerung des Neutrons verhindern, die andere sie dagegen beschleunigen. Im Fall des Deuteriums siegt die Kernkraft nur knapp, so daß, wie Experimente bestätigen, der Deuteriumkern nur lose zusammengebunden ist. Träfen zwei Protonen aufeinander, so sähe die Situation anders aus. Protonen unterliegen der elektrischen Abstoßung, und darüber hinaus verhindert das Pauli-Prinzip, daß sich zwei Protonen beliebig nahe kommen können. Bei der Begegnung von zwei Protonen gewinnt daher die elektrische Abstoßung – sie können sich nicht gegenseitig binden. Wäre die Kernkraft dagegen nur um einige Prozent stärker, gäbe es einen Zweiprotonenkern. Allerdings bliebe auch er nicht lange stabil, da die Umwandlung eines der beiden Protonen in ein Neutron einen Energiegewinn brächte – der Zweiprotonenkern würde also sehr bald

beta-radioaktiv und sich dabei in einen Deuteriumkern umwandeln.
Dyson hat diese Möglichkeit auf die Prozesse in der Frühphase des Universums angewandt und gezeigt, daß in diesem Fall aller Wasserstoff über den Umweg des Zweiprotonenkerns gleich nach dem Urknall in Deuterium umgewandelt worden wäre. Deuterium statt Wasserstoff als Ausgangsprodukt hätte dann zu einer viel umfangreicheren Heliumproduktion geführt, so daß am Ende der »heißen« Phase das Universum aus nahezu einhundert Prozent Helium bestanden hätte. In diesem Fall gäbe es keine Sterne, die wie unsere Sonne über Jahrmilliarden friedlich ihren Wasserstoff in Helium umwandeln und die dabei freiwerdende Energie an den umgebenden Weltraum abstrahlen. Ebensowenig würde Wasser existieren, dessen Vorhandensein eine der Bedingungen für Leben ist. Leben ist demnach auch nur deshalb möglich, weil die Kernkraft ein bißchen zu schwach ist, um Zweiprotonenkerne zu ermöglichen.
Auch die andere Kernkraft, die sogenannte schwache Wechselwirkung, die für die Beta-Radioaktivität verantwortlich ist, nimmt auf zweierlei Weise direkten Einfluß auf die Existenz von Leben im Universum. Eine davon betrifft die Bestandteile des ursprünglich vorhandenen Materials, aus dem in den ersten Minuten die Heliumatomkerne wurden. Helium besteht aus zwei Protonen und zwei Neutronen, und so hängt der Anteil an Helium von der Menge der vorhandenen Neutronen ab. Tatsächlich sind wohl die meisten damals existierenden Neutronen in die entstehenden Heliumkerne eingebaut worden, so daß der Wasserstoff, der den größten Teil des Universums ausmacht, sich aus einem »Restbestand« von Protonen aufbaut, die mangels Neutronen damals allein blieben. Die Energie des anfänglichen Feuerofens stand für die Bildung aller Arten von Elementarteilchen zur Verfügung, und in einer sehr frühen Phase war etwa genausoviel Energie zur Bildung von Protonen da wie zur Bildung von Neutronen. Ein Ungleichgewicht wäre durch die schwache Wechselwirkung ausgeglichen worden, da ein Überschuß an Neutronen deren Zerfall in Protonen ermöglicht hätte und umgekehrt. Dieser Ausgleich funktioniert jedoch nur so lange, wie das System nicht von außen gestört wird. Die äußerst heftige Expansion des Universums muß aber als Störung angesehen werden. Anfangs mag sie noch ziemlich bedeutungslos gewesen sein, weil Protonen und Neutronen sehr heiß und sehr dicht gepackt waren. Nach einer Sekunde jedoch waren Temperatur und Dichte schon soweit zurückgegangen (die Temperatur um rund 10 Milliarden Grad), daß das Gleichgewicht

nicht länger aufrecht erhalten werden konnte und das Mengenverhältnis zwischen Neutronen und Protonen bei dem Wert »einfror«, den es gerade hatte. Berechnungen zeigen ein Verhältnis von 15% Neutronen und 85% Protonen, die sich später zu 30% Helium und 70% Wasserstoff umwandeln konnten: eine Relation, die genau der heute beobachteten entspricht.

Die schwache Wechselwirkung hat hier eine besondere Bedeutung, weil sie auch den Moment kontrolliert, in dem das Gleichgewicht zerbricht. Wäre ihre Kraft schwächer, dann hätte sie angesichts der rapiden Ausdehnung die Balance weniger lange erhalten können. Das hätte entscheidende Veränderungen mit sich gebracht, denn, wie wir sehen werden, war der Anteil der Neutronen im ersten Teil der ersten Sekunde erheblich größer. Neutronen haben eine Masse, die etwa 0,1 Prozent über der Protonenmasse liegt – sie verbrauchen also für ihre Entstehung etwas mehr Energie. Wenn die verfügbare Energie knapp ist, sind die Protonen aufgrund ihres geringeren Bedarfs im Vorteil. Darum haben wir nach einer Sekunde, wenn die Energie bereits abgenommen hat, 85% Protonen und 15% Neutronen. In früheren Momenten der ersten Sekunde ist die Temperatur jedoch noch erheblich höher, so daß mehr Energie für beide Teilchenarten vorhanden ist und der Massenunterschied nicht so sehr ins Gewicht fällt. Das führt zu einer in etwa gleichmäßigen Entstehung von Protonen und Neutronen. Wenn die schwache Wechselwirkung bereits in diesem Moment zu schwach gewesen wäre, um das Gleichgewicht des Systems zu erhalten, dann wäre zu fast 100% Helium entstanden, denn jedes Neutron hätte ein Proton gebunden und kein Rest freier Protonen wäre übriggeblieben, um Wasserstoff zu bilden. Wieder wäre das Resultat ein Helium-Universum ohne Sterne gewesen – kein Ort zur Entwicklung von Leben.

Der zweite entscheidende Einfluß der schwachen Wechselwirkung auf die Entstehung von Leben hängt mit der Sterbephase massereicher Sterne zusammen. Wenn manche dieser Sterne in ihrem Innern Elemente wie Kohlenstoff oder Sauerstoff synthetisiert haben, geht ihnen allmählich der Brennstoff aus. Die Versorgungskrise macht sich zunächst kaum bemerkbar, wird aber immer stärker, bis der Kern nicht mehr genügend Hitze produzieren kann, um den Gravitationskollaps noch länger aufzuhalten. Das Ergebnis ist zunächst ein allmähliches Zusammensinken, gefolgt von einer plötzlichen Implosion, die titanische Kräfte freisetzt. Vor allem gewaltige Mengen an Neutrinos (Teilchen, die nur über die schwache Wechselwirkung mit anderer Materie reagieren und selbst die Erde nahezu ungehindert durchqueren können) verlassen den Stern. Die Dichte des zusammenstürzenden Kerns ist jedoch so hoch, daß selbst diese flüchtigen Teilchen an einem »freien Abzug« gehindert werden; dabei hängt der genaue Wert des Widerstands gegen die Neutrinoflucht von der Stärke der schwachen Wechselwirkung ab. Wäre sie viel stärker, dann könnten die Neutrinos den Kern gar nicht verlassen. Wenn die Neutrinos schließlich die den Kern umgebenden äußeren Schichten des Sterns erreichen, treiben sie diese mit unvorstellbarer Wucht auseinander. Die Explosion ist so gewaltig, daß sie durch die ganze Galaxie leuchtet und milliardenmal mehr Energie an die Umgebung abgibt als ein normaler Stern. Die Astronomen bezeichnen so ein Ereignis als Supernova. Die freiwerdende Materie enthält natürlich auch den Kohlenstoff und Sauerstoff, der zuvor im Innern des Sterns entstanden war. Diese Elemente werden irgendwann von anderen Sternsystemen oder Gaswolken eingefangen und bilden dort das Rohmaterial, aus dem sich Planeten und Leben formen. Unsere Körper bestehen also aus der »Asche« längst gestorbener Sterne. Wäre die schwache Wechselwirkung stärker, so daß der zusammenbrechende Stern die meisten Neutrinos festhalten könnte, dann gäbe es keine Supernova. Wäre die Kraft andererseits noch schwächer, dann würden die entweichenden Neutrinos die Außenschichten des Sterns durchqueren, ohne ihre Materie in den Raum zu sprengen. In jedem Fall würden nicht genug Elemente frei, um Leben entstehen zu lassen.

Wahrscheinlich gibt es noch viele andere Zusammenhänge in unserer Welt, die für die Entstehung des Lebens notwendig sind und die den Eindruck verstärken, daß unsere Welt, wie wir sie erleben, äußerst unwahrscheinlich ist. Wir wissen beispielsweise nicht, warum unser Raum drei Dimensionen hat und die Zeit eine. Die Physiker versuchen immer wieder zu berechnen, wie weit sich die physikalischen Gesetze verändern würden, wenn es statt drei Raumdimensionen nur zwei gäbe oder etwa vier. Die Welt sähe dann sicher völlig anders aus, und wir wissen nicht, ob Leben dann möglich wäre.

Wir wissen auch nicht, warum die Elementarteilchen genau die Massen haben, die wir beobachten. Gewiß: Wäre die Elektronenmasse rund zehntausendmal kleiner, dann würden die Elektronenbahnen mit den Atomkernen zusammenstoßen und die Chemie sähe sicher ganz anders aus. Warum aber kann die Elektronenmasse nicht wenigstens geringfügig von ihrem »jetzigen« Wert abweichen? Vielleicht sind diese Massen zufällig und ohne Bedeutung, vielleicht werden wir aber auch eines Tages sehen, daß sie sich zwangsläufig aus irgendwelchen fundamentalen Theorien ergeben.

Der Platz, den sich der Mensch im Universum einräumt, hängt entscheidend von der Antwort auf die Frage ab »wie speziell ist diese Welt?« In früheren Jahrhunderten, als die Religionen die Grundlage für den Platz des Menschen in der Natur bildeten, war es selbstverständlich, diese Welt als sehr speziell zu sehen, war sie doch für den Menschen errichtet. Im ersten Kapitel haben wir gesehen, daß die Menschen damals wenig von Naturgesetzen wußten und die meisten Ereignisse auf besondere Gottheiten und Geister zurückführten; entsprechend erschien ihnen die Umwelt völlig auf den Menschen bezogen, für ihn »gesteuert«. Mit der Newtonschen Revolution wandelte sich dieses Bild ins Gegenteil: die Welt wurde zu einer Maschine, die nach den Naturgesetzen funktionierte und deren Verhalten durch irgendwelche Anfangszustände in weit zurückliegender Vergangenheit vollkommen vorausbestimmt war – für den Menschen als selbständiges, frei handelndes Wesen blieb in dieser Vorstellung kein Platz. Die moderne Kosmologie schließlich kann den zeitlichen Beginn dieser Welt ungefähr festlegen. Dadurch erhebt sich von neuem die Frage, ob dieser Beginn ein irgendwie zufällig ablaufendes Ereignis oder ein höchst organisiertes Schauspiel war.

Die Menschen sind immer wieder der Versuchung erlegen, eine besondere Ordnung der Welt auch dort zuzuschreiben, wo gar kein Ordnungsschema existiert. Für unsere Vorfahren wurde die Welt von Göttern regiert. Die moderne Naturwissenschaft hat diese Götter gestürzt und durch Naturgesetze ersetzt. Darwin »befreite« sogar die Biologie aus dem göttlichen Einfluß. Mit dem Wissen des 20. Jahrhunderts erscheint uns vieles von dem, was früher als wunderbar angesehen wurde, als unausweichliche Konsequenz der Naturgesetze. So ist die Existenz der Erde für uns nichts Ungewöhnliches mehr, weil wir zumindest prinzipiell den Mechanismus der Planetenentstehung begreifen – wir wissen sogar ungefähr, wann sich die Erde bildete. Auch die Existenz der Sonne ist nicht mehr geheimnisvoll, weil wir die Geburt neuer Sterne in entfernten Gasnebeln mit unseren Teleskopen verfolgen können. Der Mensch, einst »Krone der Schöpfung«, ist längst nur noch ein Glied einer Evolutionskette, die vor rund 3,5 Milliarden Jahren begann und wahrscheinlich noch einige Jahrmilliarden weitergehen wird. Den Astronomen erscheint es als selbstverständlich, daß auch andere Sonnen von Planeten umkreist werden, auf denen sich, als natürliche Folge der Gesetze von Physik und Chemie, fremde Lebensformen entwickelt haben. Wahrscheinlich sind darunter sogar viele, die uns an Intelligenz weit übertreffen und deren Zivilisationen viel weiter entwickelt sind als unsere.

Die Wissenschaft hat im Hinblick auf die Entstehung und Entwicklung der Welt bis hin zu dem, was wir heute beobachten, viele fundamentale Fragen beantworten können. Zumindest prinzipiell könnten wir die Geschichte des Universums vom ersten Jiffy bis heute schreiben. In dieser Geschichte würde man nirgends auf Wunder treffen mit Ausnahme der Tatsache, daß die Welt überhaupt existiert. Wir wissen nicht, warum die Naturgesetze so und nicht anders sind, wir können lediglich über ihre Schönheit und mathematische Einfachheit staunen. Doch mit ihnen als Voraussetzung läßt sich die ganze Entwicklung der Welt nach dem Urknall als natürlich und folgerichtig ansehen.
Dieses ordentliche Bild einer natürlichen Entwicklung der Welt wird jedoch durch die Überlegungen der letzten zwei Kapitel gestört. Es ist zwar nichts Bemerkenswertes mehr an unserer Ecke des Universums, der Erde, dem Sonnensystem, selbst der Milchstraße, doch wenn es um das kosmische Ganze geht, treffen wir plötzlich wieder auf überraschende Dinge. So war die gravitative Ordnung der Materie während des Urknalls offenbar derart perfekt, daß sie nicht glaubhaft erscheint. Wir wundern uns nicht mehr über die auffallende Ordnung im Bereich unseres Planeten, aber wir wundern uns über die kosmologische Ordnung. Wir haben keine Vorstellung davon, warum diese Ordnung während des Urknalls entstand.
Jeder wird diese Erkenntnis auf seine Weise interpretieren. Jene, die der Religion einen Platz in ihrem Leben einräumen, werden hinter der Grundordnung während des Urknalls die Manifestation eines Schöpfers sehen, der das Universum so werden ließ, damit es einmal von uns bewohnt werden könne – eine moderne Version des biblischen Schöpfungsberichts. Einige Wissenschaftler werden sich in ihrem Glauben bestärkt sehen, daß diese Welt nicht allein existiert, sondern eine von unendlich vielen Welten ist. Diese anderen Welten brauchen nicht einmal in anderen Regionen des Hyperraums zu existieren, sie können auch in entfernten Gegenden unseres Raums verwirklicht sein, zu weit entfernt jedoch, als daß wir sie beobachten könnten; sie können genausogut aber auch weit in der Vergangenheit existiert haben oder in der Zukunft erst beginnen, wenn die gegenwärtige Welt verschwunden ist.
John Wheeler, der »Erfinder« des Hyperraums, nimmt an, daß sich das Universum bis zu einem Maximalwert ausdehnt und dann wieder zusammenzieht, so daß alle Galaxien schließlich aufeinanderstürzen, um in einer gigantischen Umkehrung des Urknalls zu verschwinden. Im Bereich von Jiffyland, in den unser Kosmos dann zurückkehren

würde, könnte unsere gesamte Physik umorganisiert werden – und wenn es der Materie gelänge, der drohenden Singularität zu entgehen, könnte ein neues Universum wie ein Phoenix aus der Asche erstehen, ein Universum mit anderen Anfangswerten: anderer Turbulenz und Temperatur, anderer Schwerkraft und Kernkraft – vielleicht sogar mit anderen Naturgesetzen.

Auf diese Weise könnte Zyklus auf Zyklus folgen, jedesmal mit einem neuen Universum. Die meisten dieser Neugeburten würden unbelebt bleiben, da die Wahrscheinlichkeiten für ein unwirtliches Universum sprechen. Doch irgendwann schließlich werden entgegen allen Wahrscheinlichkeiten die »richtigen« Zahlenwerte und Relationen entstehen, und dieser spezielle Zyklus wird mit intelligenten Wesen belebt sein. Wenn wir der Vorstellung folgen, nach der es unzählige andere Universen in Raum, Zeit oder im Hyperraum gibt, dann brauchen wir uns nicht länger über den erstaunlichen Grad an Ordnung in unserer Welt zu wundern, denn dann haben wir uns diese Welt allein durch unsere Existenz selbst »ausgesucht«. Diese besondere Form der Welt ist dann ein bloßer Zufall, der früher oder später eintreten mußte.

Schließlich bleiben noch die Menschen, die sich nicht mit der Vorstellung wirklich existierender Alternativuniversen anfreunden können. Sie werden entweder einräumen, daß die Struktur der Welt, soweit sie uns angeht, ungeheuer »glücklich« ist, und dies so selbstverständlich finden wie den blauen Himmel, oder sie werden das ganze Denkmodell in Frage stellen und zu beweisen versuchen, daß die Anfangsbedingungen ganz und gar nichts Besonderes enthielten, was als Argument für ihre Unwahrscheinlichkeit dienen könnte. Dazu wäre es allerdings notwendig zu zeigen, wie die im höchsten Maß gleichmäßige Verteilung der Materie und ihre Bewegung »automatisch« aufgrund irgendwelcher physikalischer Prozesse entstehen konnte, ohne daß gleichzeitig gewaltige Hitzemengen freigesetzt wurden. Dies kann natürlich nicht ausgeschlossen werden, aber wir haben es in der Voraussetzung auf Seite 192 berücksichtigt, nach der »nicht alle Umstände gleich« sind. Wenn natürlich neue physikalische Erkenntnisse ins Spiel kommen sollten, die etwa die Entstehung der so wahrscheinlichen Schwarzen Löcher am Anfang des Universums verhindern und die Materie zur Entwicklung von Sternen und Galaxien »zwingen«, müßten wir uns nicht länger darüber wundern, warum unsere Welt nicht vorwiegend Schwarze Löcher enthält. Und wenn wir einen Mechanismus fänden, der die anfänglich turbulente Bewegung des Universums ohne Hitzeentwicklung in eine »sanfte Geburt« überführte, könnte aus jeder noch so zufälligen Verteilung von Quantenblasen während des ersten Jiffy ein belebtes Universum entstehen.

Im Augenblick können wir diese Probleme noch nicht definitiv lösen, weil wir die Physik des frühen Universums nicht mit der erforderlichen Genauigkeit verstehen: die extremen Zustände, die damals geherrscht haben, entziehen sich dem physikalischen Experiment und den meisten mathematischen Betrachtungen. Doch wenn sich auch (noch) nicht eindeutig sagen läßt, ob das Universum zufällig oder notwendig entstand, so kann man doch wenigstens über die Rolle des Menschen etwas sagen. Jahrtausendelang haben Fragen nach der Existenz die Menschheit beschäftigt: seiner eigenen, der des Universums und der Beziehung zwischen beiden. Unsere wissenschaftlichen Erkenntnisse werfen ein neues Licht auf diese Probleme: der Mensch ist nicht mehr nur Beobachter des Universums, ein zufälliges Produkt, das im Strom des kosmischen Dramas mitgetrieben wird, sondern wesentlicher Bestandteil des Ganzen. Ob wir neues Wissen über die Anfänge des Kosmos erlangen werden oder nicht – wir wissen wenigstens, daß wir eine Rolle spielen.

10. Zeit und Bewußtsein

Ein Großteil dieses Buchs hat sich bisher mit der Rolle des Menschen als Beobachter des Universums auseinandergesetzt. Dabei zeigte sich, daß die Wirklichkeit der Dinge und vielleicht sogar die Gesamtstruktur des Weltalls eng mit unserer Existenz als bewußten Betrachtern der Umwelt verbunden ist. Diese zentrale Rolle des Menschen steht in vollkommenem Gegensatz zur bisherigen wissenschaftlichen Degradierung des Menschen von der Krone der Schöpfung zu einem biologischen Fließbandprodukt. Doch trotz dieser »Wiederaufwertung« bleiben die Mechanismen unseres Umwelt-Erlebens und unseres Bewußtseins im Dunkel. Ist die Fähigkeit dieser bewußten Erfahrung der Umwelt und seiner Selbst auf den Menschen beschränkt? Auf die Primaten? Oder ist dieses Vermögen allen Tieren, allen Lebensformen zu eigen? Die Betrachtung und Untersuchung des Bewußtseins und der Sinnesempfindung gehört eigentlich nicht zum traditionellen Arbeitsbereich der Physik, da sie normalerweise bestrebt ist, von subjektiven Eindrücken weg zu objektiven Wirklichkeiten vorzustoßen. Zahlreiche Techniken und Vorgehensweisen sind entwickelt worden, um den Experimentator selbst möglichst weitgehend aus der Physik auszuschließen: Experimente müssen beliebig oft wiederholbar sein, Messungen werden von Maschinen vorgenommen und aufgezeichnet, Meßergebnisse mathematisch analysiert und vieles andere mehr. Doch wir haben inzwischen gesehen, daß die »objektive Wirklichkeit« eine Illusion ist, daß alle »objektiven« Meßapparate ihre Existenz dem experimentierenden Menschen verdanken, dessen Existenz wiederum mit den grundlegenden Eigenschaften der Welt und ihrer Ordnung verwoben ist. Ganz gleich, wie objektiv wir unsere Umwelt zu erfassen suchen: früher oder später stören wir, die Beobachter, das Bild.
Wenn wir von der Existenz des Bewußtseins ausgehen, werden wir sofort mit der seltsamen Tatsache konfrontiert, daß bisher noch niemand diese Existenz experimentell nachweisen konnte. Das menschliche Gehirn ist zwar sehr eingehend studiert worden, und ein Großteil seiner Funktionsweise ist – zumindest im Groben – verstanden, aber noch niemand hat zeigen können, daß das Bewußtsein als zu-

sätzlicher Faktor innerhalb des Gehirns und seiner Funktionen notwendig ist. Einige Wissenschaftler glauben, Bewußtsein sei identisch mit dem Funktionieren des Gehirns, und mehr brauche man dazu nicht zu sagen. Andere jedoch halten diese Erklärung für völlig absurd. Im siebten Kapitel haben wir gesehen, daß (wenigstens) ein Wissenschaftler das Bewußtsein als eigenes physikalisches System über dem Gehirn ansieht, das die schizophrenen Quantenzustände in die Wirklichkeit überführt.

Ungeachtet der Frage, ob Bewußtsein vom Gehirn unabhängig existiert oder nicht, bleiben Rätsel im Hinblick auf das Wesen unserer elementaren Empfindungen. Dies gilt vor allem für das Zeitempfinden. Im zweiten Kapitel haben wir die Relativitätstheorie kennengelernt und gesehen, daß die Physiker die Welt als vierdimensionales Raum-Zeit-Kontinuum ansehen. Sogenannte Weltlinien in diesem Raum-Zeit-Kontinuum repräsentieren die Geschichte der einzelnen Objekte. Dabei sind die einzelnen Weltlinien nicht unabhängig voneinander, sondern stehen durch eine Anzahl von Kräften miteinander in Wechselwirkung. Daraus ergibt sich ein gigantisches Netzwerk von Einflüssen und Rückwirkungen, das das gesamte Universum erfüllt und sich von der Vergangenheit bis in die Zukunft erstreckt. Das *ist* das Universum.

Wir erleben die Zeit jedoch ganz anders. Wenn wir unsere Umwelt betrachten, sehen wir, wie das kosmische Schauspiel *abläuft*, wie ein Ereignis auf das andere folgt. Wir erleben die Welt wie einen Film: Dinge geschehen, Änderungen treten ein, zukünftige Ereignisse kommen näher und werden Gegenwart und Vergangenheit. Für uns scheint sich die Zeit zu bewegen. Wie können wir dieses bewegte Zeitbild unserer Erfahrung mit dem statischen Bild einer Raumzeit, die einfach da ist, in Einklang bringen?

Untersuchen wir dazu unser Zeitempfinden etwas genauer. Wir verwenden in unserem Alltagsleben zwei völlig verschiedene Zeitvorstellungen, die möglicherweise unvereinbar sind, die aber trotzdem in unserem Bewußtsein nebeneinander existieren, ohne daß viele Menschen dabei ernsthafte Schwierigkeiten intellektueller Art bekommen. Zum einen kennzeichnen wir Ereignisse durch Daten: die Entdeckung Amerikas (1492), die Olympiade in München (1972), eine totale Sonnenfinsternis in Teilen Europas (1999), das Klingeln meines Weckers (7 Uhr, 24. Mai, 1981). Hier ist die Zeit wie eine Linie, die sich im Dunkel von Vergangenheit und Zukunft verliert. Jeder Punkt dieser Linie ist durch ein Datum gekennzeichnet, das seinerseits lediglich angibt, wieviel Zeit seit einem willkürlich ge-

wählten anderen Zeitpunkt vergangen ist, zum Beispiel seit der Geburt Christi. Dieser Bezugspunkt ist austauschbar und wird von verschiedenen Gesellschaften unterschiedlich gewählt. Doch ganz gleich, ob man den christlichen, jüdischen oder chinesischen Kalender zugrundelegt, die Ereignisse und ihre Beziehungen untereinander bleiben davon unberührt, so wie man Entfernungen nicht dadurch verändert, daß man sie in Kilometern oder Meilen angibt.
Die Zuordnung von Daten zu Ereignissen ist vergleichbar mit der Beziehung zwischen Orten und Koordinaten. In diesem Sinn verwenden auch die Physiker die Zeit: sie ist einfach da, zu einer Linie ausgezogen, die voller Ereignisse ist – vom Urknall bis zur Unendlichkeit der Zukunft (oder dem Endknall, wenn es einen gibt). Eine Besonderheit der Zeit, die den meisten Menschen im täglichen Leben nicht deutlich wird, ist den Physikern dabei durchaus bewußt: die Tatsache nämlich, daß die Zeit vom jeweiligen Bewegungszustand des Beobachters abhängt. Wir haben im zweiten Kapitel gesehen, daß eine Angabe über die Gleichzeitigkeit zweier Ereignisse bedeutungslos ist, solange diese beiden Ereignisse nicht auch am gleichen Ort stattgefunden haben. Beobachter mit unterschiedlichen Geschwindigkeiten werden verschiedener Auffassung über die Gleichzeitigkeit oder zeitliche Reihenfolge zweier Ereignisse sein, so daß sie ihnen auch unterschiedliche Daten zuordnen werden. Diese Relativität der Zeit bildet keine besondere Schwierigkeit, wenn wir die Regeln kennen, nach denen man die Daten des einen Beobachters in die des anderen »übersetzen« muß.
Tatsächlich sind diese Regeln bekannt – Albert Einstein hat sie zusammen mit seiner Relativitätstheorie entwickelt – und sie funktionieren hervorragend, wie zahllose Experimente bewiesen haben.
Neben dieser Methode, Ereignisse mit Daten zu etikettieren, benutzen wir ein völlig anderes Formulierungs- und Denkmodell, um Zeit zu beschreiben. Dem Modell liegt die kinetische, bewegte Vorstellung von Zeitabläufen zugrunde. Wir sagen (und denken), daß Amerika 1492 entdeckt *wurde*, daß 1999 eine totale Sonnenfinsternis in Süddeutschland stattfinden *wird* und daß der Wecker *jetzt* klingelt. Vergangenheit, Gegenwart und Zukunft gehören so grundlegend zu unserem Zeitempfinden, daß wir sie normalerweise ohne Hinterfragung akzeptieren. Aufgrund dieser Betrachtungsweise erhält die Zeit eine viel ausgeprägtere Struktur als durch die reine Datierung. Zunächst ist sie in drei Bereiche unterteilt. Die Zukunft ist unbekannt und möglicherweise durch uns selbst zu beeinflussen: sie enthält Ereignisse, die noch nicht existent sind, die vielleicht (aufgrund der

Quantenunbestimmtheit) nicht einmal bestimmbar sein werden, aber schließlich »passieren«. Die Vergangenheit dagegen ist bekannt, an sie können wir uns – zumindest teilweise – erinnern: sie ist angefüllt mit Ereignissen, die stattgefunden haben und die wir nicht mehr verändern können, ganz gleich, wie sehr wir das möchten. Diese Ereignisse waren »zu ihrer Zeit« wirklich, sind aber inzwischen in eine fossile Unerreichbarkeit verschwunden. Am Berührungspunkt zwischen Vergangenheit und Zukunft erleben wir die Gegenwart, das *Jetzt*, ein geheimnisvolles Strömendes ohne meßbare Dauer, das den mit ihm gleichzeitig stattfindenden Ereignissen jene greifbare Realität verleiht, die vergangenen und zukünftigen Ereignissen fehlt. Die Gegenwart ist der Moment, der uns den Zugang zur Welt ermöglicht, der Moment, in dem wir unseren freien Willen ausüben und die Zukunft verändern können. Unsere Vorstellung von der Wirklichkeit ist daher sehr stark in dieser grammatischen Zeitstruktur verwurzelt.

Die Einteilung der Zeit in *die* Vergangenheit, *die* Gegenwart und *die* Zukunft ist eine sehr viel weiterreichende Ordnungsstruktur als die einfache zeitliche Beziehung zwischen Daten wie etwa der Feststellung, daß die Olympiade in München *nach* der Entdeckung Amerikas stattgefunden hat oder daß mein Wecker *vor* der Sonnenfinsternis klingelt. Solche Vor-Nach-Beziehungen sind unabhängig von dem Zeitpunkt, zu dem sie formuliert werden. »München nach Kolumbus« war immer richtig, ist jetzt richtig und wird immer richtig sein.

Bis hierhin sind wir noch keinem Widerspruch zwischen der »physikalischen« und der »grammatischen« Zeit begegnet. Die Paradoxa kommen erst, wenn wir bedenken, daß das System der grammatischen Zeit nicht statisch ist, sondern sich bewegt. Die Gegenwart, die wir als den Augenblick des bewußten Erlebens definieren können, bewegt sich ständig weiter in Richtung Zukunft; sie begegnet neuen Ereignissen und ordnet die vorangegangenen unserem Gedächtnis und der Geschichte ein. Umgekehrt können wir auch das »Jetzt« unseres Erlebens als festen Punkt betrachten, an dem die Zeit als Strom vorbeizieht, der die Vergangenheit wegträgt und die Zukunft heranführt. In beiden Fällen erfüllt das Bild einer fließenden, vergehenden, vorbeiströmenden Zeit unsere Erfahrungswelt mit Veränderungen und Aktivitäten.

Was ist die Vergänglichkeit der Zeit? In Literatur, Kunst und Religionen finden wir viele Bilder für sie. Am häufigsten treffen wir auf den Vergleich mit einem Fluß; Augustinus hat es folgendermaßen formuliert: »Die Zeit ist wie ein Fluß von Ereignissen; seine Strö-

mung ist stark; sobald etwas auftaucht, ist es auch schon vorbeigeströmt.« Für H. D. Thoreau ist die Zeit »nur ein Strom, in dem ich fische«. Anderen liegt der Vergleich zum Flug näher, zum Beispiel Vergil: »Die Zeit fliegt dahin – sie kehrt nicht mehr zurück«, und Andrew Marvell sah die Zeit als einen »geflügelten Wagen«. Robert Herrick schließlich rät uns: »Sammelt Rosenblüten, solange ihr könnt, denn die Zeit fliegt noch immer dahin«.
Auch William Shakespeare kehrt immer wieder zum Thema der Vergänglichkeit der Zeit zurück. In »Was ihr wollt« ist sie ein »Karussell, das Vergeltung bringt«. Dieser zerstörerische, rachsüchtige Zug der Zeit wird gern beschworen. Lord Byron etwa spricht von der »Zeit als Rächer«. Ovid beschreibt die Zeit als »Fresser der Dinge«, und Tennyson warnt uns, daß die Zeit »rasch voranschreitet und alle Dinge von uns genommen und zu Teilen und Paketen der schrecklichen Vergangenheit werden«. Herbert Spencer schließlich meint zynisch: »Der Mensch versucht unablässig die Zeit totzuschlagen, doch schließlich schlägt sie ihn tot«. All diese Bilder spiegeln unseren tiefverwurzelten Eindruck von der Zeit als einer nichtumkehrbaren Bewegung, die unaufhaltsam zu Veränderungen führt.
Im Bereich der Wissenschaften sind die Bilder nicht so deutlich. Zwar benutzen die Wissenschaftler wie alle anderen Menschen auch die grammatischen Zeiten im täglichen Leben und bei der Diskussion von Experimenten und Beobachtungen, doch bei der mathematischen Analyse der Natur spielen die grammatischen Zeiten keine Rolle: hier gibt es nur Zeitpunkte. In Newtons Gleichungen finden wir keinen Hinweis auf irgendeine Gegenwart, keine Größe, die die Bewegung der Zeit mißt. Natürlich ist die Zeit vorhanden, und die Gleichungen sagen sogar voraus, wann ein bestimmtes Ereignis stattfinden wird (wann zum Beispiel ein fallender Apfel den Boden erreicht), aber wir können weder aus den Newtonschen noch aus anderen Gleichungen erfahren, *wie spät es ist*. Der Ablauf der Zeit läßt sich weder theoretisch noch experimentell im Labor nachweisen, und es gibt auch kein Instrument, das ihr Vergehen anzeigen könnte. Wir haben schon im zweiten Kapitel gesehen, daß eine Uhr dafür nicht geeignet ist. Mit Hilfe einer Uhr können wir lediglich Zeitpunkte den Ereignissen zuordnen. Wir erleben zwar die Funktion der Uhr als Bewegung, doch ist dies eine Bewegung im Raum (eine Bewegung der Zeiger auf dem Zifferblatt) und keine Bewegung in der Zeit. Es ist unser psychologisches Empfinden einer ablaufenden Zeit, das uns aufgrund der engen Verknüpfung zwischen Zeit und Uhr vorgaukelt, die Uhr würde das Vergehen der Zeit messen.

Besonders deutlich wird die Verschwommenheit unserer Vorstellung vom zeitlichen Ablauf, wenn wir fragen, wie schnell die Zeit denn vergeht. Womit könnten wir das Tempo des Zeitablaufs messen? Wenn es eine solche Maschine gäbe, könnten wir jeden Tag nachschauen, ob die Zeit langsamer oder schneller geworden ist – für viele Menschen verändert sich nämlich das Zeittempo scheinbar. Es entspricht der allgemeinen Erfahrung, daß zehn Minuten im Zahnarztstuhl viel länger erscheinen können als eine halbe Stunde einer angenehmeren Beschäftigung, daß ein Tag voller Aktivität »schneller« vergeht als ein Tag voller Langeweile. Doch dies sind psychologische Effekte, die von der jeweiligen persönlichen Stimmungslage abhängen. Das Maß des Zeitablaufs wird immer ein Tag pro Tag sein, eine Stunde pro Stunde, eine Sekunde pro Sekunde. Selbst langweilige Tage dauern einen Tag, und es ist unsinnig zu sagen, ›der heutige Tag hatte nur 12 Stunden‹, wenn man ausdrücken möchte, daß einem »der Tag wie 12 Stunden *erschien*«.

Wenn wir an der Vorstellung einer ablaufenden Zeit festhalten wollen, stoßen wir auf eine eklatante Unvereinbarkeit von grammatischer und physikalischer Zeit, zwischen Zeitbereichen und Zeitpunkten. Zeitpunkte sind ein für allemal mit bestimmten Ereignissen verknüpft, aber die Zugehörigkeit von Ereignissen zu Zeitbereichen verändert sich von Augenblick zu Augenblick.

1970 waren die Olympischen Spiele in München noch Zukunft, heute gehören sie der Vergangenheit an. Wie kann aber das gleiche Ereignis, das einem festen Zeitpunkt entspricht, Vergangenheit, Gegenwart und Zukunft sein? Vergangenheit, Gegenwart und Zukunft sind offenbar keine Eigenschaften, die zum inneren Wesen von Ereignissen gehören; sie lassen sich nicht einmal sehr präzise formulieren, denn wenn wir fragen, ab wann ein Ereignis der Vergangenheit angehört, und als Antwort erhalten »Wenn es passiert ist«, geraten wir in einen Teufelskreis. Woher wissen wir denn, daß es passiert ist – natürlich nur, weil es bereits der Vergangenheit angehört. Und damit sind wir wieder am Anfang.

Die Gegenwart ist gleichermaßen vage und verschwommen, denn was *ist* gegenwärtig? Wir stimmen sicher darin überein, daß die Gegenwart nur ein einziger Moment ist (oder zumindest so kurz ist, daß wir keine innere Struktur erkennen können), aber welcher Moment ist gemeint? Die Antwort ist natürlich »jeder Moment«. Alle Momente sind Gegenwart, wenn sie passieren. Aber wann passieren sie? In diesem Moment! Auch dieses Frage-Antwort-Spiel führt nirgendwo hin. Selbst nach einer gründlichen Untersuchung muß man eingestehen, daß man keine sinnvollen Äußerungen über das Wesen von Vergangenheit, Gegenwart und Zukunft machen kann. Sie sind so tief in unserer Erfahrung verwurzelt, daß wir uns ihrer Unmittelbarkeit nicht nähern können, indem wir sie in Worte kleiden. Augustinus hat dieses Dilemma mit den Worten beschrieben, er habe gewußt, was die Zeit ist, solange ihn niemand danach gefragt habe. Dann aber habe er nichts mehr gewußt. Charles Lamb drückte dieses Gefühl mit den Worten aus »Nichts verwirrt mich mehr als Raum und Zeit; und dennoch beunruhigt mich nichts weniger als diese beiden, da ich nie über sie nachdenke«.

Das Gefühl einer wirklich vergehenden Zeit, die vermeintliche Existenz von Vergangenheit, Gegenwart und Zukunft, bringen uns im Verständnis der objektiven Welt nicht weiter, obwohl dieses Konzept für die Planung unserer persönlichen Angelegenheiten und unseres täglichen Lebens unerläßlich ist. Ist dieses Bild wirklich nur Illusion, oder ist unsere Wahrnehmung einer Struktur der Zeit – einer Hyperzeit – auf der Spur, die im Labor noch unerkannt geblieben ist? Hängt die wahre Wirklichkeit von der Existenz eines gegenwärtigen Augenblicks ab?

Fragen wie diese stellen eine der großen Herausforderungen für Wissenschaft und Philosophie dar. Auf diesem Gebiet ist noch keinerlei Übereinstimmung abzusehen, nicht einmal darüber, wie man Vorstellungen formulieren soll. In den vorangegangenen Kapiteln dieses Buchs ist jedoch gezeigt worden, daß neuere Entwicklungen im Bereich der Quantenphysik und der Kosmologie an dieses Problem heranführen, und es wird nicht mehr lange dauern, ehe wir voll mit ihm konfrontiert werden.

Schauen wir uns die beiden entgegengesetzten Standpunkte etwas genauer an – zunächst den der Objektivisten, dem sich wahrscheinlich die meisten Wissenschaftler und Philosophen anschließen würden. Nach dieser Vorstellung läuft die Zeit nicht ab, und Vergangenheit, Gegenwart und Zukunft sind lediglich sprachliche Bequemlichkeiten ohne physikalische Bedeutung. Trotz ihrer erschreckenden Folgen kann diese Ansicht leicht untermauert werden. Das Hauptargument geht von der Existenz der Zeitpunkte und der mit ihnen verbundenen Ereignisse aus. Die Ereignisse haben zwar eine Vergangenheits-Zukunfts-Beziehung, aber sie *finden nicht statt*. In den Worten des Physikers Hermann Weyl: »Die Welt passiert nicht, sie *ist*!« In diesem Bild verändern sich die Dinge nicht: die Zukunft ereignet sich nicht, und die Vergangenheit ist nicht verloren, denn Vergangenheit und Zukunft existieren gleichberechtigt nebeneinander. Wir

werden noch überprüfen, wie sich die Quantentheorie zu diesem scheinbar deterministischen Bild stellt. Für den Augenblick genügt es, anzumerken, daß nach den Vorstellungen der Vielwelten-Theorie nicht nur eine Zukunft existiert, sondern unendlich viele, nämlich all jene Verästelungen, die sich aus diesem Augenblick ergeben. Doch dies ändert nichts an der grundlegenden Feststellung der Gleichberechtigung von Zukunft und Vergangenheit.
Überraschenderweise erscheint uns dieses Bild fremdartig und unerhört, *weil* es so offensichtlich von völlig korrekten Einzelannahmen ausgeht. Ein Skeptiker wird erwidern, daß die Dinge sehr wohl passieren, daß Veränderungen stattfinden: »Heute habe ich eine Teekanne umgestoßen. Es passierte um vier Uhr, und das Ereignis hat die Situation zum Schlechten verändert – die Teekanne ist jetzt nämlich zerbrochen.« Was aber sagt der Skeptiker wirklich? Vor vier Uhr ist die Teekanne heil, nach vier Uhr ist sie zerbrochen, um vier Uhr ist sie in einem Übergangsstadium. Diese Ausdrucksweise, die physikalische Datenbenennung, enthält die gleiche Information, allerdings ohne den persönlichen Anstrich des Betroffenen. Aus dieser Darstellung ergibt sich kein zwingender Grund zu der Annahme, daß die heile Teekanne sich um vier Uhr in eine zerbrochene Teekanne *umgewandelt* hat oder daß diese Umwandlung sich um vier Uhr *ereignet* hat: sie enthält Zeitpunkte und Zustände der Teekanne – mehr ist zur Beschreibung nicht notwendig.
»Egal«, mag der Skeptiker entgegnen, »vielleicht muß ich nicht die Sprache benutzen, die die Zeit als Ablauf beschreibt, doch das ändert wenig an meiner Wahrnehmung der Welt, meinem persönlichen, psychologischen Eindruck: Ich fühle, wie die Zeit vergeht!« Dieser Einwand ist legitim und offensichtlich auch richtig, denn wir alle teilen das Gefühl, daß Dinge um uns herum geschehen, daß die Zeit vergeht. Es ist allerdings sehr gefährlich, sich zu sehr auf psychologische Empfindungen zu stützen, wenn es darum geht, wissenschaftlich exakt zu bleiben – zu oft werden wir von unseren Eindrücken in die Irre geleitet. Wir alle empfinden den horizontnahen Mond größer als den, der hoch am Himmel steht, und doch dies ist falsch; wir empfinden einen Fall von hundert Metern länger als die gleiche Strecke horizontal; wir alle empfinden die Erde als stillstehend, und doch bewegt sie sich, und so weiter. Sollten wir uns wirklich im Hinblick auf die Zeit mehr auf unsere Gefühle verlassen können als bei räumlichen Anordnungen oder Bewegungen?
Das innere Gefühl einer Bewegung läßt sich einfach hervorrufen. Wir brauchen uns nur ein paarmal um unsere Achse zu drehen, um

die Flüssigkeit im Gleichgewichtsorgan des Innenohrs, das das Gehirn über die jeweilige Lage des Körpers informiert, in Bewegung zu versetzen. Stoppen wir plötzlich, so bleibt der Eindruck der Drehbewegung zunächst erhalten: wir fühlen uns schwindelig. Daran ändert sich auch nichts, wenn wir fest auf einen Punkt an der Wand starren und uns rational klar machen, daß die Umwelt stillsteht – das *Gefühl* der Drehbewegung bleibt erhalten. Man mag sich fragen, warum diese Bewegung etwa gegen den Uhrzeigersinn gerichtet ist und nicht andersherum, analog zur Frage, warum die Zeit immer von der Vergangenheit in die Zukunft läuft. Eigentlich spricht nichts gegen die Vermutung, daß auch der Zeitfluß eine bloße Illusion ist, hervorgerufen durch Vorgänge im Gehirn, ähnlich der Empfindung von Drehung während des Schwindelgefühls.

Aber selbst als Illusion verliert die Vergänglichkeit der Zeit nicht an Bedeutung, denn unsere Illusionen gehören wie unsere Träume wesentlich zu unserem Leben. Sie mögen zwar keine objektive Realität besitzen, aber wir haben ja gesehen, daß dies ohnehin nur eine sehr ungenaue Vorstellung ist. Im statischen Bild der physikalischen Zeit braucht uns der Tod nicht mehr zu ängstigen als der Zustand vor der Geburt. Wenn es keine Veränderungen gibt, können Menschen nicht im strengen Wortsinn »sterben«. Es gibt lediglich Zeitpunkte, an denen ein Individuum lebendig und seiner selbst bewußt ist, und solche (vor der Geburt, nach dem Tod), an denen es das nicht ist. Niemand kann sich seines Nichtbewußtseins bewußt sein – das ist ein Widerspruch in sich. Man mag einwenden, daß wir uns jeweils nur eines bestimmten Moments bewußt sind, und daß dieser Moment unaufhaltsam voranschreitet, bis er den Todeszeitpunkt erreicht und das Erlebnis endet. Es stimmt jedoch nicht, daß wir uns nur eines einzigen Moments bewußt sind, da wir offenbar jeden Moment bewußt erleben, dessen wir uns bewußt sind! Der Einwand, daß wir uns immer nur eines Moments »auf einmal« bewußt sind, besagt gar nichts, da ja jeder Moment von jedem anderen getrennt ist. Unsere Erfahrung kann sich nicht eine Lebenslinie entlang bewegen, da wir jeden Moment unseres Lebens erst erfahren müssen. Wir erleben jeden einzelnen Moment unseres Lebens als »Jetzt«, und so kann es kein alleiniges »Jetzt« und keine eigenständige »Gegenwart« geben: alle erlebten Augenblicke sind »Jetzts«, und alle Erfahrungen haben ihre »Gegenwarten«.

Trotz ihrer augenscheinlichen Richtigkeit hinterlassen diese Aussagen ein tiefes Gefühl der Unzufriedenheit: irgend etwas fehlt. Der Wunsch, eine noch unentdeckte Besonderheit zu finden, auf die man den Fluß der Zeit und die Existenz eines »Jetzt« gründen könnte, quält die Physiker seit vielen Jahren. Einige haben die Antwort im Bereich der Kosmologie gesucht, andere in der Quantentheorie. Auf den ersten Blick scheint die letztere eine Lösung anzubieten, denn wenn die Zukunft aufgrund der Quantenunbestimmtheit noch ungewiß ist, könnte sie in gewisser Hinsicht weniger wirklich sein als die Gegenwart oder die Vergangenheit. Einige Physiker haben die Vorstellung einer sich verwirklichenden Zukunft mit dem Kollabieren der Quantenüberlagerung in die Wirklichkeit verglichen. Im ersten Moment erscheint der Ansatz vielversprechend, denn dieser Kollaps ist asymmetrisch hinsichtlich der Zeit – er ist nicht umkehrbar – und weist damit eine gewisse Ähnlichkeit zum vermeintlichen Zeitablauf auf. Nach dieser Vorstellung wäre die Gegenwart ein reales Phänomen, der Augenblick nämlich, in dem die Welt aus ihrem Schwebezustand potentieller Alternativen in die Realität überführt wird. Der Zeitpunkt der Entscheidung etwa, ob Schrödingers Katze noch lebt oder bereits tot ist, bestimmt eine Art von Gegenwart. Man hat auch versucht, mit diesen Überlegungen die Existenz eines freien Willens zu beweisen, der offenbar eng mit unserem Bild von der Wirklichkeit und der Natur der Zeit verwoben ist. Wenn die Zukunft wirklich unbestimmt ist, kann vielleicht unser Bewußtsein auf der Quantenebene das Gleichgewicht der Möglichkeiten nach unserer Vorstellung beeinflussen!

Man könnte folgendermaßen argumentieren: Unser Gehirn funktioniert, indem es elektrische Ströme verarbeitet. Diese Ströme bestehen aus einzelnen Elektronen, die sich entsprechend der Quantentheorie verhalten, also zufälligen Bewegungen und einer Unbestimmtheit unterliegen. Angenommen, daß es zusätzlich zum Gehirn noch ein Bewußtsein gibt, das auf der Ebene der Quanten bestimmen könnte, welchen der vielen möglichen Wege ein bestimmtes, entscheidendes Elektron nehmen soll. Die Gesetze der Quantentheorie würden dadurch nicht verletzt, da viele Wege möglich sind und das Bewußtsein lediglich einen seiner Wahl festlegte. Damit wäre es in der Lage, völlig innerhalb des physikalisch erlaubten Rahmens, Gehirnfunktionen in Gang zu setzen. Diese steuern dann den Körper, der seinerseits die Umgebung beeinflußt. Das Bewußtsein erhielte auf diese Weise Kontrolle über die materielle Welt. Einige Forscher behaupten, sie hätten diese Wirkung des Bewußtseins auf Quantenprozesse (in PSI-artigen Experimenten) nachgewiesen, und zwar anhand von Menschen, die bestimmte radioaktive Zerfallsprozesse »willentlich« herbeigeführt hätten.

Die Ideen halten jedoch einer genaueren Untersuchung nicht stand. Die Tatsache, daß die Zukunft unbestimmt ist, bedeutet nicht notwendigerweise, daß sie nicht existiert, sondern daß sie sich nicht zwangsläufig aus der Gegenwart ergibt. Darüberhinaus gibt es einen engen Zusammenhang zwischen unserer Experimentierweise und der Annahme, daß die Zukunft weniger konkret sei als die Vergangenheit: wenn wir ein Experiment durchführen, beginnen wir mit der Vorbereitung, messen und werten schließlich aus. Dieser Ablauf verleiht der Interpretation der Ergebnisse bereits eine Asymmetrie bezüglich Vergangenheit und Zukunft. Es ist jedoch möglich, auch »umgekehrte« Experimente durchzuführen, in denen nicht zu Anfang Quantenzustände hergestellt werden, deren Entwicklung dann als Resultat gemessen wird, sondern das Gegenteil: verschiedene Resultate werden gesammelt und aus ihnen wird auf den anfänglichen Zustand geschlossen. Wenn wir das ganze System in der Zeit spiegeln, andere Fragen stellen und andere Ergebnisse analysieren, können wir die Vergangenheit genauso unbestimmt werden lassen wie die Zukunft. (In diesem Fall breiten sich die Everettschen »Äste« in die Vergangenheit aus, nicht in die Zukunft, und entsprechend werden die Welten vereint und nicht gespalten). Mit anderen Worten – die Unterschiede zwischen Vergangenheit und Zukunft lassen sich quantentheoretisch nicht begründen, sondern hängen von dem ab, was wir als relevant ansehen, von dem intellektuellen Überbau, in den wir die experimentellen Ergebnisse einordnen; dieser aber ist seinerseits stark von der zeitlich asymmetrischen Natur der Welt beeinflußt, die durch die thermodynamischen Prozesse unserer Umwelt vorgegeben wird. Auch diese Argumentation endet also in der Erkenntnis, daß das »Eintreten der Zukunft« eine Illusion zu sein scheint, die auf die zeitliche Asymmetrie der Welt zurückgeht, nicht aber auf eine Bewegung der oder durch die Zeit.
Wenn die Quantenunbestimmtheit offenbar auch keine Grundlage für die Erklärung eines objektiven Zeitflusses oder die Unterteilung der Zeit in Vergangenheit, Gegenwart und Zukunft enthält, könnte sie doch möglicherweise eine Erklärung für das subjektive Zeitempfinden bieten, wenn man der Wignerschen Interpretation der Quantentheorie folgt. Erinnern wir uns daran, daß Wigner das Bewußtsein als das Kriterium ansieht, das die wellenähnliche Quantenüberlagerung in die definitive Wirklichkeit kollabieren läßt. Man könnte dann annehmen, daß der subjektive Eindruck einer ablaufenden Zeit durch diese ständige Quanten-Kollabierung des Bewußtseins hervorgerufen wird.

Mit Ausnahme der erwähnten PSI-Experimente gibt es noch keinen Hinweis darauf, daß das Bewußtsein wirklich auf der Ebene der Quanten die Funktion des Gehirns beeinflussen kann, doch selbst, wenn diese Experimente »reell« wären, müßte man noch herausfinden, wie die winzigen Quanteneffekte soweit verstärkt werden, daß daraus elektrische Signale werden, mit denen das Gehirn etwas anfangen kann. Aber auch das würde noch nicht eindeutig auf einen freien Willen hindeuten, nicht einmal darauf, daß die Vorstellung von einem freien Willen sinnvoll ist. Wenn nämlich das Bewußtsein selbst als quantenfreies deterministisches System angesehen wird, muß man sich fragen, warum es gerade diese und keine andere Gehirnfunktion ausgelöst hat. Da der Zustand des quantenfreien Bewußtseins, der die Funktion auslöst, vollständig von der Summe seiner vergangenen Zustände und den Einflüssen des Gehirns bestimmt wäre, würde das Bewußtsein selbst zu einem Newtonschen Automaten degradiert, der keine Kontrolle über seine Aktionen hat und dessen Handeln eine reine Folge aus Vergangenheit und Gegenwart ist. Sehen wir das Bewußtsein andererseits als Quantensystem an, dann unterliegt es damit auch unkontrollierbaren Strömungen, und seine Entscheidungen werden durch Zufälligkeiten geprägt. In beiden Fällen entspricht das Ergebnis keineswegs unserer traditionellen Vorstellung vom freien Willen. Ein wirklich freier Wille wäre nur möglich, wenn das Bewußtsein seine eigene Vergangenheit verändern könnte, womit es sowohl die Gegenwart als auch die Zukunft beeinflussen würde. Es könnte dann das Universum, sich selbst eingeschlossen, nach seinem Wunsch aufbauen, es zerstören und wieder neu schaffen, so oft es beliebt. In gewisser Weise geschieht dies in der Everettschen Mehrfachwelten-Theorie, doch hier ist die Vorstellung von einem freien Willen ohne Sinn, denn alle möglichen Welten werden gleichermaßen verwirklicht, und das Bewußtsein teilt sich unaufhörlich, um immer neue zu bewohnen. Und jedes Bewußtsein glaubt, daß es ein eigenes Schicksal bestimmt, und doch laufen sie alle parallel.

Wenn es auch keinen eindeutigen Hinweis darauf gibt, daß das Bewußtsein oder der Wille des Beobachters im Quantenspiel des Universums die Karten zinken kann, so kann er doch in gewisser Weise über die Zukunft entscheiden. Im sechsten Kapitel sahen wir, daß ein Experimentator das Verhalten eines Quantensystems beliebig ändern, wenn auch nicht voraussagen kann, indem er von mehreren nicht gleichzeitig bestimmbaren Größen eine mißt. Erinnern wir uns an das Beispiel mit dem Polarisator und dem Photon: Der Beobach-

ter kann durch seine Wahl der Vorzugsrichtung entscheiden, in welcher Richtung das Photon polarisiert sein soll – vorausgesetzt, es passiert den Polarisator. Ein anderes Beispiel betraf den Ort und die Bewegung eines Elementarteilchens. Bestimmt der Beobachter die Bewegung des Teilchens, dann schafft er eine Welt mit bekanntem Wert für die Bewegung, bestimmt er den Ort, so ist dieser definiert, wiewohl in beiden Fällen der erzielte Wert nicht von der Entscheidung des Beobachters abhängt, sondern dem Zufall überlassen bleibt. Das ist so ähnlich wie wenn man die Wahl hat, in zwei Tüten zu greifen, von denen eine verschiedene Bonbons enthält, die andere verschiedene Pralinen: man kann die Art der Süßigkeit wählen, doch das genaue Ergebnis – das spezielle Bonbon oder die bestimmte Praline – bleibt dem Zufall überlassen. Diese »Entscheidungsmacht« des Quantenbeobachters über die Zukunft ist – so begrenzt sie auch sein mag – ein entscheidender Fortschritt gegenüber dem klassischen, Newtonschen Beobachter, der wie ein Automat existierte. Doch trotz dieser Möglichkeit gibt es keinen Grund zu der Annahme, die Zukunft existiere noch nicht, nur weil sie noch unbestimmt ist und der Beobachter sie in gewisser Weise beeinflussen kann.
Die Vorstellung von einer Zukunft, die darauf wartet, in der Gegenwart verwirklicht zu werden, erhält durch die Relativitätstheorie ihren Todesstoß. Wir wissen, daß die Gleichzeitigkeit zweier räumlich getrennter Ereignisse nur relativ ist. Entsprechend wäre es unsinnig zu behaupten, nur die Gegenwart sei wirklich, denn wessen Gegenwart legt man zugrunde? Die Vorstellung, daß die Welt »da draußen« nur in der Gegenwart wirklich ist und sich im nächsten Augenblick in eine andere Wirklichkeit »verwandelt« hat, ist unhaltbar. Nicht nur, weil es eine wirkliche Welt »da draußen« gar nicht gibt, wie uns die Untersuchung des Meßvorgangs im Bereich der Quantenwelt gezeigt hat, sondern auch, weil zwei Beobachter, die sich relativ zueinander bewegen, den gleichen Ereignissen verschiedene Zeitpunkte zuordnen werden.
Zwei Spaziergänger, die aneinander vorbeigehen, werden z. B. völlig anderer Meinung darüber sein, welches Ereignis auf dem entfernten Quasar 3C273 gleichzeitig mit ihrer Begegnung stattfindet. Ihre »Ansicht« wird sich um Jahrtausende unterscheiden. Jeder mag sich der Realität »seines« Quasarereignisses vergewissern, doch diese Realitätsbestimmung ist sinnlos, da sie willkürlich verändert werden kann: man braucht kaum aufzustehen und ein paar Schritte zu gehen, um durch Jahrtausende der 3C273-Realität zu jagen. Ein dort »gegen-

wärtiger« Moment mag hier plötzlich in die Zukunft oder Vergangenheit verlegt und dann wieder zurückbewegt werden – nur dadurch, daß man herumschlendert. Entsprechend werden sitzende Außerirdische mit ihren gehenden Kollegen uneins sein, ob es auf der Erde »wirklich« 1981 ist, oder 5760. Jeder wird sein bestimmtes Ereignis für gegenwärtig und daher real halten und dem anderen Unrecht geben. Doch es hat keiner von ihnen recht, da es keine universelle Gegenwart gibt, genausowenig wie eine universelle Realität.
Es wäre interessant, die Gehirnfunktionen nachzuweisen, die für den Eindruck einer vergehenden Zeit verantwortlich sind. Möglicherweise sind sie eng mit dem Erinnerungsvermögen verknüpft, das ja auch zeitlich asymmetrisch ist: wir erinnern uns an die Vergangenheit, nicht aber an die Zukunft, daher ist die Zeit mit einer Art geistigem Ungleichgewicht verknüpft. Wenn wir kein Erinnerungsvermögen hätten, würde das Bewußtsein zusammen mit dem Zeit»ablauf« verschwinden. Dabei ist nicht das langfristige Vergessen gemeint, sondern ein Zustand, in dem selbst die jüngsten Ereignisse nicht erinnert werden könnten. Mit dieser Unfähigkeit wäre jeder Versuch, die Umwelt sinnvoll zu beobachten, zum Scheitern verurteilt, weil die Sinnesinformationen auf eine Sammlung bedeutungs- und zusammenhangloser Eindrücke reduziert würden. Ebenso unmöglich wäre sinnvolles Handeln, weil man sich von einem Augenblick zum nächsten schon nicht mehr an das erinnern könnte, was man gerade getan oder erlebt hat. Zumindest ein Kurzzeitgedächtnis ist für den Wahrnehmungsprozeß unerläßlich, besteht die Wahrnehmung doch in einer Zuordnung der Sinneseindrücke zu bereits vorhandenen Erfahrungen. Nur so können Ereignisse im Zusammenhang gesehen werden, nur so kann unsere eigene Existenz in die umgebende Welt eingeordnet werden.
Man kann einwenden, daß diese Erklärung des Zeitflusses durch die Asymmetrie des Gedächtnisses lediglich ein Rätsel durch ein anderes ersetzt. Warum erinnern wir uns denn nur an die Vergangenheit, nicht aber an die Zukunft? Worin liegt diese Ungleichheit zwischen Vergangenheit und Zukunft begründet? Zum Glück befinden wir uns bei dieser Frage auf festerem Boden, denn Vergangenheit-Zukunft-Relationen sind zeitlich nicht »fließend« und können daher im Rahmen der bekannten Naturgesetze untersucht werden. Überall um uns herum beobachten wir Prozesse, die eine deutliche Vergangenheit-Zukunft-Asymmetrie aufweisen. Einer davon ist die unaufhaltsame Zerstörung der Ordnung. Der Zweite Hauptsatz der Thermodynamik besagt, daß das Gesamtmaß an Unordnung im Universum be-

ständig steigt; wenn also irgendwo ein Ordnungssystem verwirklicht wird, muß man dafür an anderer Stelle einen größeren Betrag an Unordnung in Kauf nehmen. Entsprechend funktioniert die Informationsspeicherung in unserem Gedächtnis nur auf Kosten eines hohen körperlichen Aufwands – die Sinnesorgane müssen funktionieren, die Nervenleitungen, die Aufbereitung der ankommenden Daten im Gehirn, die Zuordnung zu den richtigen Speicherplätzen und schließlich die elektrochemische Neuordnung der Gehirnzellen zur Registrierung der neuen Daten. Alle diese Funktionen müssen vom Körper mit Energie versorgt werden, die aus Nahrung gewonnen wird. Dabei wandelt er die »geordnete« Energie der Nahrungsmittel in Körperwärme um, ein Prozeß, der nicht umkehrbar ist und damit in voller Übereinstimmung mit dem auf Seite 181 erwähnten allgemeinen Prinzip steht. Gedächtnis ist daher kein geheimnisvolles Phänomen, das auf den Menschen beschränkt ist; auch Computer oder Spinnen besitzen es. Auch Büchereien und andere unbelebte Aufzeichnungen der Vergangenheit, wie etwa Fossilien, sind im weitesten Sinn Beispiele für ein Gedächtnis. Alle unterliegen der fundamentalen Zeit-Asymmetrie des Zweiten Hauptsatzes der Thermodynamik und statten die Welt daher mit einer einseitigen »Richtung« aus, die offenbar von unserem Bewußtsein in die Vorstellung einer fließenden Zeit umgewandelt wird.

Es gibt natürlich noch eine Vielzahl anderer offensichtlich nicht umkehrbarer Prozesse um uns herum, die ihren Teil zu dem Ungleichgewicht von Vergangenheit und Zukunft beitragen: Menschen werden alt, Gebäude stürzen ein, Berge werden abgetragen, Sterne brennen aus, das Universum expandiert, Eier zerbrechen, Radiowellen kommen an, nachdem sie ausgesandt wurden, Parfüm verflüchtigt sich aus offenen Flaschen, Uhren laufen ab. In keinem dieser Fälle beobachten wir je die umgekehrte Reihenfolge der Ereignisse, zum Beispiel Radiowellen, die vor ihrer Aussendung bereits empfangen werden. Allerdings definieren auch diese Prozesse nicht *die* Vergangenheit oder *die* Zukunft – beide sind für sich bedeutungslos –, sie zeigen nur an, welche Ereignisse vor oder nach anderen Ereignissen liegen. Wenn wir einen Film betrachten, in dem ein Ei zu Boden fällt und zerbricht, wissen wir sofort, in welcher Richtung dieser Film »richtig« läuft: in der wirklichen Welt gibt es kein zerbrochenes Ei, das sich zu einem heilen Ei zusammensetzt – der Prozeß ist nicht umkehrbar.

Eine sorgfältige Untersuchung zeigt, daß die meisten irreversiblen Prozesse Beispiele für die allgemeine Zunahme der Unordnung sind, für den Zweiten Hauptsatz der Thermodynamik also, den wir schon mehrfach erwähnt haben. Vielfach ist die Zunahme der Unordnung direkt erkennbar, etwa beim zerplatzenden Ei, beim einstürzenden Haus oder bei dem Parfüm, das sich aus der Flasche verflüchtigt. Manchmal ist diese Zunahme der Unordnung aber auch versteckter, wie etwa im Fall der Uhr: wenn sie abläuft, wird ihre geordnete Bewegung (die Bewegung der Zeiger) in eine ungeordnete Bewegung überführt, da die in der Feder gespeicherte Energie allmählich in (Reibungs-)Wärme des Uhrwerks übergeht – die gespeicherte Energie treibt weniger die Zeiger an, als daß sie aufgrund der freiwerdenden Reibungswärme irgendwelche zufälligen Atombewegungen verursacht.

Die Wissenschaftler haben lange gerätselt, warum unsere Welt zeitlich derart asymmetrisch ist. Warum weicht die Ordnung immer der Unordnung? Kehren wir zur Erklärung dieser allgemeinen Tendenz zu unserem Beispiel mit dem Kartenspiel zurück. Wenn die Karten zu Beginn geordnet sind, dann wird jedes zufällige Mischen mit übergroßer Wahrscheinlichkeit zu einer höchst ungeordneten Verteilung der Karten führen. Zwar ist die Wahrscheinlichkeit, am Ende wieder ein genauso geordnetes Blatt zu erhalten, nicht gleich Null, aber doch verschwindend gering.

Viele Vorgänge in der Natur sind diesem Mischprozeß sehr ähnlich, und zwar aufgrund von Molekülzusammenstößen. Eine gute Parallele zu unserem Kartenspiel ist die offene Parfümflasche. Zu Beginn befinden sich alle Parfümmoleküle in der Flasche, sind also, wie die Karten, geordnet. Der ständige Aufprall von Luftmolekülen auf die Parfümoberfläche sorgt nun dafür, daß immer mehr Moleküle aus dem Parfüm herausgeschleudert werden – das Parfüm verflüchtigt sich. Unter dem ständigen Bombardement der Luftmoleküle zerstreut sich das Parfüm im ganzen Raum und vermischt sich unwiederbringlich und höchst ungeordnet mit den Molekülen der Luft – ein offenbar unumkehrbarer Vorgang.

Die Unumkehrbarkeit dieser Neigung zur Unordnung ist eigentlich paradox, denn wir wissen, daß jede einzelne Molekülkollision durchaus umkehrbar ist. Es spräche kein physikalisches Gesetz dagegen, wenn die Parfümmoleküle plötzlich alle in die Flasche zurückwandern würden, doch erschiene uns diese Umkehrung wie ein Wunder. Wären wir durch irgendeine Vorrichtung in der Lage, zwei Moleküle, die nach ihrem Zusammenprall auseinanderfliegen, aufzufangen und auf denselben Bahnen wieder zurückzuschicken, dann würden sie erneut ihre ursprünglichen Positionen erreichen. Wenn man das gleichzeitig mit allen Luft- und Parfümmolekülen tun würde, kehrte sich der ganze Vorgang um wie ein rückwärts laufender Film und das Parfüm käme in die Flasche zurück. Die Möglichkeit dieser wunderbaren Wiederkehr besteht auch beim Kartenspiel: durch beständiges Mischen erhalten wir irgendwann die anfängliche Ordnung der Karten zurück. Die dafür notwendige Zeit ist zwar unvorstellbar lang, doch fordern die Gesetze der Wahrscheinlichkeit, daß irgendwann einmal jeder mögliche Zustand erreicht wird, also auch der des geordneten Kartenblatts. Ähnlich werden auch die zufälligen Molekülbewegungen irgendwann einmal die Parfümmoleküle wieder alle in die Flasche zurückführen – vorausgesetzt, der Raum ist luftdicht verschlossen, damit die Parfümmoleküle nicht für immer verschwinden.

Warum aber beobachten wir immer nur die eine Richtung, wenn beide Bewegungen gleichermaßen möglich sind? Warum sehen wir immer nur, daß Parfüm sich verflüchtigt, daß Berge abgetragen werden, daß Eis schmilzt, wenn es erwärmt wird, daß Sandburgen von der Flut zerstört werden, daß Sterne ausbrennen? Um dieses vermeintliche Paradoxon aufzulösen, müßten wir für jeden Fall untersuchen, wie der anfängliche Ordnungszustand erreicht wurde, wie beispielsweise das Parfüm in die Flasche kam. Natürlich nicht, weil jemand eine Flasche in einen mit Parfüm durchsetzten Raum gestellt und darauf gewartet hat, daß sich die Moleküle zufällig in der Flasche sammeln. Diese Strategie wäre vergleichbar mit der Einfalt eines Fischers, der seinen Korb neben den Fluß stellt und darauf wartet, daß ein Fisch hineinspringt. In der wirklichen Welt entstehen die geordneten Zustände nicht durch Zufall, sie werden »von außen« erzeugt. Die Welt um uns herum ist voller geordneter Strukturen. Im Fall der Erde sind sie hauptsächlich durch unsere Nähe zur Sonne entstanden, die mit ihrer Energie den Ablauf ordnender Prozesse, wie etwa die Entstehung von Leben, ermöglicht. Die Sonne und alle Sterne sind hervorragende Beispiele für Systeme geordneter Materie und Energie. Sie produzieren aufgrund ihrer inneren Struktur Energie, die in Form von Licht und Wärme an die Umgebung abgestrahlt wird. Wenn ihre Energievorräte aufgezehrt sind, brennen sie aus und verschwinden. So läuft das Universum wie eine gigantische Uhr langsam aber sicher ab, und die Ordnung zerfällt auch im kosmischen Maßstab unaufhaltsam zu Unordnung.

Die Asymmetrie zwischen Vergangenheit und Zukunft, die durch den ständigen Zerfall der Ordnung hervorgerufen wird, hat also ihren Ursprung im kosmologischen Bereich. Um herauszufinden, woher sie ursprünglich stammt, müssen wir klären, wie die kosmische Ordnung anfangs entstanden ist und darum den Urknall untersuchen. Der Kosmos, der aus diesem Urknall entstand, war zu Beginn im höchsten Maß geordnet, und seither sind alle Vorgänge im Universum darauf ausgerichtet, diese anfängliche Ordnung in Unordnung umzuwandeln. Noch ist genügend Ordnung vorhanden, aber sie kann nicht ewig dauern. Die Ordnung der Sterne, die für das Leben so wichtig ist, läßt sich bis auf die Kernprozesse zurückführen, die dafür sorgten, daß der junge Kosmos vorwiegend aus leichten Elementen wie Wasserstoff und Helium bestand – ein Umstand, der auf der Geschwindigkeit der Expansion des Universums beruht, die für die Produktion schwererer Elemente keine Zeit ließ. Diese Ordnung beruht außerdem auf der gleichmäßigen Verteilung der Materie, die ein Universum aus Schwarzen Löchern verhinderte. Wir müssen also erneut feststellen, wie empfindlich das Leben im Universum und damit auch unsere Existenz als Beobachter von der richtigen Anfangskonstellation abhängt, und zwar von einer, die eine scharfe Trennung zwischen Vergangenheit und Zukunft erlaubt – der anfänglichen Ordnung, die ihren Höhepunkt an Komplexität im Bereich der lebenden Materie erreicht.

Die enge Verbindung zwischen unserer eigenen Existenz, der zeitlichen Asymmetrie der Welt und der anfänglichen kosmischen Ordnung muß im Zusammenhang des Hyperraums betrachtet werden. Wir haben gesehen, daß der geordnete Kosmos nur einen winzigen Teil aller möglichen Welten ausmacht. Unter den anderen Universen muß es solche geben, die während ihrer ganzen Existenz im Zustand ständig wechselnder Unordnung verharren, aber auch solche, die sich aus anfänglicher Unordnung allmählich zur Ordnung hin entwickeln. In diesen Welten läuft die Zeit relativ zu unserer Welt »rückwärts«; wenn sie aber von Beobachtern bewohnt sind, wird man annehmen können, daß deren Gehirne ebenfalls »rückwärts« funktionieren, so daß sie die Welt kaum anders empfinden dürften als wir (mit Ausnahme der Tatsache, daß sie ein kontrahierendes Universum beobachten und kein expandierendes).

Wenn man die Gleichungen für das Quantenverhalten des Hyperraums untersucht, stößt man auf keine Asymmetrie zwischen Vergangenheit und Zukunft – die Gleichungen sind reversibel. Im Hyperraum gibt es also keinen Unterschied zwischen Vergangenheit und Zukunft. Einige der Welten haben sicher eine deutliche Vergangenheit-Zukunft-Beziehung wie unsere Welt, und sie genau bieten die Möglichkeit für die Entstehung von Leben. Andere haben eine umgekehrte Zeit-Asymmetrie und mögen auch bewohnt sein. Die überwältigende Mehrheit aller Welten jedoch kennt keine Unterscheidung zwischen Vergangenheit und Zukunft und ist für Leben wohl ungeeignet. Diese Welten vergehen unbeobachtet. Gemäß der Everettschen Vielwelten-Theorie existieren alle diese anderen Welten, diejenigen mit umgekehrter Zeitrichtung eingeschlossen, neben unserer Welt. In der konventionelleren Deutung der Quantentheorie sind sie mögliche Welten, die aufgrund glücklicher Umstände nicht wirklich wurden, wenn sie auch in weit entfernter Zukunft noch wirklich werden können oder auf der anderen Seite des Universums bereits existieren. Es wäre auch denkbar, daß unsere gemütliche, geordnete Welt nur eine lokale »Blase« der Ausgeglichenheit in einem ansonsten chaotischen Universum ist, eine Blase, die wir nur deshalb beobachten können, weil unsere Existenz auf den lebensfreundlichen Bedingungen innerhalb dieser Blase beruht.

In diesem Kapitel haben wir die physikalische Zeit und unser persönliches Zeitempfinden mit seinen sonderbaren psychologischen Bildern und der paradoxen Bewegung gegenübergestellt. Wir stehen erst an der Schwelle der Erforschung einer Grauzone zwischen Bewußtsein und Materie, zwischen Philosophie und Physik, zwischen der psychologischen und der wirklichen Welt, die nicht zu umgehen ist, wenn man ein endgültiges Bild der Wirklichkeit haben will. Es mag sein, daß unsere vertrauten Vorstellungen zeitlicher Abläufe – die Existenz einer Gegenwart, der Fluß der Zeit, die Existenz des freien Willens und die Nicht-Existenz der Zukunft, wie der Gebrauch grammatischer Zeiten in unserer Sprache – eines Tages als primitive Irrlehren erkannt werden, die auf ein unzureichendes Verständnis der physikalischen Welt zurückgehen. Vielleicht brauchen unsere Nachkommen all diese Begriffe nicht mehr. Sie würden dann ein Leben führen, das sich von unserem sehr unterscheidet. Vielleicht haben andere Zivilisationen in unserem Universum diese »primitive Phase« längst hinter sich gelassen und sprechen nicht mehr von einer vergänglichen Zeit oder davon, daß sich Dinge verändern oder daß es einen einzigen gegenwärtigen Moment gibt, der sich auf eine ungewisse Zukunft zubewegt. Wir können nur raten, welchen Einfluß eine solche Entwicklung auf ihre Gedanken und ihr Verhalten haben könnte, denn ohne Erwartungen, ohne Reue, ohne Angst, ohne Vorahnung, ohne Erleichterung, ohne Ungeduld und ohne all die anderen aus dem Zeitablauf entstehenden Empfindungen unserer Erfahrungswelt könnte ihre Weltsicht für uns unfaßbar sein. Wahrscheinlich könnten wir uns mit solchen Wesen bei einer Begegnung kaum verständigen. Auf der anderen Seite ist es ebenso denkbar, daß unsere Empfindungen zum erstenmal zuverlässiger sind als Laborexperimente und die Zeit wirklich jene reichere Struktur besitzt, die wir wahrnehmen. Dann aber wird die Natur der Wirklichkeit, der Zeit, des Raums, des Bewußtseins und der Materie eine nie zuvor erlebte Veränderung erfahren. Beides ist beunruhigend.

Die zeitliche Entwicklung der Quantenphysik

1900 Max Planck (Nobelpreis 1918) entwickelt das Konzept der Energiequanten. Die nach ihm benannte Konstante h öffnet den Weg zur Quantenphysik.

1905 Albert Einstein (Nobelpreis 1921) erweitert Plancks Konzept zur Lichtquantenvorstellung (Photonen) und veröffentlicht die Spezielle Relativitätstheorie.

1911 Charles T. R. Wilson (Nobelpreis 1927) entwickelt die nach ihm benannte Blasenkammer, mit der die Bahnen elektrisch geladener Teilchen sichtbar gemacht werden können.

1913 James Franck und Gustav Hertz zeigen experimentell die Quantennatur der Wechselwirkungen zwischen Atomen und Elektronen (Nobelpreis 1925).
Niels Bohr (Nobelpreis 1922) entwickelt das nach ihm benannte Atommodell.

1915 Albert Einstein veröffentlicht die Allgemeine Relativitätstheorie (Gravitationstheorie).

1919 Sir Arthur Eddington weist bei einer Sonnenfinsternis die Raumzeitkrümmung nach.

1923 Arthur Holly Compton (Nobelpreis 1927) bestätigt durch den nach ihm benannten Effekt Einsteins Lichtquantenvorstellung.

1924 Louis Victor Duc de Broglie (Nobelpreis 1929) entwickelt das Konzept der Materiewellen.

1925 Wolfgang Pauli (Nobelpreis 1945) stellt das nach ihm benannte Ausschlußprinzip auf, das u. a. die fundamentale Chemie mit der Physik vereint.
Werner Heisenberg (Nobelpreis 1932) entwickelt mit Max Born (Nobelpreis 1954) und Pasqual Jordan die Quantenmechanik (sog. Matrizenmechanik).
Samuel A. Goudsmit und George E. Uhlenbeck führen das Konzept des Elektronenspins ein.

1926 Erwin Schrödinger (Nobelpreis 1933) entwickelt mit der nach ihm benannten Gleichung eine neben Heisenbergs Matrizenmechanik zweite Form der Quantentheorie, die auf De Broglies Idee der Materiewellen beruht (Wellenmechanik).

Max Born liefert im gleichen Jahr die wahrscheinlichkeitstheoretische Interpretation dieser Theorie.

1927 Werner Heisenberg formuliert die nach ihm benannte Unschärferelation, die die Unmöglichkeit der gleichzeitigen Beschreibung bestimmter mikrophysikalischer Vorgänge zeigt.
Walter H. Heitler und Fritz London entwickeln die Quantentheorie der chemischen Bindungen (Quantenchemie).
Clinton J. Davisson (Nobelpreis 1937) und Lester H. Germer liefern den experimentellen Nachweis der Streuung von Elektronen an Kristallen.
Niels Bohr entwickelt die Vorstellung des Welle-Teilchen-Dualismus.

1928 Paul A. M. Dirac (Nobelpreis 1933) stellt die nach ihm benannten Bewegungsgleichungen auf, die u. a. zur Vorhersage der Antimaterie führen.
Nachdem Ende der 20er Jahre die Heisenbergsche Matrizenmechanik und die Schrödingersche Wellenmechanik als zwei verschiedene Formulierungen der gleichen quantenmechanischen Gesetzlichkeiten erkannt waren, wurden beide Formen ausgebaut und auf alle mikrophysikalischen Bereiche angewandt. Die Untersuchung der Elektrodynamik führte zu verschiedenen Quantenfeldtheorien.

1931 Harald C. Urey (Nobelpreis 1934) entdeckt den schweren Wasserstoff (Deuterium).

1932 Carl D. Anderson (Nobelpreis 1936) gelingt der erste Nachweis eines Antielektrons (Positron).

1935 Hideki Yukawa (Nobelpreis 1949) bestimmt die Quantenmasse.

1949 Eugene Wigner (Nobelpreis 1963) liefert grundlegende Arbeiten zur Raumspiegelung, Parität und Zeitumkehr.

1957 Hugh Everett entwickelt die Mehrfachweltentheorie, nach der mögliche Alternativzustände als real angenommen werden.

Register

Alphastrahlen 91
Anderson, Carl 97
Anfangsbedingungen 20 ff., 35, 159, 167
Anisotropie s. Universum
anthropisches Prinzip 163–184, 193 f., 196 f.
Antimaterie 37, 97 ff., 100, 187
Astrologie 16
Atom (Kollaps eines A.) 29, 33, 94 ff.
Atombombe 97, 186
Atomkerndurchmesser s. Elementargröße
Ausschluß-Prinzip s. Pauli-Prinzip

Becquerel, Henri 91
Beobachter, grundlegende Rolle des 45 ff., 123–146, 150–154, 220 f.
Beobachtungssystem, quantenfreies 154
Beta-Radioaktivität 201
Bewußtsein 152 f., 209 f., 217 ff.
als quantenfreies System 220
Bohr, Niels 140, 145 ff., 154
Broglie, Louis de 70

Carter, Brandon 196
CERN 44

Darwin, Charles 17, 19, 164, 204
Davisson, Clinton Joseph 15, 29, 70, 83

Deuterium 200 f.
DeWitt, Bryce 154 ff.
Dicke, Robert 196
Dirac, Paul 92 ff., 102, 195
DNS 159 f.
Doppelpulsar 38, 59, 107
Doppelrotation eines Elektrons s. Spin
Doppelspalt-Experiment 71 ff., 118
Dyson, Freeman 200 f.

Eddington, Sir Arthur 55, 98, 195
Einstein, Albert 15, 34 f., 37, 40, 43 f., 52, 55, 58, 92, 97 f., 101, 107, 116, 129, 131, 145, 177, 187, 198, 211
Einstein-Rosen-Podolsky-Paradox 129 ff.
elektromagnetische Kraft 29, 62, 105, 170 ff., 198
als Grundlage für Leben 170 ff.
elektromagnetische Abstoßung 90 f., 170 f., 186, 198, 200
elektromagnetische Wellen 39, 85 f., 100, 10 f.
»Buckel« 106
Feld 100 f., 133
Elektron, Bahn eines 34
Position eines 65
Rotation eines s. Spin
Elektronen, Teilchen- und Wellencharakter 71

Elektron, Wesen eines 69
  Zustand eines 68
  –Antielektron-Paar 97f.
Elektronenmikroskop 83
Elektronenstrahlen, Überlagerung von 70
Elementargröße 197
Elementarzeit s. Zeiteinheit, kürzeste
Energie, geborgte 88ff., 101, 108
  Gewicht der 98
  negative 93ff.
  umwandlung in Materie 181
  spaltung, Gesetz der 8
  -Etage s. Energieniveau
niveau 33, 75, 77, 81, 87, 89, 95ff., 172, 199f.
-Zeit-Unschärferelation s. Heisenbergsche Unschärferelation
Ensemble von Teilchen 94, 127
  von Welten 25, 27
Everett, Hugh 154f., 157, 161, 166, 178, 219f., 227

Feldtheorie, einheitliche 195

Galilei, Galileo 17ff., 20, 22, 54
Gammastrahlen 187
Gegenwart, universielle s. Gleichzeitigkeit
Germer, Lester Halbert 15
Geschwindigkeit, relative 40ff.
Gleichzeitigkeit 38, 41, 52, 142, 211, 222
Gravitation 21ff., 54ff., 105ff., 185ff., 193ff.
Gravitationslinse 55
Gravitationstheorie s. Relativitätstheorie, Allgemeine
Gravitationswellen 105ff.

Graviton 108, 118

Halbwertzeit 91
Hawling, Stephen 189, 192
Heisenberg, Werner 155
Heisenbergsche »Energiebank« 99, 101
Heisenbergsche Unschärferelation 67ff., 74, 77, 82, 85ff., 98, 100f., 108, 127
Helium, Entstehung von 187, 199, 201f.
Hintergrundstrahlung, kosmische 181ff.
Homogenität des Raums s. Universum
Hoyle, Fred 169, 198f.
Hubble, Edwin 59, 176
Hyperkugelfläche 58, 176
Hyperraum 119ff., 139ff., 154., 165ff., 173f., 184f., 193f., 200, 205f., 226

Inhomogenität des Raums s. Universum
Interferenz 72ff., 82, 117ff., 148ff.
Isotropie des Raums s. Universum

Jiffy 109, 178, 182f., 207
Jiffyblase 178
Jiffyland 110, 112, 117, 119, 121, 178, 205

Katzenparadoxon 149f., 218
Kausalität, Prinzip der 43
Kausalitätskette 46, 143, 153, 166
Kernfusion 187
Kernkräfte 101, 170, 198, 200

Kernkraftwerk 97
Kernspaltung 186
Kohlenstoff
 als Basis für Leben 168 f.
 Entstehung von 196, 199, 200, 203
 Zerfall von 198
Kopenhagener Interpretation s. Quantentheorie

Laplace, Pierre Simon de 23
Leibniz, Gottfried Wilhelm 120
Lichtdruck 63 ff.
Lichtwellen 65 f., 70, 72 f., 133
Lichtgeschwindigkeit 38 ff., 43 ff., 97, 105 ff., 130 f., 143, 176 f.
»Löcher mit Zähnen« s. Singularitäten

Mach, Ernst 120
Maser 56
Masse, als Form von Energie 97 f.
Materie
 Anfang der 117
 Eigenschaften der 35
 Trägheit der 34
 wellen 92, 123, 154
Maxwell, James Clerk 106, 194
Mechanik, Newtonsche 19 ff., 37, 61, 68, 88, 124, 141
Mehrfachweltentheorie s. Quantentheorie
Mesonen 100, 102
Meßapparat 147 ff., 154, 209
 quantenloser 149
Meßgenauigkeit, Grenzen der 64
Meßreihenfolge 82
Messung 86, 140 ff.
Minkowski, Hermann 47
Möbiusband 112, 115
Mutation 159 f., 164

My-Mesonen (Myonen) 44

Nachbarwelten 26, 156 ff.
Naturgesetze 17, 19 ff., 62, 94, 110, 152, 167 f., 194, 204 f.
Neumann, John von 149 f., 154
Neutrino 187, 202 f.
Neutron, Magnetfeld eines 100
Neutronenstern 38, 56, 187
Newton, Isaac 17 ff., 20 ff., 29 f., 32, 37 f., 46 f., 52, 55, 61, 64, 68, 75, 83, 88, 117, 119 f., 124 ff., 141, 146 f., 154, 167, 204, 221

Ordnung von Systemen 190 ff., 204 ff., 222 ff.
Ort-Bewegungs-Unschärfe 86 f.

Paarbildung von Teilchen und Antiteilchen 98
Pauli, Wolfgang 94
 –Prinzip 96, 172, 200
Photonen 33 f., 62, 66, 68, 71, 76, 85 ff., 94, 96, 101, 107, 118, 130 f., 135 ff., 142 ff., 155 f., 220
Pi-Mesonen 129 f.
Planck, Max 34, 85, 107
Podolsky, Boris 129
Polarisation 131 ff., 155 f., 220
Positivisten, Logische 126
Positron 97 f., 102, 187
Proto-Galaxien 193
Proton-Antiproton-Paar 97, 100
PSI-Experimente 218, 220
Pulsar 39, 187

Quanten, virtuelle 101 f.
Quantenfluktuation der Raumzeit 109, 182, 193

Quantengravitation, Theorie der 109f.
Quantenmechanik 15f.
Quantenprozesse, Wellennatur der 138ff.
Quantentheorie 29, 32ff., 52, 64, 77ff., 82, 85–103, 105, 108, 121ff., 140ff., 152ff., 158, 166f., 189, 216ff., 227
der Gravitation 107f.
Kopenhagener Interpretation der 145ff., 155f., 166
Mathematik der 78
Meßprozesse 147ff.
Vielweltentheorie der (Mehrfachweltentheorie) 154ff., 185, 193, 216, 220, 227

Radioaktivität 90, 147, 150, 172
Raum, Anfang des 117
elastischer 54
Krümmung des 55, 58, 115f.
Struktur des 120
als Welle 119
Raumzeit 47f., 50ff., 108ff., 121, 188, 210
gestörte 106
Krümmung der 54, 105, 121, 187, 197
Löcher in der 110, 112, 114f.
Topologie der 121, 174
-Tunnel 112
Raumzeitexplosion 193
Realität
Schaffung der 153
universelle 222
Wesen der 123–146
Relativitätstheorie 37f., 40, 44ff., 52, 54f., 92, 97, 105, 116, 130f., 137, 142, 176f., 187, 198, 210f., 221

Allgemeine 37, 54f., 58, 105f., 121, 177, 187, 194, 198
Spezielle 37, 92
Rosen, Nathan 129
Rotationen
Addition von 81
von Teilchen s. Spin
Rotverschiebung 59, 77, 176f.
unendliche 176f.

Schrödinger, Erwin 77, 92, 117, 149, 218
Schwarze Löcher 57, 117, 160, 188ff., 193, 196, 206, 226
Temperatur der 189, 192
Schwerewellen, s. Gravitationswellen
Singularitäten 115ff., 174, 176, 188, 206
Solipsismus 151f.
Sonne, Masseverlust der 98
Sonnenfinsternis 55, 98
Spektrum 34, 75, 77, 87
Doppellinien im 93
Spin 92ff., 99, 129, 131
Spinor 92
Stern
Kontraktion eines 186f.
Lebenserwartung eines 196
Sterne, veränderliche 165
Supernova 203
Superwelt 118f.
Supraleitung 147

Tageslänge, Zunahme der 168
Teilchen, virtuelle 99ff.
Temperatur des Raums s. Universum
Thermodynamik 181, 189ff., 219, 222ff.

Torus 111f., 114
Tunnel-Effekt 90f.

Unbestimmtheitsprinzip s. Heisenbergsche Unschärferelation
Universum
 Alter des 195, 197f.
 (An)isotropie des 175, 179, 181f., 185
 Entstehung des s. Urknall
 Expansion des 176ff., 189, 197f., 201f., 226
 Gesamtgravitation des 189
 Horizont des 177f., 197f.
 (In)homogenität des 175f., 179, 185, 188
 Masseinhalt des 197f.
 Symmetrie des 176, 178, 185
 Temperatur des 167f., 181ff., 199, 202
 Topologie des 112
 Uhrwerk – 23f., 35, 52, 83, 102, 124f.
 Zahl der Atome im 198
 Zyklen des 206
Unordnung von Systemen s. Ordnung v. S.
Unschärfe, Prinzip der, s. Heisenbergsche Unschärferelation
Urknall 60, 117, 174, 177f., 181f., 188f., 193, 198, 201, 205, 226
 -Singularität 117
Urturbulenzen 181ff., 193

Vakuumfluktuation 99
Vektoren 78ff., 133
Vielweltentheorie s. Quantentheorie

Viskosität 180

Wahrscheinlichkeitswellen 71, 74f., 77, 117f., 121, 128, 154
Wechselwirkung 62ff., 124f., 140, 143, 152, 170, 195
 schwache 170f., 201ff.
 starke s. Kernkräfte
Weltbild, geozentrisches 175
Welten, alternative 81, 141, 149, 153, 161, 163, 167, 172f., 200, 206
Weltlinie 48f., 54, 210
Weyl, Hermann 215
Wheeler, John 55, 109f., 144, 205
Wigner, Eugene 150ff., 219
»Wigners Freund« 150ff.
Wille, freier 24, 141, 218, 220, 227

Young, Thomas 72
Yukawa, Hideki 101f.

Zeit 18f., 21, 37, 43, 45, 50ff., 57, 210ff.
 Ablauf der 50f., 56f., 114, 212ff., 222f., 227
 Anfang der 117
 asymmetrische 219, 222ff.
 Bewegung durch die 50
 elastische 44, 54
 Existenz der 120
 geschlossene 114
 grammatische 212ff., 227
 physikalische 212, 214, 217, 227
 Schnitt in der 114
 stillstehende 187
Zeitdilatation 44f., 47, 56

235

Zeiteinhheit
 kürzeste 195
 längste 195
Zeitempfinden 210f., 219, 227

Zeitfluß s. Zeit, Ablauf der
Zeitreisen 45
Zustand, geordneter s. Ordnung

Robert Reid

Marie Curie

Biographie.

320 Seiten und 10 Abb. auf Kunstdruck

Die Geschichte der Frau, die eine der brisantesten Entdeckungen unserer Zeit machte – und diese Brisanz zeitlebens nicht wahrhaben wollte. Der Wissenschaftsautor Robert Reid hat diese neue, unretuschierte Biographie geschrieben. Er hat sich dabei der Privataufzeichnungen Marie Curies wie auch versteckter und entlegener Dokumente bedient. Und da er zu denen gehört, die ihre eigene Disziplin und auch benachbarte sehr anschaulich vermitteln können, ist ihm eine packende Lebens- und Zeitbeschreibung gelungen. Mit diesem Buch lernen wir das Leben der Marie Curie neu verstehen.

Eugen Diederichs Verlag

Paul Davies

Am Ende ein neuer Anfang

Die Biographie des Universums

208 Seiten mit 16 Abbildungen

»Davies schreibt insofern wirklich ›Geschichte‹, als er, meines Wissens als erster, den kühnen Versuch unternimmt, die Konsequenzen der Geschichtlichkeit des Universums für alle anderen sich aus ihr ergebenden Entwicklungen darzustellen, einschließlich der Entstehung des Lebens und unserer eigenen Existenz.
Das ganze ist ein großartiger, in seiner spekulativen Kühnheit mitunter atemberaubender, im Detail an jeder Stelle grundsolider, stets kritisch formulierter Bericht. Ich wünsche ihm möglichst viele Leser.«
Hoimar v. Ditfurth

Eugen Diederichs Verlag